人類と時間

Hands of Time

A Watchmaker's History of Time

時計職人が綴る
小さくも壮大な歴史

Rebecca Struthers
レベッカ・ストラザーズ
山田美明 訳

柏書房

およそ4万4000年前の「レボンボの骨」。指ぐらいの大きさのヒヒの腓骨に刻み目が入れてあり、これまでに発見された最古の時計なのではないかと考えられている。29の刻み目で分割された30のスペースは、太陰月の平均的な日数に相当する。南アフリカのボーダー洞窟で発見されたこの遺物は、計算が行なわれていた明らかな証拠であり、擦り減っている様子から見て、定期的に使用されていたと思われる。

小さな太鼓形の置き時計の機構。1525年から1550年までのあいだにドイツで製作された。当時は時計職人が自身の作品に署名を入れないのが普通であり、この時計も誰が製作したのかはわからない。鉄でつくられており、錠前職人か鎧職人がつくったものと思われる。いずれも、必要とされるスキルが時計職人ときわめて似ているからだ。この小さな置き時計は、懐中時計に至る過渡的な時計であり、これが手に持てるほど小さく、携帯可能になったときに、最初の懐中時計が生まれた。

機構は、塗金や彫刻が施された太鼓形のケースに収納されている。ケースの直径は7cm足らず、高さは5cmに満たない。各時を示す数字のところにはビーズがとりつけてあり、暗闇のなかでも触れば時間がわかるようになっている。針は時針が1つあるだけだが、その理由の一端は、この時代の小さな置き時計や懐中時計は分針や秒針をつけられるほど正確ではなかった点にある。これはまた、当時の一般的な時計所有者には、それ以上に正確な時間区分は必要なかったということでもある。

形態時計。文字どおり何かの形態（フォーム）に似せてつくられたためにそう呼ばれ、17世紀半ばに人気を博した。この銀製のライオン形の形態時計は、手のひらに収まるほど小さく、1635年ごろにジュネーヴの時計職人ジャン＝バプティスト・デュブールによりつくられた。時間を見るときには、ライオンの腹の部分を開くと文字盤が現れる。17世紀のジュネーヴはカルヴァン派が支配しており、このような装飾品は禁止されていたため、この時計もおそらくはオスマン帝国への輸出用だったのだろう。

上掲の形態時計の機構。ライオンの体のなかに収納されており、ふたを開ければ外へ出すことができる。地板〔ムーヴメントの土台となるプレート〕は塗金と彫刻が施された真鍮でつくられており、一部の部品にはブルースチールが使われている（加熱による酸化で、スチールの外面の色を変化させる加工法）。ブルースチールは、現在も利用されている装飾技術である。

1770年ごろの時計の機構。「ジョン・ウィルター」という偽名で製作され、ロンドン製であるかのように見せかけている。オークション会社でウィルターの時計を知って以来、このウィルターという人物のことが頭から離れなくなった。この名前の時計職人が実際にいたという証拠は一切なく、その時計の様式も、一般的なロンドン製の時計によく見られるものではない。つまりこれは、いわゆる「オランダ偽造品」であり、それが時計産業のあり方を一変させ、時計を万人のものにする最初の一歩となった。

ルプセ技法による時計のケース。18世紀半ばから後半にかけて大人気だった。金属板をハンマーなどで叩いて立体的な浮き彫りをつくったのちに彫刻を施し、一般的には古典文学や聖書の情景を表現した。この技法は、二重ケースの時計の外側のケースを装飾するのに使われた。二重ケースの時計は、ムーヴメントを収納する第一のケースと、それを保護する第二のケースから成る。

別の偽造品の時計の前面。この時計に見られる「ターツ、ロンドン（Tarts, London）」という署名も、18世紀の偽造品によく使われた偽名である。文字盤はアーケード形で、時を示す数字を囲むように分目盛りが波形を描いているが、これは実際には、オランダの時計職人のあいだで人気の様式だった。この時計にはシャトレーヌ（装飾的なチェーン）がとりつけられており、ウエストバンドに吊るして携帯していたものと思われる。

アブラアム＝ルイ・ブレゲが発明したペルペチュエル（パーペチュアル）の初期製品。1783年にパリで製作された「自動巻き」の時計である。ブレゲは史上最高の時計職人と見なされており、その発明の多くはいまだに利用されている。ペルペチュエルは史上初めての自動巻き時計で、着用者の動きを利用して自動でねじを巻く。文字盤の左上にある針と逆行する目盛りは、内部のゼンマイがあと何時間動くかを示している。

着用者が動くにつれて盾形の錘が左右に揺れ、一連の歯車を動かしてねじを巻き、時計に動力を与える。ブレゲはさらに、もう1つの発明をこの時計に搭載した。それは、ピアノの弦のように音程が調整されたスチール製のワイヤーである。それが機構の外周に沿って張られており、ハンマーがそれを叩くことで時や四半時を告げる。ブレゲのワイヤー製ゴングが、それまでケースのなかに収められていたベルに取って代わると、リピーター機能つきの時計ははるかにスリムになり、当時の流行にマッチするものとなった。

「南極のスコット」こと探検家ロバート・ファルコン・スコット隊長が所持していたアラーム機能つきの懐中時計。南極へのテラノヴァ遠征（1910〜13年）で使用されたが、不幸にも探検隊は自然の猛威に屈して全滅した。その8カ月後に現地に向かった捜索隊が、隊員のエドワード・エイドリアン・ウィルソンとヘンリー・ロバートソン・バウアーズとともに凍死していたスコットの遺体からこの時計を発見し、探検の記録や所持品とともにイギリスに持ち帰った。

ロレックス・レープベルク。1920年ごろにロレックス・ウォッチ・カンパニー向けにレープベルクの工場で製造された初期の機構で、ロレックスが自社でムーヴメントの製造を始める前の時代に使用されていた。私たち2人にとっては修復するのが大好きなヴィンテージ時計の1つである。大半は機械で製造されているが、仕上げや組み立ては手作業で行なわれており、部品1つひとつのあいだにわずかながら相違がある。こうした相違は、機械で大量生産された時計にはもはや見られない。

私たち2人が目にしたなかではもっとも貴重な、初期のお気に入りのロレックス・レープベルク。ウィルスドルフが最初期に特許を取得した、ラグ〔腕時計の本体にベルトを固定する部位〕が1つだけの懐中時計のデザインを採用している。看護師が、制服につけたリボンやバンドに吊るして使うためのもので、1924年ごろに製造された。この時計の両側にある装置は「振動ツール」で、機械式時計の作動速度を制御するゼンマイを調整するのに使う。

文字盤のカウンター・エナメルのなかに封印された1780年ごろの指紋。カウンター・エナメルとは、文字盤の表側に装飾的なエナメルを塗布した際に文字盤が反るのを防ぐため、文字盤の裏側に塗るエナメルを指す。この部分は見られることを想定していないため、この指紋を残した人物は、それがほかにはない唯一無二の特徴を生み出しており、現代の私たちにとって特別なものになるなどとはまるで想像していなかったはずだ。これはほぼ間違いなく、偶然ついたものだろう。文字盤のエナメル加工には、時計の製造とは異なる技術を要する。この文字盤のエナメル加工を依頼したのは、ロンドンのキング・ストリートで時計製造を営んでいたジェイムズ・ウィルソンという人物だったようだ。その名前が、文字盤の裏側にインクで記されている。仕立屋がオーダーメードのスーツに顧客の名前を入れ、ほかのスーツと区別できるようにしておくのと同じである。

人類と時間

時計職人が綴る小さくも壮大な歴史

Hands of Time

A Watchmaker's History of Time

REBECCA STRUTHERS

with illustrations by Craig Struthers
and photographs by Andy Pilsbury

Japanese translation rights arranged with Peters, Fraser & Dunlop Ltd.
through Japan UNI Agency, Inc., Tokyo

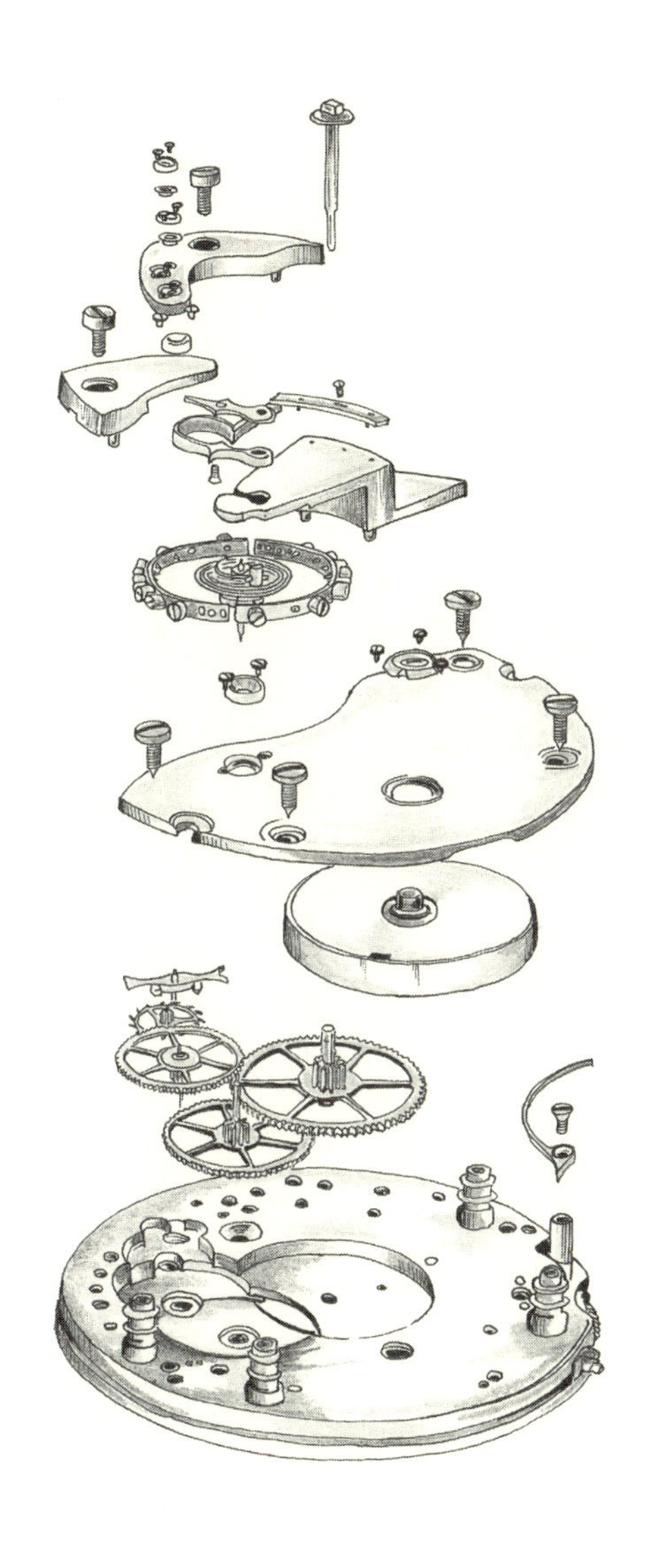

アダム・フィリップスとインディ・ストラザーズの思い出に

目次

【凡例】

・本文中の［　］は著者による、〔　〕は訳者による補足である。
・原注は章ごとに通し番号を入れて巻末にまとめた。
・外国語文献等からの引用は、基本的に訳者による訳である。
既訳がある場合は、既訳を参考にしながら訳出した。
・訳語の選定にあたっては本間誠二監修『機械式時計大全』（誠文堂新光社）、有澤隆『図説　時計の歴史』（河出書房新社）、織田一朗『時計の科学』（講談社）などを参考にした。

後ろ向きの前書き*

——ジェフ　一九七一年三月一〇日

私は、一九歳で時計職人としての修業を始めたとき、修理する時計のなかに自分の痕跡を絶対に残してはいけないと教えられた。だが実際にこの仕事をしていると、そのような痕跡は存在し、修理しなければそのまま息絶えていた製品に関するさまざまな物語を伝えてくれる場合がある。たとえば、いま作業台の上にあるオメガの腕時計「シーマスター」のヴィンテージ品は、一九七一年三月一〇日にジェフという人物により修理された。私がなぜそれを知っているのかと言えば、ジェフ自身が文字盤の裏側に自分の名前と修理した日付を刻み込んでいたからだ。その時計がいつか自分のもとへ戻ってきたときに、自分が以前その時計を修理した事実やその日時がわかるように。

私たち時計職人は直径わずか数センチメートルの製品を相手にしており、その世界は親指のツメほどの大きさしかない場合が多い。だがそれは、心を奪われる世界でもある。ときには午前中のあいだずっと、自分が取り組んでいる切手サイズの機械装置を一心に見つめ続け、そこから目を逸らすことはほとんどない。瞬きするのも忘れるほど集中しているので、そばに置いてあるコーヒーが冷え、目が乾いていることにもなかなか気づかない。夫のクレイグも時計職人で、差し向かいに置かれた作業台に座って作業をしているのだが、湯沸かしをお願いする以外にほとんど会話もないまま、一日を過ごすこともある。新しい時計をつくるとなると、回収した部品からつくるにせよ一からつくるにせよ、六カ月から六年もの月日がかかる。私たち二人はこうした仕事で区切られた生活を送っており、仕事を終えたときにふと、自分たちがひどく年をとったことに気づく。

私たちの工房は、バーミンガムの歴史的なジュエリー・クォーター〔歴史ある宝石産地で、ジュエリー産業の中心地でもある〕に建つ一八世紀の金細工工房のなかにある。そこでは職人たちが七世代にわたり製品を生み出し続けており、それ相応の歴史が壁に浸み込んでいるような雰囲気がある。私たちの工房の下の部屋には、数世紀もの年を経たプレス機や型打ち機、設計図があり、いまだにこれらの設備を使って宝飾品(ジュエリー)を製作している職人がいる。最上階にある私たちの小さな部屋は、天窓とアーチ形の窓がついているおかげで、明るく風通しがいい。そこを仕事場に決め、作業を始める準備をしていたころ、こんな話を聞かされた。第二次世界大戦のころ、ドイツ軍による電撃戦の際に、爆弾が屋根を突き破って落ちてきたのだが爆発はしなかった、と。実際、天窓を覆っている古い断熱幕をはがしてみると、梁(はり)はいまだに戦火により黒焦げになったままだった。私はその梁の焦げを落とし

＊アレクサンダー・マーシャック著『文明のルーツ（*The Roots of Civilization*）』に感謝する。

てきれいにすると、梁を見えるままにしておいた。それはいま、私たちの卓上旋盤や歯切盤の上に陣取っている。皮肉なことに、この歯切盤はドイツ製だ。私たちはそれを「ヘルガ」と呼んでいる。ヘルガが置かれた長い作業台は工房の片側全体を占めており、多種多様な古い機械がところ狭しと並んでいる。その作業台の下には、無数の引き出しを備えた棚があり、私たちが数年にわたって調達したり回収したりしてきた、鈍い光を放つ古い時計の機械装置や部品がいっぱい詰まっている。たいていは、貴金属商が在庫を金くずや銀くずとして売り払ったものか、かつての時計職人の工房を家族が整理したときに出てきたものだ。私たちが時計の組み立てに使う「きれい」な作業台は、機械からときどき飛び散る金属の削りくずやオイルからもっとも離れた、工房の反対側にある。

工房はできるかぎりきれいにしている。ほこりや土が、繊細な時計の機械装置のなかに入るのを防ぐためだ。スイスや東アジアにある最先端の時計工場では、作業場には二重の気密ドアや、靴に付着した土をとる粘着マットがあり、作業員は着用を義務づけられた白衣を着て、足もシャワーキャップで覆う。だが私たちの工房は、それほど厳密ではない。部屋の隅では、私たちが飼っているイヌのアーチーが居眠りをしている。新たな時計の部品をつくる一日が終わるころには、銅や鉄のほのかな金属質のにおいに混じって、トマトのつるのような独特の芳香を放つ旋盤オイルのにおいが部屋に満ち渡る。旋盤や研磨機、穿孔機の周囲には、真鍮やスチールの削りくずが小さな山になって散らばり、油染みやコーヒーカップの輪形の染みがついた作業台の上には、部品が無造作にばらまかれている。

そんな私たちの工房でも、床は定期的に掃除する。偶然弾け飛んだ部品を探索しやすいようにしておくためだ。そんなことがときどき起きる。大半の時計職人の工房では、床板のあいだにはさまった部品や、棚の下に転がっている部品を集めたら、一個の時計がつくれるのではないだろうか。私たちの工房の床には、薄いグレーのビニールシートが敷いてある。この色にしておくと、真鍮の黄色や、軸受けに使うルビーの明るい赤がくっきりと目立つ。* 誰も言わないが、時計職人には、床の上で輝く小さな物体を見つけるスキルも欠かせない。†

私たちの工房がある部屋にはエナメル職人もいる。この伝統的な職人もまた、二世紀前からこの場所で仕事をしている。少なくともこの部屋は、昔から大して変わっていない。現代的なコンピューターはあるが、仕事で使っている工具や機械の大半は、五〇年から一五〇年も前のものだ。私たちが駆使するスキルもまた、過ぎ去った時代から受け継いだものである。一七世紀から一八世紀にかけての時計製造の「黄金時代」には、イギリスが時計産業の中心地だった。ところがいまや、クレイグや私のような時計職人は希少種だ。私

---

*多くの機械式時計では、人工ルビー（鋼玉）でつくった軸受けを使っている。その表面がきわめて硬いからだ。各歯車を支えるスチール製の小さなホゾ（軸先の細くなった部分）は、ルビーとこすれ合いながら回転する。ルビーはその間、摩擦による摩耗から軸受けを守ってくれる。

†私たちの工房での探索は普通、少々困惑しつつも油断のないアーチーの監視のもとで行なわれる。アーチーは、食べられないものを探しているという事実を必ずしも受け入れようとはしない。

たち二人は二〇一二年に独力で起業し、一から機械式時計をつくるスキル、および過去五世紀のアンティーク時計を修理するスキルを備えた、イギリスでも数少ない工房を構えた。だが、私たちが指導を受けた研修講座はもう存在しない。現在、絶滅の危機にある伝統的職人技術レッドリスト（絶滅危惧種レッドリストのクラフト版のようなもの）には、イギリスで重大な危機に瀕しているスキルとして、時計製造の職人技術が挙げられている。

時計製造の職人技術が失われつつある理由の一端は、技術が発展した現代では、コンピューター数値制御（CNC）により、事実上人間の手を煩わせなくても時計がまるごとつくれてしまう点にある。コンピューターにより作成された設計図をソフトウェアで動く機械に読み込ませれば、人間に代わって大半の製造作業をこなしてくれる。そんな時代になぜ、わざわざこんな古い道具を使うのか？　読者もそう尋ねたくなるかもしれない。だが、そんな人の手が介在しない製造作業のどこにおもしろみがあるというのだろう？　私たちは、自分の手を汚しながらものをつくる仕事、小さな部品をいじくりまわしてそれらを連動させる作業を愛している。手を使って仕事をすると、自分がつくっているものとのあいだに親密な関係が生まれる。旋盤や穿孔機の切削（せっさく）速度が完璧かどうかを耳で確かめることも、工具にかける力が適切かどうかをその抵抗感から感じ取ることもできる。私たちは、製品とつながるこの感覚、私たちの前にいた数世代の職人につながるこの感覚が好きなのだ。

私は以前から時間に興味を抱いていたが、時計職人になるつもりはまったくなかった。学校に通っていたころは、病理学者になりたかった（テレビの犯罪ドラマにより科学捜査の人気が高まるはるか以前の話である）。当時の私は、ものごとの仕組み、とりわけ人体の仕組みに興味を抱く変人だった。人助けはしたいけれど、実際に人と話をするのはあまり得意ではない。そこでこう考えた。死体を相手に仕事をすれば、患者と難しい会話をたくさん交わすこともない、と。人体が機能を止めた理由を解明するというこのアイデアがいたく気に入ると、やがて私は、正義をもたらす手助けをしたり、死に至る病気の原因を解明したりすることで、ほかの人々を助けられるかもしれないと思うようになった。

結局、病理学者の道を歩むことはなかったが、古い時計を相手にする仕事にも、科学捜査のような側面がある。時計の機械装置には、数十あるいは数百、ときには数千もの構成要素（コンポーネント）があり、その一つひとつが特定の役割を果たしている。ごくシンプルな時計であれば、ただ時間を知らせるだけだ。だがきわめて複雑（コンプリケイテッド）な時計（実際、時間を知らせる以外の追加機能を「コンプリケーション」という）になると、きめ細かくチューニングされたワイヤー製のゴングで時（じ）や分（ふん）を伝えることも、一世紀以上にわたり正確なカレンダーを維持することも、星の位置を知らせることもできる。これらを作動させる部品のいずれかが壊れたり、汚れたり、オイル切れになったりすると、その機械装置の機能は止まる。修復師である私たちは、そんな時計を解剖して死因を突き止めるだけでなく、問題の箇所を修理して組み立て直し、その製品にもう一度生きるチャンスを与える。最後にテンプ〔機械式時計の心臓部にあたるムーヴメントの調速装置。テン輪、テン真、ヒゲゼンマイなどの部品から成る〕を元の位置に戻し、機械式時計の組み立てを終えると、時計が再び時を刻み始める。数年あるいは数世紀にわたり動かなかった時計が命を取り戻し、最初にその時計を組み立てた時計職人が聞いた時を刻む音と同じ音を自分がいま聞いているのだと思う瞬間は、なにものにも代えがたい。実際、テンプの往復振動は「鼓動」と呼ばれる。その運動の制御に使われるゼンマイは「呼吸」しているのである。

そんな時計の仕事をしていると、やがてごく自然に、仕事の合間に、時計やその歴史について考えたり書き留めたりするようになった。こうして私は、時計の製作や修理をしながら、歴史時計学（計時の歴史を研究する学問）〔単に「時計学（horology）」といったときは、時計の時刻表示や計時装置の構造に関する学術技芸のことを指す〕の博士課程に通うイギリスでは初めての時計職人になった。結局のところ、修復師はある意味では歴史家なのだ。その歴史家が扱うのは実際的な歴史である。壊れたものを製作者が意図した姿に戻すには、それがどのようにつくられたのか、それが以前どのように動いていたのかを知らなければならない。だがこの歴史は、逆方向にも作用する。クレイグと私が初めて時計を一からつくったとき、時計の歴史に関する私の研究や論文が、私たちのつくる時計に影響を及ぼした。いわば時計の交配である。研究を通じて、時計職人としての私の小さな世界は大きく広がった。時計職人が見つめる場所はたいてい米粒よりも小さいが、時計学がもたらすひらめきには宇宙的な広がりがある。私はこのミクロとマクロの対比が好きだ。一八世紀の時計の構造をじっくりと眺め、その時計が出自や所有者について教えてくれるものを読み解いていくと、歴史がその時計を形づくっただけでなく、時計が私たちを形づくってきたのだと痛感させられる。

　時間を計る小さな機械の発明は、人間の文化にとって印刷機と同じぐらい重要な意味を持っていたと言っても過言ではない。太陽の位置を頼りに電車に乗る世界を想像してみてほしい。あるいは、世界中に散らばる二〇〇人を集めてオンライン会議を開く際に、その一人ひとりが窓から身を乗り出して、公共の場にある最寄りの大時計の鐘の音を聞いて開始時間を判別しなければならない世界でもいい。また、もっと生死にかかわる問題として、外科医が臓器の移植や腫瘍（しゅよう）の摘出を行なう際に、患者の心拍数を正確に測定する基準点がなかったとしたらどうだろう？　私たちが仕事をしたり、一日の予定を組んだり、生命にかかわる科学や医学の恩恵を受けたりできるのはいずれも、正確な時間がわかるからであり、それがわからなければ、これらのことは事実上不可能なのである。

　時計はそれが誕生した最初から、私たちと時間との関係を反映するとともに、その関係を発展させてきた。時計が時間を生み出すわけではない。私たちの文化が認識している時間を計測するだけだ。時間を計る装置はすべて、刻み目をつけた古代の骨であれ、私が作業台の上で修理している時計であれ、私たちのまわりの世界を数え、計り、分析する手段なのである。時間を計る最初の行為は、この世界や宇宙で起きている自然現象を追跡するところから始まった。私たちが現在所有している最新モデルの機器（アップルウォッチなどのスマートウォッチ）でさえ、いまだに天体の定期的な運動を追跡し、一日のあいだに太陽のまわりをまわる地球に歩調を合わせている。私たちがこれらの時の経過を理解するためにつくりあげたシステムや、そのなかにおける私たちの居場所こそが、この宇宙を理解する私たちなりの方法なのであり、私たちはその宇宙の合理的秩序を利用して、生活をよりよいものにしているのである。

　腕時計や懐中時計など、身に着けられる小さな時計はまさに工学上の奇跡である。機械式時計は、これまでにつくられたなかでもっとも効率的な機械と言っていい。私は以前、一九八〇年代以来メンテナンスされていないのに、つい最近まで動いていた時計の修理をしたことがある。整備士のメンテナンスを受けることなく四〇年近くも日夜動き続けるほかの機械装置など、私には思い当たらない。二〇二〇年現在、世界でもっとも複雑な時計は、およそ三〇〇〇もの部品から成り、グレゴリオ暦、ヘブライ暦、天文暦、太陰暦に合わせて時間を計測し、時や分を音で知らせるほか、五〇もの機能をあわせ持つ。そのすべてが、手のひらに収まるケースに格納されている。時計史上最小のムーヴメント〔時計のケース内部に収められた動力機構で、時計の心臓部にあたる。機械式時計のムーヴメントはゼンマイ、輪(りん)列(れつ)、脱進機、調速機、自動巻き機構などから構成される〕は一九二〇年代につくられたもので、九八の部品がわずか〇・二立方センチメートルの容器のなかに収まっている。最初のクロノメーター（船乗りが航海中に経度を計測できるほど正確な時計）は、電気モーターが発明される六〇年以上前、最初の電気照明が生まれる一〇〇年以上前につくられた。時計はそれ以来、人間と行（こう）をともにし、エヴェレストの頂上やマリアナ海溝の深淵、北極や南極はおろか、月にまでたどり着いた。

私たちが抱く時間の概念は、私たちの文化とは切り離せない関係にある。実際、「時間（time）」という言葉は、英語のなかでもっともよく使われている名詞だという。[1] 西洋の資本主義文化のなかでは、時間はあったりなかったり、節約したり浪費したりするものであり、進み、遅れ、静止しているように見えながら、飛ぶように過ぎる。私たちが何をするにせよ、時間はその奥を絶えず流れている。つまり時間は、高度に機械化された世界における私たちの生活や居場所の背景なのである。

数万年のあいだに、人間と時間との力の均衡（パワーバランス）はゆっくりと変化してきた。当初、私たちがこの世界の自然現象に基づいて生活を営むところから生まれた時間はやがて、私たちが支配しようとする対象へと変わった。ところがいまでは、時間が私たちを支配しているように思えることが多々ある。だが、すでに大半の人が気づいているように、時間は当初思われていたほど「固定」されたものではない。それは普遍的なものではなく、誰はばかることなく、絶えず変わり続ける。相対的なものであり、個人的なものであり、少なくとも医学的には、いつか逆行することさえあるかもしれない。

私は早い段階から、自分がなりたいのは据え置き型時計（クロック）の職人ではなく、携帯型時計（ウォッチ）の職人なのだと気づいていた。腕時計（リストウォッチ）や懐中時計（ポケットウォッチ）などの携帯型時計は、身に着けられたり持ち運ばれたりしながら、数世紀にわたり私たちと日常生活をともにしてきた。私はいつも、そんな親密な関係に魅力を感じてきた。時計が時を刻む音は、私たちの心臓の鼓動、私たちの身体のリズムを思わせる。そんな時計は長らく、人間とのあいだに、ほかのどの機械よりも親密な関係を築きあげてきた（もちろん携帯電話が登場するまでの話である）。時計はさまざまな意味で私たちの延長であり、私たちのアイデンティティやパーソナリティ、野心、さらには私たちの社会的・経済的地位を反映している。時計はまた、個人が時間を計る機械であるだけでなく、一種の日記でもある。その絶え間なく動く針で、私たちがそれを身に着けながら過ごした時間や日々、年月の記憶を刻み込む。時計はいわば、それ自体に命はないが、きわめて人間的な命の貯蔵庫なのである。

本書は計時の歴史や時間そのものの歴史を扱っているが、それは、二一世紀の時計職人という私の変則的な視点から見た歴史である。本文ではまず、時間を計るために人間がつくった最初期の装置から論を始める。骨でつくったもの、影を調べるもの、水や火や砂を流すものなどである。次いで、のちの発明家たちが自然の動力源と工学とをいかにして結びつけたのかを論じていく。一般的に知られている最初期の大時計は、好奇心と実験と高度に洗練された科学との類いまれな結びつきから生まれた。その機械装置は、教会の大きな塔にしか収容できないほど巨大だったが、それが、私が毎日作業台で扱っている小さな携帯型時計の前身となった。

そこから話題は、携帯型時計の驚異へと向かう。各章では、携帯型時計が誕生した五〇〇年前から現在までの歴史のなかの画期的な瞬間を検証する。このような機械の携帯を可能にし、世界を征服できるほどの正確さを可能にした、目の覚めるような技術の進歩をひもといていく。この小さな道具は、仕事や礼拝、戦争を効率よく調整するとともに、ヨーロッパ諸国が世界中を航海し、世界の地図を作成する力となり、グローバルな交易や植民地の拡大に貢献した。そしてさらに、探検家や戦争に疲弊した兵士たちが生き残るためのよすがとなり、決定的な歴史的事件を左右した。そのあいだに時計は、エリートのステータスシンボルから一般向けのツールとなり、またしてもステータスシンボルとなった。時計はまさに西洋文明のメトロノームであり、そのリズムがこれまでの歴史を動かしてきただけでなく、時間や生産性にとりつかれたこの時代をいまも支配し続けている。

時計はまた個人の歴史をも秘めている。私は特に、文字盤の裏側で微光を放っているものに関心を抱いている。本書に登場する時計の多くは、私が実際に扱ったもの、修理したものであり、それらが語る物語がこのテーマの中核を成している。私はかつて、一八世紀以来同じ家系に伝わる、親から子へ結婚祝いとして贈られてきた時計を扱ったことがある。それを手に取り、修理を行ない、その過去や未来に思いを馳せたときには、自分が時間を橋渡ししているような気がした。数百年に及ぶ歴史を持つ時計を扱うと、奇妙な自己認識が生まれるものだ。緻密なアンティーク時計に取り組んだときには、それを製作した人や身に着けた人に直接触れたかのようなつながりさえ感じた。また、人間が残すささいな痕跡は署名のように目立つ。イニシャルや「ジェフ」といった名前が機構のなかに隠されていることもあれば、二五〇年前のエナメル職人の指紋が偶然、青緑色のガラスの奥に閉じ込められ、懐中時計の文字盤の裏側に潜んでいることもある。自分が生まれる前につくられた時計、メンテナンスをすれば自分が死んだあとも数世紀にわたり生き続けるであろう時計、それらが紡ぐ物語の新たな一章に自分がなることを意識しながら、私はそこにある命の証を拾い集める。

時計職人とはつまり、これらの製品を守り、その歴史を吸収し、新たな人間とのつながりを生み出す準備をする管理人なのである。ときどき、ある時計を取り扱った数年後に、メンテナンスや修理のため、その時計にもう一度出会うことがある。そんなときには、旧友と再びつながり合ったような気になる。時計に残る跡や時計が持つ個性に関する記憶が一度に蘇ってきて、場合によっては、そこに新たな記憶が加わる。以前、修理したばかりの時計が、水没を理由にまた戻ってきたことがあった。一八歳の誕生日のプレゼントとして贈られたのに、その後間もなく持ち主の少年が、マヨルカ島での休暇中に少々酔った勢いで、その腕時計を着けたままプールに飛び込んでしまったのだ。いまはもう、内部の機械装置は原状に修復されているが、文字盤の三時の位置のあたりにわずかな染みが残った。その染みはこれからずっと、ヴィンテージ品の精密機構とテキーラと塩素水との組み合わせは危険だと警告してくれることだろう。

毎朝、作業台に向かって仕事を始めると、目の前にある時計が新たな始まりを告げる。それぞれの時計にはそれぞれの歴史がある。工学的な完成度よりもむしろ、一つひとつの故障や傷、過去の修理人が見えないところに残した跡、その時計が設計された経緯、それをつくるために使われた技術が、目の前の小さな製品を超えてはるかに広がる物語をひもとく手がかりとなる。

一　太陽を追う

Kia whakatōmuri te haere whakamua
過去に目を向けながら後ろ向きに未来へと歩む。

——マオリのことわざ

私は幼いころから自然に夢中だった。子どものころは、庭でナメクジを集めるのが何よりも好きで、よく土や泥にまみれていた。とりわけ、ものごとの仕組みを知るのが好きだった。幼いころの記憶のなかでもよく覚えているのは、父親に初めて顕微鏡を見せてもらったときのことだ。そのとき、自分のなかに密かに存在してはいるのに裸眼では見えない別の世界があることを知って圧倒された。顕微鏡があまりに気に入ると、両親がクリスマスに子ども用の顕微鏡をプレゼントしてくれた。それは持ち運びができたので、私は庭のあちこちで顕微鏡を使った。池の水の標本を調べて何時間も過ごすと、スライドの上を素早く動いたりはいまわったりしている驚くべき奇妙な生き物を絵に描いた。

私は、バーミンガム市の郊外にあるペリー・バーという町で育った。そこは、同市のスプロール現象により生まれた人口密集地で、レンガやコンクリートやアスファルトがあふれ、うねうねと延びるA34号線の高架道路やその下を走る道路により二分されていた。そんな地元の風景のなかでいちばん身近だったのが、ごみが不法投棄された荒れ地だ。私は妹とよく、こっそりそこへ遊びに出かけた。私たちはそこを「裏庭」と呼んでいた（文字どおりそこは、私たちの家の裏側にあった）。

ペリー・バーでの季節の移り変わりについては、あまり覚えていない。冬にたまに少し雪が降るぐらいで、「裏庭」に生えているとげだらけの草は、年がら年中赤みがかった茶色をしていた。覚えているのは、秋になると舗道に落ちた葉がぬるぬるとしたかたまりになり、両親がそのたびに暖房に切り替えるにはまだ早すぎるだろうかという話をしていたことぐらいだ。夜になっても、白濁したオレンジ色の光を放つ街灯のせいで、星などほとんど見えなかった。

私はこれからもずっとバーミンガムの少女でいるつもりだ。それでも三〇代前半になると、クレイグとともに故郷を離れざるを得なくなった。私たち夫婦はいわば、フリーランスの収入の範囲内で買える安い住宅を探し求めた末に、バーミンガムから追い出された経済難民だった。私たちは結局、ピーク・ディストリクト国立公園に隣接する、スタッフォードシャーの最北端にある小さな町の古い機織り小屋を購入した。そこは、私たちの工房から半径八〇キロメートルの範囲内にあるいちばん安い物件だった。

夫も私も、これほどの田舎に暮らした経験はなかった。そこで最初の数カ月間は、イヌの散歩をしながら、新しい家の周囲にある野原や森、荒れ地を探検してまわった。アーチーのお気に入りの散歩コースは、ある谷間を通り抜けるルートだった。私はのちに、そこが「リトル・スイス」と呼ばれていることを知った。二人の時計職人とその飼いイヌにぴったりの場所だ。一方、私たち夫婦は、過去の工業的な遺物に惹かれるのか、線路沿いを散策するのが好きだった。チャーネット川沿いにディミングズデールの森林地帯を貫いて走るその線路は、かつてはチェシャーとユートクセターとを結んでいたが、いまは別の用途に転用されている。そんな散歩のときには、アナグマやシカ、イタチ、フクロウ、ハタネズミなど、まるでかいだことのない自然のにおいに触れて、アーチーの鼻はひくひくと震えっぱなしだった。

季節が変わると、散歩のコースも変わった。冬になると、低くなった太陽からの光線が、葉の落ちたオークの古木や霜枯れした生け垣を通り抜けていった。春になると、森林の陰がブルーベルの花でいっぱいになった。秋になると分厚い霧に覆われ、数メートル先までしか見えなくなることもあった。やがて私は、一年のどの時期にウシが姿を現し、どの時期にヒツジが子をはらむのかなど、動物たちがどのような周期で暮らしているのかを知るようになった。冬の終わりから春にかけての泥が広がる季節にはアーチーを特定の場所に近づけてはいけないことも、身をもって学んだ。

この小屋で最初の秋を過ごしたころは、重要な時計製作の仕事に取り組んでいた。最終

カナダガンの群れを眺めるアーチー

期限はクリスマスだ。ところが、きわめて複雑かつ意欲的な仕事だったため、いくら日時を重ねてもまったくはかどらない。私は自分にこう言い聞かせ続けた。「今年はまだ終わりに近づいていない。まだ時間はある」。だが次第に、時間を知らせる機械よりもタイムマシンの発明に自分のエネルギーを投じたいと思うようになった。

そんな晩秋のある日の午後、空を見上げると、カナダガンの群れが「V」字の隊形を組み、騒々しい声をあげながら飛んでいくのが見えた。それから数週間のうちに、こうした群れの数はどんどん多くなり、しまいには私が森を歩いているあいだ、羽ばたく翼の音や鳴き声が空全体に響きわたるまでになった。アーチーは好奇心に満ちた表情で、左右に首を傾げている。おそらく「あれは何だろう」とか「おいしそうだな。追いかけようかな」とでも考えていたのだろう。

私はそのときふと、子どものころ「裏庭」に立って空を見上げ、同じようにカナダガンの群れを眺めていたことを思い出した。つかの間の甘く切ない瞬間に、過去と現在が交錯したのだ。

北半球では、群れを成すカナダガンは、一年が間もなく終わる確かな知らせとなる。*締め切りが迫るにつれ、私はカナダガンに群れ飛ぶのをやめてほしいとばかり願うようになった。まるで、自分の時間が間もなく尽きると告げられているような気がしたのだ。カナダガンも私も、ある意味では時間を計測していた。

私たちを取り巻く自然界は、どこを探せばいいのかがわかってさえいれば、時を示す手がかりに満ちている。それが人類の最初の時計であり、それに気づいている人から見れば、いまも身のまわりで時を刻み続けている。それは自然とともに生き、自然のなかに充満している。こうした自然をもとに、人類は最初の時計を生み出した。携帯型時計が個人的な時間を示すものとするなら、人類にとって最初の携帯型時計となったのは、私たちの体内時計だった。つまり時計は、体内の時間感覚を身のまわりの世界に合わせようとする最初の営みから生まれたと言える。

---

*私はこれまでずっとカナダガンは渡り鳥だと思っていたが、実際には、一般的なカナダガンはイギリスに定住している。それでも秋になると群れを成すという。

考古学者が現時点で最古の時計の最有力候補と考えているのは、四万四〇〇〇年前の遺物だ。それは一九四〇年に発見された。その年、現代の南アフリカにあるレボンボ山脈でコウモリのふんを採取していた男が、低木のあいだに見え隠れしている洞穴（ほらあな）を見つけた。その洞穴には、古代の人間の骨が山ほどあった。その一部は九万年前にまでさかのぼるという。それ以来、「ボーダー洞窟」と呼ばれるその場所は、人類史におけるきわめて重要な史跡と見なされている。その洞穴は、一二万年にわたり絶えず人間の住処となり、生前も死後もその住人を守り続けてきた。現在エスワティニと呼ばれている平原を見渡す山の高みに位置しているため、捕食動物やほかの人間から身を守りやすいうえに、獲物を探す格好の見晴らし台にもなったからだ。考古学者はそこで、六万九〇〇〇点以上もの遺物を発見した。[1] その多くは、この洞穴に暮らしていた人間が、自然界や自然とのかかわり方をよく理解していたことを物語っている。そこには、炭水化物が豊富な塊茎（かいけい）を掘り起こすための棒や、革細工に使う先を尖らせた骨、ダチョウの卵や貝殻でつくった宝飾品、樟脳（しょうのう）のような香りのするカンファー・ブッシュの葉や灰の上に何層も重ねたわらの寝具（かみつく昆虫やマダニなどの寄生虫を避けるために使われたと思われる）があった。

だが私にとって、そこで発見された遺物のなかでもっとも重要だったのは、刻み目の

入った小さなヒヒの腓骨である。人差し指ほどの長さで、明確な二九個の刻み目があり、数年にわたる手擦れで表面が滑らかになっている。これは、人類が計算をした初めての明確な証拠である。この「レボンボの骨」は、農業が到来した年代や、季節的な計画をしていた証拠が現れる年代よりも古く、定期的な労働日に近いものが現れたと推定される年代よりもさらに古い。これは私たちが知るかぎり、計測する対象などほとんどなかった時代の計測器具なのである。

それなら、私たちの祖先は何を計算しようとしていたのか？　確かなことはわからないが、一部の学者がある仮説を提唱している。私たちの祖先にとって、昼と夜の移り変わりに続き、時間をさらに分割する手段となったのは、月相だったのではないかと思われる。レボンボの骨につけられた印は、二九個の刻み目と、そのあいだの三〇のスペースから成る。平均的な太陰月は、およそ二九・五日である。私たちの祖先が、この刻み目とそのスペースとを交互に使って時間を計測すれば、一月の平均値である二九・五日にたどり着き、太陰月を正確に計算できたに違いない。[2]また、この骨は生殖サイクルや妊娠期間の長さを計るために使われていたのではないか、との仮説を立てている学者もいる。私としては、私たちの曾々々……々祖母がこれを使いながら、月経や出産の日をカウントダウンしていたのだと考えたい。

古代の多くの文化では、月の周期と月経の周期とのあいだにつながりがあると信じられていた。そのような考えは現代にまで生き残っている。最新の研究でもいまだ決定的なつながりは確認されていないが、現代のライフスタイル（とりわけ人工の光にさらされる生活）がそのつながりを弱めているおそれがあるとの仮説はある。[3] もしそうなら、体内時計を自然界のリズムに合わせている生物は、私たち人間だけではないはずだ。

スコットランド西部で農業を経営している私の友人のジム*は、ウィスキーのマスターブレンダーであり、その妻のジャネットは四世代にわたる羊飼いだ。彼らに教えてもらった話によると、一一月になって日照時間が急に短くなると、それをきっかけに雌ヒツジが排卵するという。驚くほど予想どおりに、数日以内に群れのすべての雌ヒツジがほぼ同じ周期に従って排卵を始め、二周期以内にほとんどの雌ヒツジが妊娠する。そして二一週間後の四月の初めごろ、子ヒツジを出産する。厳しい冬が終わり、草木が萌え出ずる春が始まる時期と完璧に一致している。ジムはこの一致の仕組みを、「子ヒツジが草を食べられるようになっているんだな」と表現する。

子ヒツジが生まれるのと時を同じくして、四月一七日の前後一、二日のあいだに、ツバメが南アフリカの夏の暑熱を逃れ、一万キロメートルもの距離を旅してやって来る。ヒツジが新たに生まれ、ツバメが巣づくりをするあいだに、農場では春が一斉に目を覚ます。ジムは愛情を込めて、これを「生命の大爆発」と呼ぶ。やがて九月になると、ツバメが電線や木の枝に列をつくり始める。どういうわけか、旅立つときを知っているのだ。

生物はみな、体内時計を持っている。イヌを飼っており、規則的な生活を送っている人なら、不思議なことにイヌが、私たちが一日の仕事を終えて帰宅する時間を予測できることに気づいているはずだ。これは、私たちが玄関から外に出る瞬間に残したにおいが、イヌにとってのタイマーの役目を果たし、ある程度時間が経ち、そのにおいが一定のレベルまで薄まったときに私たちが帰宅することを学習しているからだと考えられている。夜明けに鳴き声をあげ、世界中で時を告げている雄鶏(おんどり)は、平均二三・八時間周期で動く体内時計に従っている。雄鶏が夜明けの少し前に鳴くのはそのためだ。プランクトンのようなごく小さな生物でさえ、夕暮れ時には海のなかを水面近くまで上昇し、夜明けが来ると深みへ下降することが知られている。プランクトンが紫外線量の変化を感知しており(日光がきわめて強いあいだは、損傷を避けるため少し深いところまで潜る)、太陽の光により昼と夜を区別できることはほぼ間違いない。その一方で、暗い水槽を使った制御実験では、光がまったくない環境でも上昇・下降運動を数日にわたり続ける様子が観察されている。つまり、プランクトンもまた、二四時間周期で機能する体内時計を持っているということだ。[4]

どちらかというと、私たち人間が体内時計を読む能力は大半の動物より低い。というのは、個人の時間認識に妨害されてしまうからだ。実際、時間認識は感情により歪められる場合がある。幸福に包まれていたり、もの珍しいものに出会ったり、何かに没頭したりしていると時間が速く進み、退屈だったり、恐怖を感じていたりすると時間が遅く進むよう

---

*ジムとは、お互いウィスキーと工芸が好きなことから知り合いになった。同じように種々の材料を扱う変わった仕事を何年もしていると、このような珍しい魅力的な関係が多々生まれる。

に感じられる。[5] そのためこの体内時計は、第六感のように間違いなく存在するのに、万人共通のものではない（私の体内時間はあなたの体内時間とは違うかもしれない）。つまり時計は、私たち人間の直感的な時間認識を共有し、数値化し、客観化したいという人間の衝動を表している。レボンボの骨は、人間が四万年も前からそれを実践していたことを物語っている。[6]

古代の計測器具は、ほとんどの大陸で発見されている。そのなかでもきわめて古い時代の遺物の多くは、相互に無関係に生まれており、その姿形からして、それぞれ目的が違っていたことを示唆している。ヨーロッパに最初に住み着いた人類であるオーリニャック人は、古(いにしえ)の暦らしきものを遺した。ドイツのバーデン＝ヴュルテンベルク州で発見された、ワシの翼の骨でつくられた小板は、確認できる世界最古の星図だと思われる。* コンゴ民主共和国で見つかった二万五〇〇〇年前の骨角器(こっかくき)（「イシャンゴの骨」と呼ばれる）には、足し算、引き算、二倍の掛け算、素数といった数学的な計算を思わせる一連の刻み目がある。[7]

手で持てるこれらの器具は、ヒトという種が考え方を変える重要な転換点になった可能

「え、もうそんな時間？」。プランクトンは水面に向かう。

性がある。哲学者のウィリアム・アーウィン・トンプソンは言う。「人間はもはや、自然のなかを歩いているだけではなく、この宇宙を小型化し、太陰暦の記録という形でそのモデルを携帯するようになった[8]」。しかし私は、これらの器具はそれ以上の役割を果たしていると思う。手首に巻きつけたり手に持ったりできる器具のなかに宇宙の出来事をとらえることで、私たちは、制御不可能なものでさえ制御できるのだと自分を安心させているのではないだろうか（おそらくそれは見当外れな思い込みなのだが）。それらの器具は、私たちがもはや時間のなかに存在しているだけでなく、時間をうまく利用しているのだと思わせてくれる。

古代の人間は時間をどのように感じていたのだろう？　自己啓発の信奉者が夢見ているように、古代の人間はただ「一瞬一瞬」を生きていたのか？　「サバイバル・モード」で生きていたということはあるかもしれない。食料や安全、暖かさが脅威にさらされ、それらがわずかしか手に入らない極限状況を経験したことがある人はみな、その場その場のこ

＊八六個の刻み目は、オリオン座のなかでひときわ目立つ二つの星の一つ、ベテルギウスが見える日数を表しているのかもしれない。

としか考えられなかったと語る。だが、初期の人類が、時間の流れのなかに存在していると考えていた証拠がないというだけで、そのような考えを持っていなかったと推定するのは、現代人の「進歩」を称賛したいがための空想に過ぎない。洞窟芸術は四万五〇〇〇年も前から見られ、三万五〇〇〇年前ごろから次第に一般的なものになるが、こうした芸術の発展は、遠く離れた過去や未来の概念を示しているのではないだろうか？ すでに岩壁画が描かれている洞窟に何度も足を運べば、自分が来る前にそれを描いた祖先を自然に連想する。その岩壁に自分の絵を描き足せば、自分が死んだあとにその絵を見るであろう未来の世代を思い浮かべる。しかし実際のところ、過去から現在、現在から未来へとつながる、現代の私たちが共有する時間軸がどこで生まれたのかを知るすべはない。のちの時代、およそ一万五〇〇〇年から一万三〇〇〇年前の墓地の副葬品には、一人ひとりの人生を超える時間があることを信じていたことを示す、もっと決定的な証拠がある。愛する人々を、彼らが大事にしていたもの（お気に入りのナイフや宝飾品、おもちゃ）とともに埋葬するという行為は、それらのものが来世で必要になると考えられていたことを示唆している。

数年前には考古学者たちが、イスラエルのガリラヤ湖の肥沃な沿岸地帯で、二万三〇〇〇年前の人間の居住地を発見した。彼らはそこで、一四〇種もの植物の痕跡を見つけた。エンマー小麦、大麦、オート麦のほか、何よりも重要なのが、無数の雑草の痕跡である*（雑草は変状土〔掘り返されるなど攪乱された土壌〕や耕作地に生える。だからこそあらゆる園芸家の悩みの種となる）。この遺跡は、初歩的な農業が行なわれていたことを示す最古の証拠となった。農業は、これまで考えられていたよりも、およそ一万一〇〇〇年も早く始まっていたのだ。[9]

これらの先駆的な農業従事者はおそらく、太陽の位置や月相、動物の移動を観察していたはずだ。そして何よりも、間違いなく未来の概念を持っていた。現在何かを植えれば、数カ月後にはその成果を手に入れられることを理解していた。

これはまだ、時計の文字盤上の時間で定義される現代の時間経験からはほど遠い。私たちの祖先は、抽象的な数字などではなく、季節やそれに関連する気象条件といった自然界の出来事により時間を分割していた。ケニヤ生まれの哲学者ジョン・S・ムビティ博士は、出来事を基準にしたこの時間について、伝統的なアフリカの狩猟採集民と関連づけてこう述べている。「『暑い』月、最初に雨が降る月、雑草を取る月、豆を収穫する月、狩りをする月など、いろいろな月がある。『狩りをする月』が二五日あるのか三五日あるのかは重要ではない。狩りという出来事が、数学的な月の長さよりもはるかに重要なのだ[10]」。年など、もっと長い時間の周期は、繰り返される農業の周期によって計測される。たとえば、二つの雨季と二つの乾季が過ぎると、この四つの季節で一年となる。この場合、一年の正確な日数は重要ではない。「なぜなら一年は、数学的な日数ではなく、出来事と関連づけ

＊ここではほかに、何かを石ですりつぶすための石板や鎌の刃も発見された。組織的に穀物の栽培・収穫・加工が行なわれていたことを窺わせる。

て計算されるからだ。そのため、ある年は一年が三五〇日かもしれないし、別の年は一年が三九〇日かもしれない。毎年の長さは、日数という点では違うかもしれないし、実際に異なる場合が多いが、季節などの定期的な出来事という点では違わない」。この考え方は多くの点で、自然の予測不可能なパターンを意のままに従わせようとする現代の考え方より、理にかなっている。人間がつくりあげた暦の日時に合わせて自然界の出来事が起こるよう期待しても、失望に終わるだけだ。

物語る行為もまた、出来事を基準にした時間体系において重要な役割を果たした。参照すべき数字の暦がない時代、祖先に関する物語（過去の豊作や不作、洪水、旱魃（かんばつ）、日食や月食の経験）は、歴史に形を与える貴重な手段となった。過去がいかにして現在を形づくり、いかに未来を予言しているのかを示す手段である。現在のオーストラリア沿岸に暮らす先住民アボリジニの一部の村には、一万年前に最終氷河期が終わって海面が上昇した時代にまでさかのぼる物語がある。[11] マオリの文化も同様に、前の時代を生きたあらゆる人々の系譜や祖先に絶大な価値を置き、それを「ファカパパ」というすばらしい言葉で表現している。彼らからすれば、過去の知識がなければ、意味のある未来など想像できない。[12]

自然はいまだに、人間と時間との関係に影響を及ぼしている。ますますデジタル化している現代においてもである。たとえば、イギリスにはサマータイムという制度があり、六カ月ごとに時計を一時間進めたり遅らせたりして、冬の午前中に浴びる日射量を増やしている。これは、いまだに時計の時間よりも光が、朝の起床の決定的要因になっていることを示している。また、私たちはいまも、太陰月に従って妊娠期間を計算したり（四〇週は太陰月の十カ月に相当する）、潮の動きを判断して海辺での一日を終えたりする。葉の色の変化や突然の冷え込みをきっかけに、カレンダーの日付よりも直感的に、夏が終わったことを知る。

それだけではない。私たちの時間の計測はいまだに出来事や物語に基づいている。たとえば、私たちはこんな言い方をする。「あれはきみが生まれる直前のことだった」。「それはぼくが高校を卒業した夏のことだよ」。「あれは結婚式の翌月だったな」。つまり、人生における画期的な瞬間を中心にものごとを位置づけている。現在の世代は今後数年にわたり、「コロナ以前」または「コロナ以後」という区分でものごとを考えることになるだろう。パンデミックのあいだ家に閉じこもっていた人々には時間の区別などまったくなかったにせよ、それが全世界の人々にかかわる出来事だったからだ。結婚式や休暇、パーティや試験、クリスマスなど、その年を象徴したかもしれない重要なイベントがすべてなくなり、あの日々は奇妙にも「時間がない」ように感じられたに違いない。

目を閉じて、腕時計を思い浮かべてみてほしい。

おそらくあなたは、一二分割されたアナログ時計の文字盤を頭に描いているに違いない。*

その文字盤の上を二つの針が「時計まわり」に回転しており、全体がベルトにとりつけられている。

　これらの要素はすべて古代世界でつくりあげられ、自然との対話を通じて生まれた。最古のメソポタミア文明（現在のイラクとシリアに位置する）を築いたとされるシュメール人は、時間を計測する数体系を発明したと言われている。[13] 六〇という数を基準とする記数法を初めて生み出したのだが、これはいまも、分や時、角度や地理座標を数値化する方法に影響を与えている。この数字は、複雑な分数や少数を使わなくても簡単に分割できる。それはまた、三で割れる。これが便利なのは、大半の人間には、九九の三の段の計算機が体内に組み込まれているからだ。私たちの指にはそれぞれ三つの関節がある。片手では（親指は勘定に入れない）一二、両手では二四である。この計数方法が一日二四時間の起源になったというのは十分にありうる。

　シュメール人の地から一六〇〇キロメートルほど西にある古代エジプトでは、学者たちが太陽や星を使い、さらに細かく時間を分割するようになった。古代エジプトの天空の神ホルスは、その右目が太陽だと信じられていたというが、現代の「時間（hour）」という単語は、このホルス（Horus）に由来する。また、エジプト人はおよそ五〇〇〇年前、太陽年（地球が太陽のまわりを一周するのにかかる時間）がナイル川の氾濫に影響を与えていること、おおいぬ座の恒星シリウスの伴日出（ある天体が太陽とともに東の地平線から昇る現象）や夏至がナイル川の氾濫と一致することを発見した。[14]

「時計まわり」という概念そのものも太陽と関係しているが、これは偶然その場所にいたからでもある。現代の計時法を形づくった文明は、ほぼ北半球に位置している。北半球で太陽が空を移動する経路をたどろうとすれば、南を向かなければならない。その向きで見ると、太陽は一日のあいだに左から右へと移動し、その反対に、太陽が投げかける影は右から左へと進んでいく。この太陽や影の動きが、時計まわりなのである。おそらく私たちの祖先は、この単純な観察をもとに、身のまわりの建物や木や人間自身がつくる影の長さや角度から時間を計ることを思いついたのだろう。「文字盤（ダイアル）」と言えるものを備えた最初の時計である日時計（サンダイアル）は、この現象そのものを利用しており、影を落とす無作為の物体を、意図的に置かれた垂直の棒やものに置き換えている。これを指時針（ノーモン）という。

日時計または影時計を誰が最初に発明したのかはわからないが、それは世界中に存在する。たとえば、イングランドにあるストーンヘンジ（紀元前三〇〇〇年ごろ）のストーンサークルは、夏至と冬至の太陽の位置に合わせて石が置かれている。また、古代の天文台

*（37頁）ただし、これは世代によるのかもしれない。時を告げる定番の機器として、携帯電話やコンピューターが主流となったいま、アナログの文字盤は公共の空間から姿を消しつつある。現在では、多くの駅がデジタル表示を採用している。アナログ時計が一般的に使用されなくなったため、多くの学校の教室にもデジタル時計が導入されている。

が発見された中国の陶寺遺跡（紀元前二三〇〇年ごろ）では、影から時間を計測する際に用いた彩色棒が見つかっている。さらに、古代エジプトの墓地遺跡である「王家の谷」では、紀元前二千年紀半ばの労働者の小屋の床から、石灰岩の平板に時間を示す線を刻み込んだ最初期の日時計が発見された。文字盤の中心の穴に差し込まれていたはずの指時針は失われてしまっていたが、かつては文字盤の上に影を落としていたのだろう。文字盤は、黒で半円が描かれ、それがおよそ一五度の角度で一二分割されている。おおまかに分割されているだけだが、一日の仕事が始まる時間、昼食の時間、暗くなる前に荷物をまとめて帰宅する時間を知るには、これで十分だったのだろう。この指時針と文字盤との組み合わせにより、「真」の日時計が生まれた。

日時計が担っていた重要な役割がもう一つある。日時計はコミュニティの中心だった。たいていは町や都市の中心に設置され、そこに暮らす人々に、時間を共有する感覚をもたらした。誰もが時間にアクセスでき、時間に合わせて仕事ができるという感覚である。集団が同じ時間を把握しているこの状態は、文明の発展に欠かせないものだった。天空の状態を図案化し、太陽の動きを計測すれば、大勢の人間の生活や日課を、これまで以上に細かい時間区分に従って正確に分割できるようになる。こうした区分により、農業・交易・教育・統治を問わず、一緒に仕事をしたり他人と協力したりするのがますます容易になり、未来の計画も立てやすくなったのだ。

古代エジプト人は、夜になると天空に目を向け、それを巨大な時計の文字盤のように利用した（現在でも時間の経過を計るのに星座や星群を利用している）。*[15] 当時の天文学者たちは、少なくとも四三の星群を識別していた。sꜣḥ（サフ。オリオン座の一部）、ꜥryt（ルイト。「あご」を意味し、現在のカシオペヤ座を指す）、knmt（クヌムト。「ウシ」を意味し、おおいぬ座を指すと思われる）、nwt（ヌウト。天の川、天空の女神ヌトの象徴）などである。[16] 彼らはまた、水星や金星、火星、土星、木星のことも知っており、月食の日を計算して予測することもできた。[17] こうした天空の暦は、太陰暦の祭りを計画するうえで重要な役割を果たした。その祭りは新月のころに行なわれ、月の神や農業の神オシリスにブタを捧げていた。

私の場合、腕時計を想像するといつも、時を刻む音が聞こえる。この地球上での時間がいかに速く進んでいるのかを、絶えず、しつこく教えてくれる音だ。初期の多くの時計もそれと同じように、時間の「経過」を記録した。たとえば、水時計はそのために、一定のペースで穴から流れ落ちる水を利用している。その最古の事例は驚くほどシンプルだ。基本的には、一定量の水を満たした土器と、そこから流れ落ちる水を受け止めるもう一つの土器から成り、体積や流量に関する正確な理解をもとにしている。ただしこのような時計の場合、時間（水）が文字どおりなくなってしまうため、そのたびに絶えず水を補給する人間が必要になる。古代エジプトでは、時間の経過を記録するために、雪花石膏（アラバスター）と黒い玄

---

*夜空では、おおぐま座が時計まわりに季節を教えてくれる。クマの尾が、春には東を向き、夏には南、冬には北を向く。

武岩でつくられた水時計が使われていた。また、現在のウクライナの黒海沿岸では、青銅器時代の粘土製の水時計が見つかっている。そのほか、これらの基本形をもとにしたさまざまな水時計が、古代のバビロンやペルシャから、インド、中国、先住民だけが暮らしていたころの北アメリカ、古代ローマに至るまで、世界中でつくられている。古代ギリシャでは、アテネの法廷で弁論者一人ひとりに割り当てられた時間を計測するため、クレプシドラ（clepsydra、「水泥棒」の意）と呼ばれる水時計が使われていた。こうした時計のなかには、アラームを鳴らせるものさえあった。プラトンが紀元前四二七年に設計した水時計は、縦に四つ積み上げた陶製(セラミック)の甕(かめ)で構成されている。いちばん上の甕に満たされた水が、制御された流量でゆっくりと、そのすぐ下にある第二の甕へと流れる。その甕のサイズと、それを満たす水が流れる速度により調整された正確なタイミングで、第二の甕が水でいっぱいになると、水はサイフォンを伝って、一斉に第三の甕へとあふれ出す。すると突然殺到した水により、第三の甕のなかの空気が、その上端付近に設置されたパイプへと流れ込み、それが笛の代わりとなってアラームを鳴らす。いちばん下の第四の甕は、水時計を再利用するための水を回収する役目を果たす。

九世紀のイングランドでは、ウェセックス王のアルフレッド大王が、生産性にうるさい現代の指導者のようにロウソク時計を使い、八時間の労働、八時間の勉学、八時間の睡眠から成る厳密な日課を管理していた。*[18] 大王の「時計」は、幅と長さが均一の六本のロウソクで構成されていた。それぞれのロウソクは、燃え尽きるのに四時間かかるが、等間隔に一二の印がつけられており、その印が二〇分に相当する。最初の二本は、読み書きをしている時間を大王に知らせた（大王は熱心な学者でもあり、数多くのラテン語の宗教書を古英語に翻訳した）。次の二本は、ヴァイキングの侵略から領土を守る戦術を策定したり、家臣間の争いを調停したりしている大王を見張り、最後の二本は、眠っている大王を見守った。

やがて旅をする機会が増え、旅先でも時間を知る必要が出てくると、こうした従来の時計の多くは使いものにならなくなった。日時計は固定されている。水時計は水があちこちに跳ねる。ロウソク時計は風で消えてしまう。そこで中世の後半になると、携帯用として次第に砂時計が用いられるようになった。一三世紀が終わるころには、船上でも砂時計が使われていた。フランチェスコ・ダ・バルベリーノが一三〇六～一三一三年に執筆した『愛の教え（*Documenti d'Amore*）』にはこうある。「船乗りには天然磁石、熟練の舵手（だしゅ）、優れた見張り、海図に加え、砂時計が必要である」[19]。一五世紀後半にはクリストファー・コロンブスも、三〇分を計測できるアンポレッタ（**ampoletta**、「アンプル」の意。一種のガラス容器）を使っていたと言われている。舵手がそれを管理し、正午の太陽を基準に時間を修正していたという[20]。砂時計は、船乗りが時間を知るだけでなく、現在地を知るのにも役立った。出帆してからの時間と航行する速度（これは文字どおりノット〔結び目〕を使って測定した。等間隔に結

＊鯨油（げいゆ）を原料とするロウソク時計は、紀元前二〇〇年ごろに中国で生まれたと思われる。燃焼速度が比較的安定していたため、屋内や夜間に利用された。

び目をつけたロープを船外に垂らし、その結び目がどれだけの速さで海に引きずり出されていくのかを計る）がわかれば、いまいる場所や陸地にたどり着ける日時をおおまかに計算できる。これは推測航法と呼ばれ、数世紀にわたり砂時計が最高の道具として利用された。海上における経度の測定において、機械式時計が砂時計の正確さに匹敵するようになるまでには、さらに五〇〇年に及ぶ時間と、科学や工学における革命が必要だった。

一六世紀には日時計が小型化され、携帯できるようになった。目盛りを刻印した二つの金属製のリングから成るリング形日時計である（最小のものは男性の結婚指輪ほどの大きさだった）。*その中心にはスケールがとりつけられており、そこにシリンダーが付属している。その小さな穴から光が入るように時計を太陽に掲げると、内側のリングに光の点が投じられるので、その場所の目盛りを読み取る。外側のリングや中央のシリンダーは可動式で、それらを回転させたり移動させたりして該当する月や緯度に設定しておけば、正確な時刻がわかるという仕組みである。これを発明したのは、一六世紀オランダの数学者で哲学者でもあったゲンマ・フリシウス（一五〇八〜五五年）だと言われている。一五三四年、彼が「天文学者のリング」のアイデアを、彫刻師で金細工職人でもあったガスパール・ファン・デル・ヘイデンに伝えたのがきっかけで、この時計が生まれたのだという。この科学と職人技術との融合が、時計職人の技術の先例となった。

先ほど腕時計を思い描いた際に出てきたベルトもまた、腕時計の決定的な特徴である。なぜなら、それにより時間が着用可能（ウェアラブル）になり、個人的（パーソナル）なものになるからだ。リング形日時計は、同じ理由で重要な意義があった。それは、ポケットに入れたりひもや鎖にぶら下げたりして、一日中持ち歩ける最初の時計となった。小さく、軽量で、着用者の動きにまったく左右されないリング形日時計は、きわめて実用的だったため、懐中時計が発明されたあとも数世紀にわたり使用された。この時計は、シェイクスピアの戯曲『お気に召すまま』〔邦訳は河合祥一郎、角川文庫、二〇一八年など〕にもゲスト出演しており、ジェイクィズが森にいた阿呆（あほう）について語る場面に登場する。その阿呆が、わざとらしくポケットから「日時計」を引っ張り出し、「実に思慮深そうに『一〇時だ』」と言ったというのである。

この一節を読むと、私自身が森で愚かな時間を過ごしていたことを思い出す。そのころ取り組んでいた意欲的な時計のことばかりを考えながら、カナダガンの群れを見上げていた時間である。結局、田舎での最初の冬に取り組んでいたこの仕事の締め切りは、私のそばをカナダガンのように通り過ぎていった。その時計を完成させるのに、それから三年かかった。

私はいつも、こう考えると気が楽になる。現在、私たちの時間経験がどれだけ機械化さ

＊正確には「universal equinoctial ring dial（汎用赤道リング時計）」という。

れデジタル化されていようとも、それはこれからもずっと、私たちにはいまだまったく制御できない自然の力に支えられている。それに結局のところ、いまでも何かを成し遂げるには、それに必要なだけの時間がかかるものなのだ、と。

二　精巧な装置

「計測できるものは計測せよ。計測できないものは計測できるようにせよ」

――伝ガリレオ（一五六四～一六四二年）

私は一七歳のときに学校を中退し、一般向けの銀細工と宝飾細工の講習を受けることにした。友人や教師から見れば、学校から逃げてサーカス団に入ったも同然だった。以前からずっと職人的な技術にあこがれてはいたが、病理学者になるという夢を追いかけて、学校ではAレベルの科学の講座をすべて受けてきた。だが学校は、希望を与えてはくれなかった。進路指導員は、労働者階級の子どもに医学は向かないとほのめかすように言った。それに、科学も好きではあったのだが、その教え方が堅苦しく、無味乾燥で、おもしろ味に欠けていた。実践的なものなどほとんどない。生物の授業で行なうヒツジの心臓の解剖実習を楽しみに一年を過ごしてきたのに、ほかの生徒が気絶してからはその実習が中止になってしまった。私は講座の途中で反抗的な気分を抑えられなくなった。科学が私を受け入れてくれないのなら、ここから逃げて技術の学校へ行ってやろう、と。

銀細工の講習を指導していたのは、オーストリア出身のピーターという熟練の金細工職人だった。一三歳のときに徒弟奉公を始め、この講習が終わる年に引退することになっていた。ピーターは実に豊かな知識の持ち主で、そばにいるといつも自分の至らなさを思い知らされた。私はいまだに、彼の創造哲学の多くを忠実に守っている。私が時計のケース〔文字盤やムーヴメントを収める外装部品のことで、側(がわ)とも呼ばれる〕を貴金属でしかつくらないのも、彼の教えがあったからだ。ある日ピーターは、私がギルディングメタル（銅を主とする合金で、九カラットの金と同じ加工特性があるが、値段は高くない）でデザインを仕上げようとしているのを見かけ、作業場の金庫があるところへ私を呼び寄せた。私が貴金属を買うお金がないと説明すると、ピーターは金箔や金線の入った箱をかき分け、私に必要なものを与えるとこう言った。「レベッカ、きみはそのデザインに長い時間をかけてきた。美しいデザインだよ。それなら、その努力にふさわしい材料で仕事をすべきだ。材料代のことは気にしなくていい。また別の機会に考えよう」。そこで私は、金で作品をつくった。フェニックスの形をしたブローチである。目には黒のダイヤモンド、胸には血のように赤いいくつものルビー、尾にはダイヤモンドをあしらい、翼の羽毛には一つひとつ小さな窓（穴）を開け、そこをガラス状のエナメルで満たした。ピーターは正しかった。貴金属を使うのは、お金がかかるだけでなく気持ちまで怯む。だが、まる一年をかけてギルディングメタルで何かをつくったとしても、それはほとんど何の価値も持たない。一方、貴金属で何かをつくる自信と資力があれば、その価値は増す一方となる。それでも私は数年後、その後何度も訪れた無一文寸前の絶望的な状況に陥ったあるときに、このブローチをスクラップにして売ってしまった。泣きながらプライヤー〔ペンチのような工具〕でそれを解体し、台座から宝石を外したときのことは、いまだに忘れられない。

ピーターはまた、失敗の仕方も教えてくれた。私は、恐竜のツメのような台座を持つソリティアリングに初めて取り組んでいた。きわめて伝統的なデザインの、一粒石（ソリティア）の婚約指輪である。ところがその際に、宝石を支えるツメを少々調子に乗って削り過ぎ、ツメがあまりに短くなってしまった。すっかり落ち込んだ私は、この台座を救える方法はないかとピーターに尋ねてみた。するとピーターは私の作業台に座ってツメの修正を始め、また問題なく使用できるものに直してくれた。私は思わずピーターを天才と呼び、一週間分の作業を無駄にしなくてすんだと繰り返し感謝した。ピーターはそれにどう返答しただろう？　彼はこう応えた。「レベッカ（ピーターはいつも「レベッカ……」と話し始めた）、これを直す方法を私がどうして知っていたかわかる？　自分も以前に同じ間違いをして、そこから学んだ経験があったからだよ。間違いをしたっていい。そこから学びさえすればね」。私はいまも、この言葉について考えない日はない。

私はこの宝飾細工講習で、はんだづけやソー・ピアシングといった金属細工のスキルを学んだ。ソー・ピアシングとは、深さ一ミリメートルほどしかないのこぎりの細かい刃を使って、複雑な形の部品を裁断する技法である。その当時もまだ科学や工学に興味を抱いていた私は、やがて自信がつくにつれ、蝶番（ちょうつがい）（ヒンジ）や旋回軸（ピボット）などの単純な器具を使い、自分の製作する宝飾品に動きを加えるようになった。視覚的にものを考える私にとって、こうして現実世界でものの仕組みを確認できることには大きな意味があった。いまにして思うと、私はいつもこうして学んできた。ものとの物理的な相互作用を実験し、観察し、その結果を検証する作業を通じて。

やがて私は、試しに初歩的なオートマタ（生物を模した動く機械）をつくるようになった。また、私は以前から太陽系儀が大好きだった。ゼンマイ仕掛けの太陽系の模型である。私にとってそれは、自然を機械で表現したものとしては最高の部類に属するものだった。机上で確認できるほど小さな装置のなかに、きわめて人間的な方法で宇宙を収め入れている。そこで、銀細工・宝飾細工講習の最後の作品として、独自の太陽系儀を製作することにした。一つひとつの惑星が取り外しでき、宝飾品として身に着けられる太陽系儀である。土星はペンダントになっており、その輪はそれぞれ別の方向に回せる。太陽は先の尖った「炎」に囲まれた指輪になっており、回転させると揺らめているように見える。けんかのときにはいいメリケンサックになるかもしれない。

だが当時の私は、惑星の運動を適切に表現できる太陽系儀をつくれるほど、機械学に通じていなかった。それに厳しい締め切りにも追われた。その結果、惑星の位置を勝手に大きく変更するとともに、惑星を支える輪の回転運動を、モーターやハンドル操作で全体が相関的に動く仕様にするどころか、それぞれの輪を手で動かす仕様にせざるを得なくなった。こうして実際にできあがった作品は、当初のデザインとは似ても似つかぬものとなった。自分がつくろうとしていた高機能な作品にはほど遠い。それを完全に実現するには、さらなる時間と知識が必要だった。それでも、可動部品が相互に接続された仕組みそのものには興味をかきたてられた。

年度末の展示会で、私の太陽系儀は時計学講習の学生たちの注目を集めた。その学生数名（そのなかにクレイグがいた）がまっすぐ私のところへやって来て、彼らも私と同じように、小さな動く機械を手間暇かけてつくることに興味を抱いていると言う。そのときまで私は時計職人のことなど考えたことがなく、たとえ考えたとしても、ショッピングセンターで電池やベルトを交換する人を思い浮かべる程度だった。だが彼らの作業場に招かれ、うなりをあげる旋盤や研磨機に初めて取り囲まれ、金属やその削りくずのにおいをかいでいるうちに、時計職人になれば、アーティストにも、デザイナーにも、エンジニアにも、物理現象の専門家にも一度になれることに気づいた。こうして講習が終わるころには、私も彼らの仲間になっていた。

あの太陽系儀も手放したくはなかったのだが、やはりフェニックスのブローチと同じように、家賃を払うためにスクラップにしてしまった。

据え置き型時計の最初期の製造者のことを考えるときにはいつも、私自身が以前、動く機械をつくろうとしたときの無様な経験が思い浮かぶ。水時計や砂時計、ロウソク時計は、人間が絶えず手を加えなければ、初期のエッグタイマーと大差ない。「真」の時計をつくるには、自動再生する動力源か機械化された動力源が必要であり、機械式の据え置き型時計は一一世紀、機械式の携帯型時計は一六世紀まで現れることはなかった。とはいえ、この飛躍を果たすのに必要な技術は、すでに一〇〇〇年以上前から開発が進められていた。古代のメソポタミアでは、水力で動く機械、農業水利システム、織物工場から、レンガや陶器の大量生産、車輪のついた戦車、さらには鋤(すき)に至るまで、あらゆる種類の工学上の進歩が生まれ、機械式時計の基盤を形づくっていった。[1]

私は、ヨーロッパに初めて水力による機械式の時計が現れたときに、人々がどれほど驚いたのかを想像するのが好きだ。紀元八〇二年、カール大帝のお気に入りの外交官の一人が、バグダッドでの任務を終え、驚嘆や感銘を誘わずにはいられない無数の贈り物とともに帰国した。カリフのハールーン・アッ=ラシードから贈られた、その治世で花開いたイスラム黄金時代を象徴する品々である。そのなかでもいちばんの目玉は間違いなく、アブル=アッバースという名の大人のアジアゾウだった。それがエクス=ラ=シャペル*の街を重い足取りで歩いたときには、大騒ぎになったに違いない。そんな贈り物のなかに、時報を鳴らす機械装置を備えた真鍮製の水時計があった。それを実際に見た人物の証言によると、一時間が経過するごとにシンバルが鳴り、一二ある扉の一つから模型の騎手が現れたという。その仕組みがどうなっていたのか正確なところはわからないが、水が徐々に穴から浸み出すことで生じる水位の変化により、錘とロープから成るシステムが動き、制御されていたと思われる。[2] それを目にした幸運なヨーロッパ人は、この時計を魔法みたいだと思ったことだろう。

一一世紀には、スペインのイスラム教徒の天文学者で科学的な道具の発明家でもあったアッ＝ザルカーリーが、時報を鳴らすだけでなく、天体の情報も表示できる水時計を設計・創作した。スペイン中心部の古都トレドに設置されたその時計は、当日の月相を表示する機能があることで知られていた。二九日周期で水が満ちては減っていく二つの水盤を利用して、月の満ち欠けを模倣する仕組みである。しかも、絶えず変わるその水位は、誰かがその水位に変更を加えても、自動的に水を追加・排除して水位を適正に保つ地下のパイプシステムで管理されていた。[3] 私には、好奇心旺盛な子ども（それは私だったかもしれない）が、両親が近くの市場で露天商と値段交渉をしているあいだに、この時計にこっそり近づいていく姿が想像できる。その子は、水盤の水を少しばかりすくい出し、どうなるだろうと見守っていると、まるで魔法のように適正な水位まで水が補給されるのを見て、驚いたに違いない。

わが故郷のバーミンガム市にも、その中心に水の設備がある。「川（*The River*）」と呼ば

＊現在のアーヘン（ドイツ西部）である。

れるその噴水は、一九九二年にインドの彫刻家ドゥルヴァ・ミストリーにより設計され、ヴィクトリア広場の市役所の外に誇らしげに設置されている。その最上部では、ブロンズ製の巨大な裸婦が身を横たえ、水差しを握っている。そこから流れ落ちる水が、堂々たる上段のプールにたまり、やがてそのプールの下の端からあふれ、何段もの階段を下って、いちばん下にある第二の大きなプールへと流れ込む。現地の人々から愛情を込めて「ジャグジーに浸かるふしだら女」と呼ばれているこの裸婦像は、誰もが知る便利な待ち合わせ場所となっている。ときおり硬貨を投げ入れて願いごとをしている人を見かけるが、夏の暑い盛りになると、そのプールに飛び込み（違法な行為である）、水を周囲に跳ね散らかしながら涼をとる人もわずかながらいる。公共スペースに何らかの設備が設置されると、住民は誘われるようにそれと交流する。*これらの設備はいわば共有物であり、誰もがそれを所有しているような感覚を抱く。アッ＝ザルカーリーの時計の水にいたずらをした好奇心旺盛な子どももそうだ。その子は、両親が近くの市場で露天商との値段交渉に夢中になって自分から目を離しているすきに、手をおわんの形にして水をすくい出し、どうなるのかと見守る。そして、いくら水をすくい出しても、なぜか水盤には適正な水位まで水が補給される魔法を目にすることになるのだ。

この時計はしばらくトレドに鎮座していたが、のちの発明家がその仕組みに興味を抱き、許可を得て分解したところ、元に戻せなくなってしまったという。[4] 私はその話にいつも心を動かされる。というのは、同じ運命をたどった時計をいくつも見てきたからだ。そういう時計の所有者との会話は、たいていこんな感じで始まる。「ええと、少しばかり情けない話なんですが、私が……その私が……わかりますよね……長い話を手短に言うと……」。そしてそのあとで、祖父から受け継いだ時計や、オークションで買った時計や、記念すべき日に贈られた時計が、ばらばらのかけらになってしまい、どうやって元どおりにしたらいいのかわからなくなってしまったと認めるのである。好奇心は、数世紀も前からずっと時計たちの命を奪ってきたのだ。

トレドから六五〇〇キロメートルほど東にある中国の河南省では、一〇八八年に天文学者の蘇頌（そしょう）が皇帝の命を受け、宋王朝の知的能力を誇示することを目的に、世界一精密な水時計を製造した。[5] 蘇頌の水時計を簡単に説明すると、その時計には、数多くの天体の複雑な動きを示す機能が備わっていた。当時の皇宮の人々は天命に従っていたため、行政上の判断材料として、天文学的な出来事を追跡・予測し、それを解釈する能力が求められたからだ。[6] 天体を模した環状に動く真鍮製の球と、一日の重要な時間に銅鑼（どら）を鳴らす自動人形とを備えたこの時計は、中国の技術的優位を裏づけるだけでなく、「天に直接つながるも

＊その交流が少々過剰になることもある。この「ふしだら女」は数年間作動しなくなり、そのあいだは水の代わりに花壇が設置されていたが、二〇二二年にみごとな噴水へと復活を果たした。ところが一カ月もしないうちに、誰かが起泡剤を混ぜたためにまた故障してしまった。アッ＝ザルカーリーがまず直面しなかった問題である。

の、天の知恵が皇宮に流れ込む通路」としても機能したのである。[7]

蘇頌に率いられた職人や技師たちは、まずは蘇頌が仏塔の様式で設計し、木材で試作した縮小模型を参考に、八年の歳月をかけて水力による機械式の天体時計をつくりあげた。完成した時計は、一二メートル余りの高さ（四階建ての建物の高さに相当）を誇り、周囲にバケツ状の容器を三六個備えた直径三メートル以上の巨大な水車を動力源としていた。ある容器が水でいっぱいになって重くなると、機械装置が作動する。その容器が前に倒れて水車が回転し、次の空の容器が、別に設けられた貯水槽から一定のペースで供給される水の流路へとやって来る。

この蘇頌の画期的な工学作品のなかで、私が時計職人として感銘を受けずにいられないのは、それが史上初めて脱進機（エスケープメントともいう。歯車の力を交互に抑制・解放する機構）を備えており、無限に動く可能性を時計に与えた点である（人間が絶えず貯水槽の水位を監視し、必要な調整や修理を行なえば無限に動く、という意味である）。水や重力、ゼンマイといった動力源からの運動エネルギーを抑制・解放できるこの仕組みは、完全に機械化された時計の発明になくてはならないものとなる。さらにこうもつけ加えておくべきだろう。それはまた、時計の「チク」「タク」という音が史上初めて生み出された瞬間でもあった。

これら初期の機械装置はいずれも、実験や発見の純粋な喜びや、無限の可能性から生まれた試行錯誤の結果に満ちていた。一三世紀に入るころには、メソポタミア地方北部出身のイスラム教徒の博識家・学者で発明家でもあるイスマイル・アッ＝ジャザリーが、機械学をまったく新たな次元へと押し上げた。トルコのアルトゥクル宮殿の技師長だったアッ＝ジャザリーは、現在では一部の人々から「ロボット工学の父」と呼ばれている。実際、この人物はオートマタの大家だった。およそ二五〇年後にレオナルド・ダ・ヴィンチに影響を与えたとも言われるその著書『巧妙な機械装置に関する知識の書（*The Book of Knowledge of Ingenious Mechanical Devices*）』には、彼が発明したおよそ一〇〇点もの機械が、見るも鮮やかな手書きの挿絵とともに掲載されている。そのなかには、自動的に動くクジャク、パーティで飲み物を給仕してくれる水を動力とする人形、パーティの客に音楽を「演奏」する楽団、いくつもの複雑なロウソク時計や水時計などがある。[8]

ハールーン・アッ＝ラシードはゾウと一緒に時計を贈ったが、アッ＝ジャザリーはさらにその上を行き、ゾウの形をした水時計を設計した。ゾウの背中にはペルシャの絨毯が敷かれ、その上に設置された金色のハウダー〔ゾウの背中にとりつける天蓋つきの座席〕には、アラブの書記官が手にペンを持って座っている。その前にはゾウ使いが乗り、ハウダーの上には赤い中国の竜二頭とエジプトのフェニックスが鎮座している。[9] ゾウの腹のなかには水を満たした水盤があり、小さな穴を開けた鉢が、糸で滑車（かっしゃ）装置につながれた状態でその水の上に浮かんでいる。その鉢は、ゆっくりと水が浸み込んでいくにつれて沈んでいき、それにより書記官が一分ごとに一度回転する。三〇分後、水でいっぱいになった鉢が水盤の底まで沈むと、それを機にシーソー装置が作動し、解放された球が一方の竜の口に入る。その球の重みにより竜が前方に傾くと、沈んでいた鉢が引っ張られて、また水面に戻ってくる。するとそれに伴って、ハウダーの上に設置されていた人形が手を挙げ、三〇分ごとのシンバルが鳴り、フェニックスが回転し、ゾウ使いが鞭を動かす。このサイクルが一巡してパフォーマンスが終わると、各キャラクターは元の位置に戻り、鉢に再び水が満ちるのを待つ。

時計の各要素は、この時点における世界中の工学知識を採用していることを意図的に示している。アッ＝ジャザリーはこう記している。「ゾウはインドやアフリカの文化を、二頭の竜は古代中国の文化を、フェニックスはペルシャの文化を、水を使った仕組みは古代ギリシャの文化を、ターバンはイスラムの文化を表している」。この象時計（エレファント・クロック）はいまも驚異の的となっている。二〇〇五年、ドバイのショッピングモールの目玉として、途方もなく大きなこの時計のレプリカがつくられた。大理石製の丸天井のホールの中央に設置され、熱心に写真を撮る買い物客に囲まれ、象時計はここでもまた、共有された時間を提供している。

計時という点から見れば、中世のヨーロッパは中国やイスラム諸国より少々後れを取っていた。だがヨーロッパがルネサンス期に入ると、カトリック教会のなかから、あるいはそれ以上にエリート社会のなかから、次第に多くの天文学者が現れ、時計製造は興奮を誘う新たな時代へと突入した。これらの学者は、水は動力源として信頼性に欠けると考え（ヨーロッパでは夏には水が蒸発し、冬には水が凍ってしまう）、真に機械化された時計の開発へと大きく歩を進めていった。

完全に機械化され、比較的メンテナンスの必要がない時計をつくる鍵は、信頼できる動力源を見つけることにあった。この問題はやがて、重力の手を借りることで解決された。誰がいつ、どこでそれを発明したのかはわからないが、一四世紀のどこかで注目すべき時計が現れた。それは、水平な巻き軸（糸巻きのようなもの）に巻かれ、一方を大きな錘に、もう一方を機械装置に結びつけたロープを動力とする。このような装置を持つ現存する最古の時計は、一三八六年に製造され、いまもまだイングランドのソールズベリー大聖堂で生き永らえている。* この時計の場合、二つの石の錘により動力が供給される。錘が下がると、大きな木製の巻き軸からそれだけロープがほどける。その動きにより一方の巻き軸は、進み続ける装置（時間を計る役目を果たす）を駆動させ、もう一方の巻き軸は、音を鳴らす装置（鐘を鳴らして時を告げる）を駆動させる。この巻き軸は、クランクを使って手動で巻くことができる。そのまわりにゆっくりとロープを巻きつけて、錘を持ち上げるのだが、巻き軸には歯止め装置があるため、釣り針に引っかかった魚をリールで引き寄せるときのよう

---

*ヴェネツィア近郊のキオッジャにある別の塔時計については、詳細な記述がある。それもまた、少なくとも一三八六年にはつくられ、いまだに現存している。ただし現在は退役状態にある。

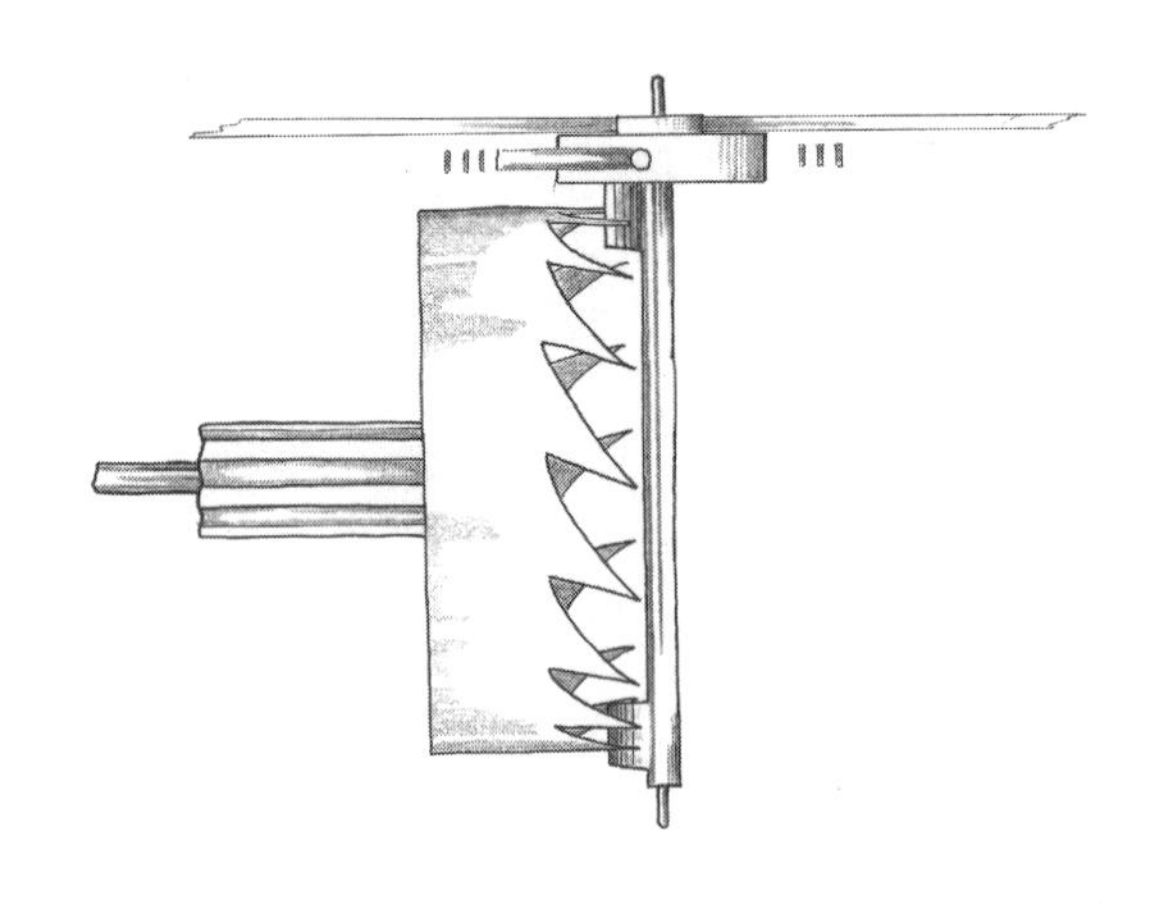

バージ脱進機。完全に機械化された時計に使われた最初の脱進機であり、19 世紀初頭まで使われていた。

に、一方向に回りつつもそのたびに固定され、反対方向へと巻き戻されるのを防いでくれる。こうして最後まで巻かれると、重力により錘が引き下げられるため、巻き軸は自然と制御不能な速度で逆戻りしようとする。そのため、回転速度を制御する新たな装置が必要になる。その装置が「バージ脱進機」〔冠型脱進機ともいう〕である。

これら初期の時計に使われたバージ脱進機とは、長く細いスチール製の回転軸（バージ）に棒テンプと呼ばれる水平の棒をとりつけたもので、大文字のTのような形をしている。回転軸の上部と下部には長方形のツメが一つずつ、両者の角度がおよそ九〇度になるようにとりつけられている。二つのツメのあいだの距離は、軸が回転したときに、それに合わせてどちらか一方のツメが冠歯車〔ガンギ車ともいう〕の歯をとらえられるような幅に設定されている（ギザギザの歯がついた歯車が王冠の形に似ているため、そう呼ばれる）。冠歯車が前方に回転すると、一方のツメは歯を通過させ、もう一方のツメは別の歯をとらえる。それにより力の解放が制御される。ツメが冠歯車に触れると、その反動により回転軸は反対方向へと回転し、それにより今度はもう一方のツメが歯を通過させ、逆に最初のツメが歯をとらえ……と行きつ戻りつする。このサイクルが何度も何度も、一時間ごとに何千回と繰り返され、力の解放を制御するとともに、ツメが歯をとらえるごとに「カチ、カチ、カチ」という音を生み出す。

このバージ脱進機により初めて教会の時計が生まれた。この装置は塔や櫓（やぐら）に組み込まれ、町や都市の上にそびえ、数キロメートル離れたところからも見えた。ただし、最初期の時計には文字盤がなかった。鐘で時を打って時間を知らせるだけであり、それが礼拝などの公的な日課の指針となった。エリザベス一世時代の劇作家トーマス・デッカーはこう記している。時計の鐘は「遠くからでも聞こえ、夜なかにベッドで寝ていようが、昼間に時計から離れたところにいようが聞こえる」[10]。この「時計（clock）」という言葉自体、中世ラテン語の「clocca」やフランス語の「cloche」に由来しており、どちらも「鐘」を意味する。中世後期から近世初期、一七世紀直前までのヨーロッパでは、時間はいまだ個人的なものではなく公的なものであり、文字どおり高みから届けられた[11]。ヨーロッパの人口の九〇パーセントが農民だった時代には、自分の時間を自分の時計で決めるという考え方は、いまだほど遠いものだった[12]。

公共空間にある大規模な塔時計は、携帯型時計の職人が扱う微細な世界とはあまりにかけ離れている。私は数年前、スミス・オブ・ダービー社の工房に伺う幸運に恵まれた。一八五六年に創業し、いまはスミス家の五代目が経営している塔時計の修復・製造会社である。私が思うに、そこは大半の人にとって奇想天外な世界なのではないだろうか？　私自身、自分の工房からそこへ来てみると、床下の小さな世界から巨人の王国に姿を現したボロワーズの一人になったような気がした（映画『ボロワーズ／床下の小さな住人たち』にちなむ）。どちらの工房でも使われている工具はほぼ同じなのだが、スミス社の工具は、私が使う工具の五倍から一〇倍、あるいは二〇倍も大きい。すっかり見慣れている工具なのに、まったく違う。私が時計の文字盤に針をとりつけるとき（時計を組み立て直したときに行なう最終作業の一つ）、その針はたいてい、自分の小指の先端ほどの長さしかない。ところが塔時計の製造会社の工房では、ときには自分よりも背の高い巨大な針を、二階建てバスほどの大きさの文字盤へウィンチ（捲揚機〔まきあげ〕）を使って設置する。*

大きさの違いは別としても、塔時計を製造・修復している人たちは、携帯型時計の職人にはおよそ想像のできない問題に直面する。教会の高い塔の上で強風や凍えるような冷気と闘い、ハーネス（安全ベルト）をつけて天井から吊り下げられて揺られ、機械装置を詰まらせてしまうハトの酸性のふんを削り落とし、ときにはそこに巣をつくったカモメに立ち向かわなければならない。これらすべてを考えると、自分が暖かい安全な工房で仕事ができることに感謝したくなる。それでも塔時計のムーヴメントにはどこか魅力がある。それは、まさにH・G・ウェルズの世界のように美しい。ゴン、ガチャン、ブーンと音を立てる不思議なSFの機械だ。そのムーヴメントの動きは重々しくも整然としており、やがて「鐘が告げる時刻」がそのように近代世界を支配することを象徴しているかのようだ。

実際のところ、バージ脱進機はあまり正確ではなく、時計が一週間で数時間遅れたり進んだりすることもあった。それでもこの脱進機は、のちの発明家や技術者の開発の基盤となり、わずか一世紀前の人々でさえ想像もできないほど複雑な、深い感銘と驚嘆をもたらす時計へとつながっていく。中世の教会の時計は間もなく、惑星の位置、日蝕・月蝕の予

＊このサイズ感を伝えるため、一つ実例を紹介しておこう。実在する最大の文字盤は、サウジアラビアにあるアブラージュ・アル・ベイト・タワーズの最上部に設置されている。二〇一二年に製造されたその文字盤の直径は四三メートルに及ぶ。オスのシロナガスクジラ二頭を縦に並べた長さにわずかに足りない程度である。

測、月相、満潮や干潮の時間など、きわめて高度な情報を、精巧なオートマタで生き生きと表現するようになった。[13] 一三二一年から一三二五年までのノーリッジ大聖堂の財務記録を見ると、機械式時計の製造依頼や設置の記録があるが、その時計には、太陽や月の模型のほか、合唱隊や行進する修道士など、五九もの動く木造彫刻が設置されていたという。*一四世紀から一五世紀にかけての教会は、こうした複雑な天文時計を、キリスト教の宇宙論を公共の場で壮麗に表現するものと見なしていた。装飾やオートマタを通じて、信者たちに時間の経過の意味を示すことを意図していたのである。

天文学は中世のキリスト教の世界観の中核を成しており、その世界観では神は、聖なる宇宙の設計者と見なされていた。当時の絵を見ると神が、分割コンパスを手に宇宙の設計図を描く幾何学者として描かれている。そのため天体の出来事は、人間の人生に直接的な影響を及ぼすものと考えられていた。結婚や外交判断ばかりか外科手術でさえ、月や星の配置を参考にして行なわれた。一二星座の一つひとつが人体の各部位と関係しており、月がその部位に関連した星座の位置にあるときには、その部位の手術をするのは危険だと考えられていたのだ。月の早見表のような道具を使って太陽に対する月の位置を調べ、それを獣帯(じゅうたい)人間(zodiac man、各星座に関連する身体の部位を示した人体図)と照合すれば、時機がいいかどうかがわかる。[14] たとえば、足のツメが肉に食い込んで痛い場合、早見表を見て月がうお座(足に関連する星座)の位置にあれば、運気がよくない。ツメを処置したければ一カ月待ったほうがいい、ということになる。

古代エジプトでは主に司祭が時計学や天文学の研究をしていたように、中世ヨーロッパでもわずかばかりの幸運な修道士が、世俗の娯楽もなく、住まいの心配をする必要もない環境のなかで、知識の拡大に多大な時間を割いていた。そのため、最初期の時計製造人の多くは教会の人間だった。そのなかには、一三二〇年代に天文時計を設計した、修道士で自然哲学者のウォリングフォードのリチャード（一二九二〜一三三六年ごろ）や、フランスのブールジュ大聖堂の壮大な天文時計を設計したジャン・フソリス（一三六五〜一四三六年ごろ）がいる。

天文学者たちは、時計の精度を飛躍的に向上させていった。[15] というのは、月蝕や通過する彗星など、観察される現象を測定するには、完全に均一な時間単位に従って時間経過を計測できる時計が必要だったからだ。古代の時間の分割方法は多くの場合、昼と夜の区切りを使って一日の経過を記録するため、一年のあいだの時期の違いや日の出から日没までの時間差によって、一時間の長さが変わってしまった。だが機械式時計は、伝動装置により針の動きを制御しており、（時計が正確に動き続けて止まらないかぎり）針が完全に一周する

＊財産目録には、明るい色の絵の具や塗金を使ったことが詳細に記されている。この事業全体には、幅広い熟練職人の才能が必要だったため、鍛冶職人や大工、石工、左官、鐘職人などが三年間雇われた。この時計にかかった全費用は五二ポンドと記されているが、これは、当時の価値で一人の仕事に換算した場合、優れた技能を持つ職人が堅実な仕事をして手に入れられる一四年分以上の賃金に相当する。

までにかかる時間に差異はない。この画一的な機械式時計の性質により、均一な時間の完全な制御が可能になった[16]。

「計測できるものは計測せよ。計測できないものは計測できるようにせよ」と言ったとされるガリレオは、精度を向上させるきわめて重要な発見をした人物だとも言われている。その発見とは、振り子の等時性（振り子は、風などの変動要素がなければ一定の周期で揺れるという法則）である。言い伝えによれば、ピサ大聖堂のミサに出席した一九歳のガリレオが、ふと上を見たところ、天井から吊り下げられている祭壇のランプが、繰り返し規則正しく揺れていることに気づいた。その瞬間に、この揺れを使えば、機械装置から得た力を定期的に抑制・解放できることを思いついたのだという。ガリレオはこのアイデアをしばらく頭の片隅にしまい込んだままだったが、一六三七年になってようやく、振り子で制御された史上初めての時計を設計した。揺れる錘を使って脱進機の抑制・解放を行なう時計である。だがガリレオはその五年後にこの世を去り、この独創的なアイデアを実現することはなかった。オランダの物理学者・数学者クリスティアーン・ホイヘンスがそれを時計の機械装置として実用化したのは、それから一五年後のことである。

しかし、天文学の観察はさまざまな場所で行なわなければならないため、時計を持ち運ぶ必要がある。それを実現するうえでもっとも重要な進歩となったのが、主ゼンマイの導入である。錘に代わり、きつく巻かれたスチール製のバネが動力源となったのだ。主ゼンマイを発明したのが誰なのかはわからないが、この技術もまた、イタリア北部の錠前屋か

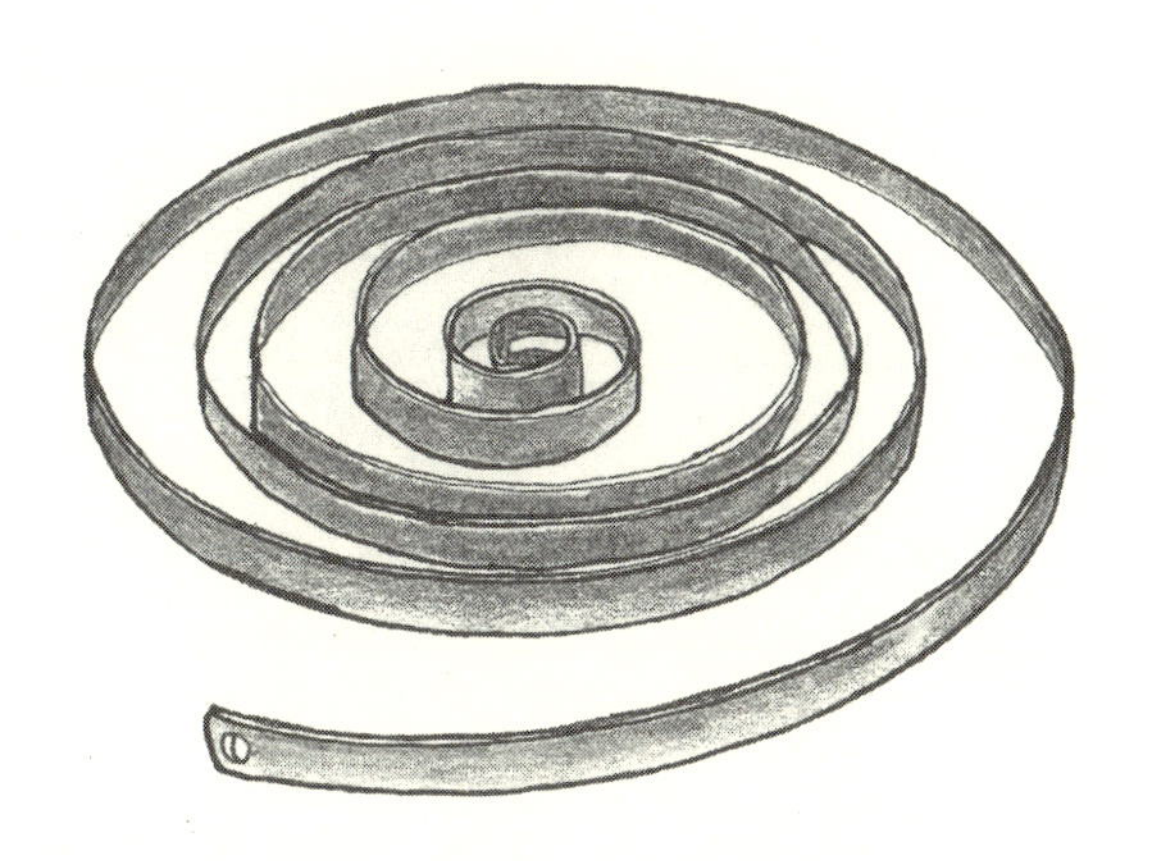

典型的な従来型の主ゼンマイ。この形式のものが、発明されて以来20世紀まで使用されていたが、20世紀になってその形が改善され、解放されたときにより均一なトルク〔物体を回転させようとする力のこと〕を生み出すようになった。

ら生まれた可能性がきわめて高い。現存する最古のゼンマイ駆動の時計は、一四三〇年にまでさかのぼる。これらに使われたバネは、長いがきわめて薄く（贈り物に巻くリボンにやや似ている）、円筒形や樽形の容器〔香箱という〕に巻かれて収められており、クランクや鍵を使って中心軸に巻きつけることができる。中心軸に渦巻き状にきつく巻かれたコイルバネは、解放されると、その弾性により解きほぐされて元に戻ろうとし、その過程で外端に引っ掛けられていた容器を引っ張り、なくてはならない回転運動を生み出す。だが主ゼンマイは、一気にその力すべてを一連の歯車へと解放しようとするので、それを防ぐために、それまでの錘駆動の時計の場合とまったく同じように、脱進機を通じてその回転速度を制御する。

主ゼンマイの登場により、時計は史上初めて重力から解放され、旅行先へ持ち運べるほど小型化できるようになった。それまでは教会が、建築物に組み込まれた機械式時計をヨーロッパ全域に広め、科学者が、時計の精度や実用性を向上させてきただけだったが、それ以降は富裕層が、この精巧な機械をステータスシンボルとして利用するようになった。一五世紀のあいだに、貴族や裕福な商人（特に天文学に関心を持つそれらの人々）の家では時計がありふれたものになり、その時計を使って最新技術の知識を誇示するようになったのだ。[17] 現代人がアップルストアの外に何日も列をつくり、最新のアイフォーンを買い求めるのと同じである。当時の時計は莫大な費用がかかったため、富裕層に独占されるに従って欲望の対象にもなり、最初期の機械装置に使われていた鉄は間もなく、塗金（ときん）（いわゆるメッキ）を施した真鍮や銅などの素材に取って代わられた。彫刻師や塗金師がかかわるようになると、時計はますます華美になっていった。

たとえば大英博物館には、アウクスブルクの時計職人ハンス・シュロットハイムが一五八五年に製造した注目すべき時計がある。神聖ローマ帝国皇帝ルドルフ二世のためにつくったものだと思われる。この時計は、塗金を施した真鍮製のガレオン船の上に設置されており、そのガレオン船は、煙を吐くミニチュアの自動大砲を「撃ち」、動きまわる人形を甲板に乗せながら、せわしない宴会の席の真んなかを「航海」していくよう設計されている。見張り台の下に吊り下げられた鐘で時を告げ、船体のなかの機械装置が太鼓に合わせて音楽を奏でる。これらの華麗なパフォーマンスのなかにあっては、船橋（ブリッジ）に設置された小さな時計の文字盤など、ほぼ誰の目にも留まらない。

一六世紀になると、このような並外れた時計が、ある意味ではさほど並外れたものではなくなった。ヨーロッパ全域の数多くの腕利きの職人が、こうした驚異的な機械をつくり、エリート層の貪欲な欲求を満たしていたからだ。ただし、そんな時計には一つだけ問題があった。これらの精巧な機械は、家でなければ嘆賞できない。つまり、華麗な時計を誇示するためには、友人や同僚、顧客を食事に呼ばなければならない。この段階ですでにヨーロッパの支配階級は、これまで同様に複雑で好奇心をそそる仕組みを備えていながら、携帯してどこにでも持っていける時計を待ちわびていた。それを現実にするためには、身に着けられるほど時計を小さくする必要があった。

小さなものは見失いやすい。盗まれることもあれば、壊れることも、置き忘れることもある。個人コレクションの奥深くに紛れ込むこともある。引き出しの奥やベッドの下の靴箱のなかばかりか、床板の下に隠れてしまうことさえある。そしてそれらが、偶然また見つかることもある。
確認できる世界最古の懐中時計もまた、一九八七年にロンドンのフリーマーケットで、古い据え置き型時計の部品を集めた箱に入れられ、一〇ポンドで売られているところを発

見された。それは、素人目には時計に見えない。むしろ、大きさや重さがニワトリの卵ぐらいのボールのようだ。銅板をハンマーで叩いて（「鍛金(たんきん)」）成形した二つの半球で構成されており、ほぼ完璧な球形をしている。ボールの上には輪っかがあり、そこにチェーンを通せば首に掛けられる。ボールの下には短い三本の脚があり、テーブルの上に立てても転がらない。ケースの表面は、人物や村の風景、葉などの粗雑な彫刻で装飾されているが、上半分にはコンマの形をした穴がいくつも開いており、そこからなかの文字盤が見える。時間を見る際には、蝶番でつながったボールの上部を開く。すると、時間を示す針が一本だけ、彫刻が施されたローマ数字の文字盤の上を回っている（最初期の携帯型時計は分針をつけられるほど正確ではなかった。それに時間の細かい区分は現在ほど重要ではなかった）。この時計には、「MDVPHN」という文字が入っている。それが、この時計の由来を知る最初の手がかりになる。MDVは、ローマ数字で一五〇五年を意味する。PHは、携帯可能な小型の機械式時計をつくることで当時知られていた時計職人、ペーター・ヘンラインのイニシャルであり、Nは、この時計の製造地であるニュルンベルクを指す。

この珍品を最初に買った人は、その信憑性を疑い、数年後には売却した。次にこの時計を手に入れた人は、鑑定してもらった専門家から偽物だと言われ、やはりまた、記録には残っていないがおそらくはわずかな額で売り払った。三番目に購入した人は、この時計を科学的に詳細に分析してもらった。すると、この製品が実際に一五〇五年かその前後に製作されたものであり、本物だと思われること、したがって現存する世界最古の懐中時計であることが、何の合理的疑いの余地もなく証明された。この時計はいまでは、四五〇〇万〜七〇〇〇万ポンドもの価値があるという。

この小さな機器については特筆すべき点がいくつもあるが、そのなかでもとりわけ注目すべきなのが、製作した職人についていくらかわかっている点である。ペーター・ヘンラインは一四八五年、真鍮細工職人の息子としてニュルンベルクで生まれ、初期の懐中時計の多くの職人と同じように、錠前屋の徒弟になった。彼の若い時期における決定的な転換点となった事件は、工房ではなく居酒屋で起きた。一五〇四年、当時一九歳だったヘンラインは乱闘に巻き込まれ、そのさなかに仲間の錠前職人であるゲオルク・グラーザーが殺された。こうして殺人の容疑者の一人となったヘンラインは、ニュルンベルクのフランシスコ会修道院に保護を乞い、一五〇四年から一五〇八年までのあいだ、そこに身を隠した。

一五世紀から一六世紀にかけてドイツ南部のニュルンベルク市は、ヨーロッパの有力な創造的・知的都市の一つだった。ドイツにおけるルネサンスの中心地である。実際、ヨハネス・グーテンベルクが一四四〇年に印刷機を発明したのも、アルブレヒト・デューラーが一四九五年にアトリエを構えたのもニュルンベルクであり、同地の修道院には研究者や職人がよく集まっていた。ヘンラインは間違いなく、そこで新たな工具や技術に触れるとともに、来訪する数学者や天文学者の著作に目を通したはずだ。思いがけなくも、自分の才能を磨くのに役立つ環境に身を置くことになったのである。

ヘンラインはおそらくこの修道院で、のちに懐中時計にとりつけることになる小型の均

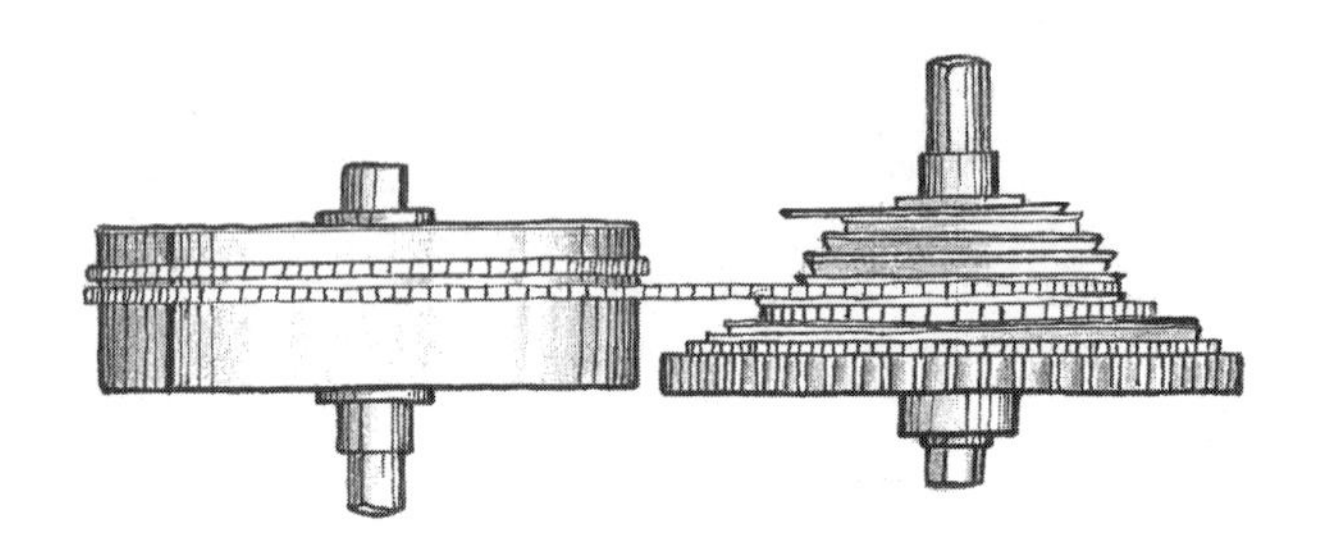

均力車。自転車のような細いチェーンにより、主ゼンマイが格納された容器とつながっている。以前はガット（腸線）が使われたが、これもまったく同じように機能する。

力車（フュジー）の製造方法を学んだのだろう。主ゼンマイに接続される均力車は最初、石弓の装置として開発されたらしく、一四九〇年にダ・ヴィンチが描いた設計図にも登場する。時計の主ゼンマイを巻くと、バネがきつく巻きつけられてエネルギーが蓄えられる。そしてそれが解放されるとバネがほどけ、オルゴールのなかで回転する踊り子や機械式のエッグタイマーのように、ゼンマイが収納されている容器が回転する。だが、オルゴールの踊り子の回転が次第に遅くなっていくように、時計のゼンマイの回転力も最初は強いが、ほどけるにつれて次第に弱まっていく。そのため、自転車のギアと同じ原理を使い、螺旋（らせん）状の滑り台のように次第に太くなっていく形をした均力車で、これを制御する。

ヘンラインはたちまち、並外れた創意と

非の打ちどころのない技能を持つ時計職人との評判を獲得した。ニュルンベルク市議会から天文時計製造の依頼を受け、リヒテナウ城の塔時計をつくったこともある。だが彼が得意としていたのは、先ほど述べたような、装飾豊かな球形の小型時計の製作だったようだ。チェーンに吊り下げて衣服に着け、宝飾品やシャトレーヌ〔鍵などを腰からつるす女性用の帯飾り鎖〕のブローチとして使うような時計である。一五一一年には、学者のヨハネス・コックロイスがペーター・ヘンラインについてこう記している。「少しばかりの鉄をもとに、無数の歯車から成る時計をつくりあげる。振り子はなく、いつでもねじを巻けば四八時間もち、時を打ち、小銭入れにもポケットにも入れて運べる時計である」[18]

この驚異的な機器の背後にいるこの人物を、これ以上正確に描写するのは難しい。生前から有名だった数少ない時計職人の一人として、その人物像が何度となく神話化されてきたからだ。現代においてもヘンラインが名声を博しているのは、ヴァルター・ハーランの戯曲『ニュルンベルクの卵』(一九一三年)があったからにほかならない。この戯曲は、ドイツ人の優位性を示すナチスのプロパガンダ運動の一環として、一九三九年に映画化され、その最終的な編集作業は、ヨーゼフ・ゲッベルスの承認のもとに進められた。この戯曲や映画のなかでヘンラインは、誠実な夫として、あるいは心臓の病で死んだ献身的な職人として描かれている。だがのちの研究により、ヘンラインの暗い側面が明らかになった。あの史上初めての懐中時計のムーヴメントを分析したところ、裸眼では見えないが、ごく小さい「PH」というイニシャルが、機械装置の金属のあちこちにいくつも刻まれているらしいことが判明したのだ。心理学者の友人に聞いてみたところ、これは社会病質的で自己陶酔的な人格を示している可能性があるという。確かにヘンラインは暴力的だった（殺人事件の訴訟が取り下げられたのは、彼が被害者の家族に賠償金を支払ったからであり、無実が証明されたからではなかった）。それに彼は、弟のヘルマンにかなりの支援をしていた。ヘルマンは、八歳の物乞いの少女を殺害して斬首刑に処せられたが、これは性的な動機による犯罪だったと思われる。だが兄のペーターは、殺害された少女やその家族には同情を寄せることもなく、弟の赦免を繰り返し要求した。つまり私から言わせれば、ペーター・ヘンラインは、歴史上有名な時計職人のなかでは唯一、一緒に酒を酌み交わしたいとは思わない人物だということだ。

ある意味では、ヘンラインの時計はきわめて簡素だ。第一に、金属部品に加工が施されていない。現代の豪華な時計にはつきものの高度な研磨や精緻な仕上げが一切ない。第二に、ムーヴメントが鉄でつくられている。鉄は懐中時計にとって理想的な素材ではない。鉄は衝撃を受けると、原子の配列が地球の磁場の影響を受けてムーヴメントを磁化し、機械装置を狂わせるおそれがある。第三に、表面を飾る彫刻が未熟で粗雑だ。それでも私は現代の時計職人として、この機器の背後にあるスキルに畏怖の念を抱かずにはいられない。ヘンラインの時計は、高品質の拡大器具やデジタルの測定装置、電動の旋盤や穿孔機のない時代につくられた。歯車やカナ［大歯車とかみ合う小歯車のことで、ピニオンや児歯車ともいう］の一つひとつの歯、小さなねじの一つひとつなど、この時計のあらゆる要素が手でつくられ、組み立てられている。しかも驚くべきことに、その時計は五世紀経ったいまでも動く。ただし、私のような後代の修復師が手入れやメンテナンスをすればの話だが。

これでようやく、史上初めての驚異的な、携帯可能な機械式時計にまでたどり着いた。私が思うに、この時計は頂点であると同時に始まりでもある。機械化された、携帯可能な個人の時間を目指して人類がたどってきた数万年の旅路の頂点であり、これまでよりはるかに移り変わりの激しい人類と機械の物語の始まりである。この物語は、それからさらに五世紀余り続くことになる。

三　光陰矢のごとし

時間は財産や運命よりも役に立つ
しかるべきときに姿を変えるから

老いは誰も治せない悪である
若さは誰もとっておけない善である
人間は生まれたそばから死が決まっている
幸せそうな人もそれ以上に苦しむだけ

——スコットランド女王メアリー（一五八〇年ごろ）

一見すると、暗くうつろな眼窩（がんか）や大きく開いた鼻腔（びくう）、肉のない口が見せる笑みは、おぞましく見える。だが、こうした第一印象を捨て、エッチ・ア・スケッチ〔左右のダイアルを回して画面に絵を描く玩具〕のように心をまっさらにして、この時計が最初の所有者にとってどんな意味を持っていたのかを想像してみる。私はいま、時計職人名誉組合のコレクションのなかにある、一六世紀のどくろ時計を見ている。かつて、スコットランド女王メアリーが所有していたと考えられていたものだ。

銀製のこの時計は、小さな温州みかんほどの大きさで、優美な彫刻に覆われている。どくろの額の部分を見ると、砂時計と大鎌を持った骸骨（がいこつ）が、一方の足を宮殿の戸口に、もう一方の足を田舎家の戸口に置いて立っている。死神は君主にも貧民にも同じようにつきまとうという教訓である。[1] どくろの後頭部に目を移すと、やはり大鎌を持った時の翁（おきな）〔時の神、クロノスとも呼ばれる〕が、自らの尾を食らうヘビと、「Tempus edax rerum（時はすべてを呑み込む）」というオウィディウスの有名な句に挟まれている。頭蓋骨の両側面は、無数の穴が複雑に並んだ透かし彫りとなっており、そのなかに時を告げるベルがある。時間を見るときには、あごの部分を開くと、口蓋に隠された文字盤が現れる。時計の機構は、生きた人間で言えば脳にあたるところに収められている。

17 世紀初頭の銀製のどくろ時計の一例。

この時計には、人生が短く、死が避けようのない日常的な現実だった時代に見られた信心深さがある。それをちらりと見るだけで、自分はいつでも創造主のもとへ召される可能性があることを思い出さずにはいられない。それは、誰もがはっとさせられる瞬間だが、死の淵にわずかでも触れた経験のある人ならなおさらそうだろう。

私は、厳格で実践的な無神論者として育った。私の家族は、シーク教徒やヒンズー教徒、イスラム教徒、アイルランドのカトリック教徒、ポーランドのユダヤ教徒がそばにいる多文化地区に暮らしていたが、父は自分が教え育てられたカトリックにかかわりを持とうとはしなかった。近くのハンズワースの社会保障庁に勤めていたが、のちにその仕事を辞めて私たち姉妹の育児に専念するようになると、いつも私たちにこう言っていた。他人の宗教は尊重しろ。だが自分の宗教は持つな、と。隣に暮らしていた西インド諸島出身の人たちとは、家族ぐるみで親しくしていた。彼らはキリスト教を信仰しており、私たちと信仰について議論したことは一度もなかったが、私たち家族の宗教的傾向を知ってはいた。そのため彼らはときおり、自分たちが通う教会のチラシをおそるおそるわが家のポストに投函し、私たちをイエスの光に触れさせようとした。私はそのころ、私たちが神様を信じていないことを彼らも知っているはずなのに、なぜこんなことをするのかと父に尋ねたことがある。すると父はこう説明してくれた。それは彼らが私たちに好意を抱き、私たちのことを気づかい、私たちが不信心のせいで地獄に堕ちるのではないかと心配してくれているからだ。あれは親切心から生まれた行為なんだから、改宗はしないにせよ、彼らに感謝しないといけない、と。

それでも私は、いつも教会や大聖堂に魅力を感じてきた。その魅力とは、信仰の壁を貫いてくるかに見える安らぎなのだろうか？　それとも、ステンドグラスの窓が投げかける強烈な色彩なのだろうか？　それが何であれ、神聖な空間で行なわれる全声聖歌隊やオルガンの演奏を聞くと、心を動かされずにはいられない。時間的にも空間的にも我を忘れ、宇宙においては自分もまた卑小な存在に過ぎないのだと気づかせてくれる。このように宗教は、自分はちっぽけな存在だという感覚を抱かせる一方で、より大きな存在の一部だという感覚をも抱かせる。まったくそのとおりのことが、一六世紀にも起きていた。神の宇宙への帰属意識が、当時の個人の生活のあらゆる側面を形づくっていた。そこには、時間に対する考え方も含まれる。それはつまり、懐中時計に対する考え方でもある。

一八世紀の終わりごろ、ロンドンの古物商のあいだに興奮の波が広がった。スコットランド王ロバート一世が所有していたという懐中時計が見つかったのだ。[2]　それが本当なら、歴史に残る大発見となっていたことだろう。ロバート一世が死んだのは一三二九年であり、懐中時計が発明される一五〇〇年以上も前のことだからだ。

このエピソードは、懐中時計の正確な由来を特定するのはきわめて難しく、願望により歪められてしまうケースが多いことを示している。女王メアリーのどくろ時計も例外ではない。言い伝えによれば、女王はそれを肌身離さず持っており、処刑される直前になってようやく、お気に入りの女官だったメアリー・シートンに手渡したのだという。* だが一九八〇年代の初めには、かつて時計職人名誉組合コレクションの管理人を務めていたセドリック・ジャガーが、数世紀前から女王メアリーのものだと言われてきた複数の懐中時計を、一〇点以上の複製品とともに発見している。[3] 現在まで残っているどくろ時計のどれが、女王メアリーが所有していたものなのか、あるいは実際のところ、そもそも女王の時計が残っているのかどうか、それはおそらく誰にもわからない。

それでも、先ほど紹介した時計が女王メアリーのものだったとしたら、それは女王にとってどんな意味を持っていたのだろう？　それにはもちろん、金銭的価値があったはずだ。[4] 女王にとって宝飾品には貴重な価値がある。戦費を調達したり、同盟を手に入れたり、取引をまとめたりするときに通貨として使える。それにはまた、心情的な価値もあったかもしれない。メアリーはその時計を、最初の夫となったフランス王フランソワ二世からもらったらしい。メアリーとフランソワは一五五八年、メアリーが一五歳、フランソワが一

＊メアリー・シートンは、スコットランド女王メアリーが子どものころスコットランドからフランスへ逃れたときに、女王に随行した有名な「四人のメアリー」の一人である。シートンは女王が最後に監禁されていたあいだ、女王のもとにはいなかったため、女王はこのどくろ時計を、宝飾品や手紙、小さな肖像画などの私物とともに召使たちに託し、その召使たちがいずれ解放されたときに、それらを分配するよう指示したのではないかと思われる。

四歳のときに結婚した。二人の結婚生活は、子どもじみたものではあれ、とても幸福なものだったらしい。というのも二人は、幼年時代から一緒に育てられてきたからだ。ところが、生まれつき体の弱かったフランソワは、結婚後三年もしないうちに、また王位継承後一七カ月も経たないうちに、耳の感染症を原因とする脳膿瘍(のうよう)によりこの世を去った。同年には、メアリーが心から愛していた母親も亡くなった。悲しみに打ちひしがれたメアリーには、これ以上フランスに留まる理由などなかった。一五六一年、メアリーはスコットランドに帰国し、プロテスタントの国でフランス・カトリック教会の敬虔(けいけん)な信者として王位を取り戻した。あの時計は、彼女が失ったあらゆるものを記憶に留めるためのものだったのかもしれない。

その時計にはまた、宗教的な意味があったかもしれない。一六世紀から一七世紀にかけて、どくろは静物画や肖像画に頻繁に登場し、しばしば砂時計や置き時計、初期の懐中時計などと一緒に描かれている。このようにどくろと時計とを並置するのは理にかなっている。死と時間は言うまでもなく密接に関連している。時間は休むことなく規則正しいリズムを刻み、人間の生の時間をカウントダウンする。ボードレールも、かつて時間をこう表現している。「用心深く命を狙う者、われわれの心にかじりつく敵」。多くのどくろ時計にはそれと同じように、次のようなラテン語の引用句が刻まれている。「tempus fugit（光陰矢のごとし）」、「memento mori（自分が死すべき運命にあることを忘れるな）」、「carpe diem（その日を摘(つ)め）」、「incerta hora（死の時は不確か）」。こうして時計の所有者に、来世が待っていることを知らせていた。この世の生は来世の準備期間に過ぎないのだ、と。

　女王メアリーにとってあのどくろはまた、真に彼女のものであり続けたあるものを表していたのかもしれない。それは彼女の心である。当時の女性には自由などほとんどなかった。わずか生後六日でスコットランド王位を継承したメアリーは、生まれたときから政治的な駒でしかなかった。生後六カ月で、ヘンリー八世の唯一の息子だったプロテスタントの王太子エドワード（のちのエドワード六世）と婚約させられたが、この婚約はスコットランドのカトリック教会の反対により破棄された。次いで五歳のときには、フランスの王太子フランソワと婚約させられてフランスに送られ、その宮廷で育てられた。フランソワの死後、女王として故国スコットランドに帰国したが、わずか五年の統治期間ののち、一五六七年には強制的に退位させられた。自宅に軟禁されていたあいだでさえ、女王エリザベス一世の王位を奪おうとするカトリック勢力の数多の陰謀に巻き込まれた。エリザベス一世が、自分のいとこであるメアリーの死刑執行令状に署名せざるを得なくなったのはそのためだ。

　メアリーは人生の最後の一九年間を軟禁状態で過ごした。あのどくろ時計は、その失われた時間のあいだずっと、死後にはこの世とは別の、もっと幸せな「永遠」の生が始まるのだと告げていたのかもしれない。かつては美しく活気にあふれていた女王も、その一九年間で著しく健康を損ない、突発的なさまざまな病気に悩まされた。右半身がひどく痛んで眠れなくなることもあれば、断続的に右腕に鈍い痛みが走り、字さえ書けなくなることもあった。さらには両脚が激しく痛み、処刑のころには脚の自由がまったくきかなくなっていた。のちの医学者によれば、ポルフィリン症という遺伝性肝疾患を患っていたのではないかという（彼女の子孫の一人ジョージ三世も罹患していたことが知られている）。彼女が定期的に神経衰弱に陥っていたのも、それが原因なのかもしれない。当時はそれが、ヒステリーや精神異常に起因するものと診断されていた。メアリーが軟禁状態にあった時代に書いた手紙や、刺繡のなかに記した引用句を見るかぎり、処刑されるという不安がダモクレスの剣〔古代ギリシャの故事に由来し、栄華のなかにも危険が迫っていることを意味する〕のように絶えず自分を脅かしているこの世の生から逃れ、天国で生まれ変わる心づもりができていたのは間違いない。[5]

メアリーは一五八四年二月のある寒い日の朝、ノーサンプトンシャー州のフォザリンゲイ城で、反逆罪により斬首された。だが、この死により自分が殉教のシンボルになることを知っていた彼女は、その瞬間を利用して、その後の数世紀にわたる爪痕を遺した。断頭台に連れられてきたとき、彼女は女官の手を借りて、黒いビロードの刺繡や、真珠をちりばめた黒いボタンをあしらった、漆黒の繻子（サテン）のドレスを脱いだ。すると、深紅のペチコートと赤い繻子のボディス（女性用の胴衣）を身に着け、赤い両袖をのぞかせたメアリーの姿があらわになった。それは血の色、カトリックの殉教の色だった。[6]

私はよく、処刑の前夜、凍えるように寒い部屋で、ロウソクに照らされた聖書の前にひざまずき、あの時計を握り締めていたメアリーの姿を思い浮かべる。そのときには、（一六世紀の時計すべてがそうであるように）ゆっくりと動く時計が、彼女の心臓の鼓動に近いペースで、あの「チク」「タク」という音を奏でていたことだろう。私はこう思いたい。彼女が処刑を前に心の準備をしていたとき、あの時計は彼女にいくばくかの慰めをもたらしたに違いない、と。

一六世紀の懐中時計とはどんなものだったのか？　実際のところ、時間を計測するものとしては大したものではなかった。バージ式懐中時計は不安定だった。温度の変化を相殺する装置もなく、衝撃や突然の動きに対処できなかった。そのためよく止まったり、数分（あるいは数時間も）遅れたりした。時計はむしろ、最富裕層のみが手に入れられる、あこがれの希少品だった。当時は流通している懐中時計の数がきわめて少なく、それが登場してから三世紀のあいだほぼずっと、法外なほど高価だった。一五三六年ごろにハンス・ホルバインが描いたヘンリー八世の肖像画を見ると、この国王の首まわりに掛けられた金の鎖に、興味深いロケットがぶら下がっているが、これは一六世紀の時計だったのではないかと思われる。[7]　そのほか、エリザベス一世の王室衣装目録にも、メアリーのものとは別のどくろ時計や、史上初めてつくられた腕時計らしきものなど、さらなる時計の記録が並んでいる。一五七二年に作成されたこの目録には、その腕時計らしきものがこう表現されている。「金製の腕輪もしくは手かせ。全体がルビーやダイヤモンドで美しく装飾され、それを閉じるところに時計がある」[8]。残念ながら、この注目に値する一品は現存しない。

最初期の懐中時計は一般的に、流行(はや)りの二つのスタイルのいずれかに分類でき、いずれもチェーンに掛けて身に着けた。一つは、ヘンラインの時計のような球形のもので、教会で使われる香料を入れたかごのような容器にちなみ、ポマンダーと呼ばれた[9]。もう一つは、円筒をつぶしたような形のケースに収納され、蝶番で開閉できるふたが前後についているもので、「太鼓」を意味するフランス語にちなんで、タンブールと呼ばれた。一六世紀の半ばになると技術が進歩し、より小さな機械装置を収めるさまざまな形のケースや、それを装飾する新たな技法を探求する時計職人が現れ始めた。そのような取り組みから形態時計(form watch)が生まれた。「形態」時計という名称は、草木のつぼみや動物などの形態を模したことに由来する。そのなかには、十字架や聖書など、宗教的な意味を持つ形を採用したものも多々ある。もちろん、どくろもその一つである。

私は博物館やオークション会場で形態時計を見るたびに、笑みを浮かべてしまう。それらは、小さいながらも精巧を極めている。手の込んだ職人技術とデザインと工学とが、完璧に融合している。望みのものをつくれる自由があり、その代金を払う必要がないのであれば、私はこういうものをつくるに違いない。それらは、さまざまな技能を持つ職人が共同で生み出した、時計であると同時に芸術作品でもある。たいていは、従来の時計職人のほか、エナメル職人、彫刻師、彫金師、金細工職人、宝石細工職人の協力の賜物であり、金や銀、ルビー、エメラルド、ダイヤモンドで装飾されている。ただし、いまだ機能はまったく二の次であり、臆することなく豪華な、まばゆいばかりの形態(フォーム)に道を譲っている。所有者にとってそれらがいかに貴重なもの、いかに感情に訴えるものだったのかは想像にかたくない。それどころか彼らは、そこに組み込まれた冷たい石や金属に、宗教的とも言える反応を示したかもしれない。

一九一二年、ロンドンのチープサイドの一画で老朽化した建物を解体していた作業員が、足元にきらきら光るものを見つけた。慎重に床板をはぎ、土を掘り返してみると、驚くべきことに、エリザベス一世時代およびジェームズ一世時代の宝飾品が五〇〇点も出土した。のちに「チープサイドの埋蔵品」として話題になった出来事である。[10] 私はこの事件を知って鳥肌が立った。金にはいろいろと不思議な性質があるが、そのなかの一つに、年代を経ても、保存状態が悪くても、変色しないという性質がある。そのため即座に識別できる。きらきらと明るく、色合いが豊かで温かみがあり、重みもあるので、ほかの素材と間違えることはない。装飾に使われるガラス状のエナメルもまた、

天然のエメラルド。自然に六角形の水晶に似た形になる。

金の色を新鮮なまま保ってくれる（これはほかの宝石にもあてはまる）。それを考えると、地中に三〇〇年近く埋まっていたにせよ、この雑多な宝の山は、それが埋められた当時とほぼ同じきらめきを放っていたに違いない。

作業員たちは最初、この発見を土地の所有者に報告しないことにした。ちなみにその所有者とは、金細工職人名誉組合である。* 作業員たちはその代わりに、その宝の山を宝石商のジョージ・ファビアン・ローレンスのところへ持っていった。ロンドンの肉体労働者たちのあいだで「ストーニー・ジャック（石の男）」として知られていた人物である。彼らは、ポケットや帽子、ハンカチを、宝石ではちきれんばかりに膨らませてやって来た。当時の新聞記事によると、彼らが宝石商の店の床に「土のこびりついた大きなかたまりをいくつも」積み上げると、一人が大声でこう言ったという。「おもちゃ屋を壊しちまったみてぇなんだよ、旦那！」。するとローレンスは、すぐにその品々の重要性に気づき、ロンドン博物館（London Museum）に持っていく手はずを整えた。†

その埋蔵品のなかでも非凡さにおいて一、二を争う逸品が、プチトマトほどの大きさのコロンビア産エメラルドのなかに、塗金を施したムーヴメントを組み込んだ形態時計である。堅固なエメラルドをケースにした時計は、確認できるかぎりではこれしか現存しない。その貴重な緑の鉱石は、光の屈折や色の鮮やかさを高めるため、天然水晶のプリズムのような形にならい、六角形の箱の形にカットされている。半透明の宝石のふたを通して見える文字盤は、独特の質感を備えた金色の背景にローマ数字を円形に配しており、さらにそれが、そろいのエメラルドグリーンのエナメルで覆われている。残念ながら時計内部の機構はケースとは違い、地中生活を生き延びることはできなかった。地中は墓と化し、数世紀にわたるさびが、エメラルドの覆いのなかの機械装置を腐食させてしまったのだ。

この時計についてわずかながらわかっているのは、立体レントゲン撮影により解明された情報だけだ。そのムーヴメントは、精巧につくられた当時の時計によく見られるものではあるが、署名がないため、それを誰が製作し、その人物がどこを拠点に活動していたのかは、やはりわからない。エメラルドそのものは、コロンビアのムゾー鉱山で出土したものであり、当時の贅沢品が国際交易の賜物であることを物語ってはいるが、誰がそれをカットしたのかはわからない。セビリアやリスボン、ジュネーヴには、このようなケースをつくれる宝石細工職人の集団がいたから、ロンドンにもいたのかもしれない。誰がこのケースをつくったにせよ、その人物は驚異的なスキルを持っていたはずだ。私も短期間ダイヤモンド鑑定の訓練を受けたことがあるのでわかるのだが、このような宝石の加工には途方もないレベルの経験と能力が必要になる。宝石細工職人には、さまざまな鉱石の性質

＊金細工職人名誉組合は、いまだにロンドン市内各地に地所を所有する裕福なロンドンの組合の一つである。

†一九七六年、ロンドン博物館（London Museum）はギルドホール博物館と合併し、ロンドン博物館（Museum of London）となった。チープサイドの埋蔵品は現在、そこに保管されている。

に関する該博な知識が欠かせない。鉱石は種類によって分子構造が異なるため、適切なカットや仕上げの方法もそれぞれ異なるうえに、一つひとつの石にも指紋のような違いがあり、その含有物には、雪の結晶のようにそれぞれ独自のパターンがある。宝石細工職人はそのような宝石を読み、その詳細な構造を綿密に分析し、最終的なカットの形を見きわめる。なかでもエメラルドはことのほか厄介だ。緑柱石（ベリル）の系統に属するため、その分子の形状により、太いHBの鉛筆のような六角形の棒状に成長するが、ルビーやサファイアほど硬くはなく、簡単に砕ける。その天然石が大きく成長して貴重なものになればなるほど、宝石細工職人にかかるプレッシャーも大きくなる。ひとたび間違えば、大きな塊が欠けるどころか、全体が真っ二つに割れるかもしれない。そうなれば、その宝石の価値も一緒に砕け散ってしまう。

現存する最高級の宝飾品とも言えるこの時計が、一人の手によってつくられたものでないことはほぼ確実だろう。そんな形態時計はまずない。この時代の時計職人は、広範な職人の手を借りて、自分が手掛ける機械装置を装飾し、その価値を高めてもらっていた。現代の時計職人であるクレイグや私も、ある程度はそうしている。私たち二人も、一つの技能だけを追求して四〇年近くを過ごしてきたため、一つの技能に精通するのがいかに大変かを痛いほどわかっている。それぞれの技能の追求に生涯を捧げてきた仲間の職人のように、彫刻やエナメル加工や宝石のカットをすることなど、私たちにはとうていできない。したがって、自分の作品を可能なかぎり最高なものにしたいのなら、共同製作するほかな

時計の地板（ちいた）〔ムーヴメントの土台となるプレートのこと。ここにさまざまな部品がとりつけられる〕に彫刻されたアカンサスの葉の渦巻き模様。この様式の装飾は数百年にわたって人気を博しており、これもまた、私たちが最近製作した時計のデザインの一部である。

い。

私たちが時計を製作する際にはまず、職人の精鋭部隊を集めるところから始める。一緒に仕事をする仲間には、近場の職人もいる（すぐ下のフロアの職人に頼むこともある）。いくつか通りを隔てたところで仕事をしている職人もいれば、ほかのヨーロッパ諸国の職人もいる。これは一七世紀の時計職人にもあてはまる。ただし現代では、時計業界の先人たちとは違い、インスタグラムを通じて知り合うこともある。私は以前、水晶をケースにした時計を製作したことがある。その際にはバーミンガムの宝石細工職人の助言に従って、ロンドンのディーラーから適切な石を調達し、その職人にカットしてもらった。また、グラスゴーで文字盤のエナメル加工をしている職人と共同製作したこともある（それを仕事にしているイギリスでは唯一の職人である)。そのときには、滑らかで完璧な仕上げを実現するために、数年にわたり一緒に研究を重ねた。ドイツで活躍する銃の彫刻師に、私たちが製作したムーヴメントの装飾を依頼したこともある。米粒の幅ほどの大きさしかない、アカンサスの葉を模した極小の渦巻き模様と文字による装飾である。自分のアイデアを仲間の専門家に伝えれば、それがイノベーションや創造のきっかけになる。孤独になりがちな作業だけに、自分と同じようにそれぞれの技能に身を捧げてきたほかの人たちと一緒に仕事をすると、気持ちが引き立つ。

一六世紀には、最高の技能を誇るエナメル職人や彫刻師、金細工職人の多くは、ブロワというフランスの小都市で活動していた。*ブロワ城はフランス王族の公式の住まいであり、その地の職人たちは、ブロワを第二の故郷とする王侯貴族に奉仕していた。あのどくろ時計がつくられたのもここである。それらの職人が、自身の仕事を通じて国際的な名声を博していたことに間違いはないが、彼らが激しい宗教迫害の時代にヨーロッパ中を転々とせざるを得なかったという事実もまた、その名声が広がる契機となった。女王メアリーのあの時計は、プロテスタントの祖国で冷遇されていたカトリックの彼女にとって力強いお守りとなっただろうが、それがカトリック国フランスで同様に冷遇されていたプロテスタントの職人の手でつくられた可能性が高いというのは、何とも皮肉な話である。

ブロワの金細工職人やエナメル職人からパリの時計職人に至るまで、当時のフランスで並外れた仕事をしていた職人のなかには、ユグノーが大勢いた。ユグノーとは、プロテスタントのカルヴァン派教会の創設者であるジャン・カルヴァンを信奉していたフランス人を指す通称である。カトリーヌ・ド・メディシスやその息子たちが治めるカトリック国フランスは、プロテスタントを残酷なまでに敵視した。フランスを支配するカトリックの貴族階級(その多くはスコットランド女王メアリーと血縁や結婚を通じてつながっていたが、メアリー自身は絶えずキリスト教宗派間の寛容を解き、それを実践していた)が率先して、現代なら民族浄化やジェノサイドと見なされるような残虐行為を支援したのだ。

ユグノーの災難は一五四七年に始まった。メアリーの義父にあたるフランス王アンリ二世が、プロテスタントの脅威に対して直接行動を起こす決断を下し、五〇〇人を超えるカルヴァン派信者を異端の罪で処刑した。メアリーがスコットランドに帰国した翌年の一五六二年には、メアリーのおじでカトリック派の首領でもあったギーズ公フランソワが、自身の兵を派遣して、ヴァシーの町で禁止されていた礼拝集会を開いたユグノーの集団を追い払った。すると、それが血まみれの抵抗運動を引き起こし、女子どもを含め、その集会に参加していた一二〇〇人のユグノーの多くが、刀剣やマスケット銃で殺害された。この虐殺を機に(その知らせを伝え聞いて、プロテスタントのスコットランドの臣民が、メアリーを新たな女王として受け入れるわけがなかった)、ユグノーへの迫害が全面的な宗教戦争へと発展した。

---

*ブロワはメディチ家と強いつながりがあった。カトリーヌ・ド・メディシス(イタリア語名はカテリーナ・ディ・ロレンツォ・デ・メディチ)はブロワ城で暮らし、一五八九年にそこで死去している。

一五七二年八月にはギーズ公の率いる兵が、パリで数千人ものプロテスタントの命を奪った。世に言うサン・バルテルミの虐殺である。ボルドーやリヨンなど、ほかのフランスの都市でも、同様の騒乱のなかで一万人もの人々が殺された。続く二〇年に及ぶ迫害のあいだに、何千ものユグノーがヨーロッパ各地へと逃げた。[11] 彼らは難民となり、背中には衣服だけを背負い、頭と手にはスキルだけを持って避難先へとたどり着いた。

大英博物館には、フランスの時計職人ダヴィッド・ブーゲが製作した時計がある。一六五〇年ごろにつくられたこの時計には、そんな外国の職人の手を借りた形跡がある。そのケースは小さな円形で、標準的な懐中時計の形をしており、直径は四・五センチメートルほどだが、その表面には黒いエナメルを背景に、鮮やかな色のエナメルで花がびっしりと描かれている。血のように赤いバラ、青と黄のビオラ、斑入りのチューリップ、渦を巻く明るい黄と緑のつるでつながれた赤と白のユリである。文字盤を覆う側のケースの表面にはさらに、花々の周囲に帯状に、九二個のダイヤモンドがあしらわれている。この古のダイヤモンドは、それぞれの形がわずかに不揃いではあるが、ダッチローズという様式でカットされている。現代のダイヤモンドよりもはるかに少ないファセット（切子面）でつくられているため（ファセットが多いと、それらが一体となってそれだけ多くの光を反射する）、ややぼんやりしてはいるが、光沢のある黒い車のボンネットについた水滴のように、かすかなグレーの閃光を放つ。

内部には、さらなる楽しみが待っている。ケースを開けるとその裏側に、男が杖をつきながら散策する田舎の光景が描かれており、空色のエナメルの上に細やかな黒の線画が際立っている。文字盤上には、白いチャプターリング〔現在では一般的に、文字盤を囲むリング状のパーツを意味するが、ここでは文字盤上の数字が並んでいるリング状の部分を指す〕に黒でローマ数字が記されており、それに囲まれた中心部には、色鮮やかな細密画で、トーガを着た二人の人物がエリュシオンの湖畔で談笑している上を鳥の群れが飛んでいる光景が描かれている。それとは対照的に、時計のムーヴメントとなると、美しく仕上げられてはいるが、その装飾はきわめて抑制的だ。そのころブーゲは、ユグノーの時計職人としてフランスからイングランドにやって来たばかりだった。この時計は、フランスの都市ブロワの職人がケース全体をつくったのちにロンドンに送られ、そこでブーゲが、ケースに合わせてムーヴメントをつくった可能性がきわめて高い。

ユグノーの難民コミュニティは結束が強かった。彼らは、友人たちと知識やスキル、技術を共有し、それを次の世代へとつないでいった。その好例と言えるのが、ダヴィッド・ブーゲの家系である。ブーゲは一六二二年までにはイングランドに到着し、一六二八年にロンドンの鍛冶屋組合に加盟を認められた。その息子のうちの二人、ダヴィッドとソロモンは時計職人になった。一方、もう一人の息子エクトルは、ユグノーのダイヤモンド細工職人イザーク・ムベール（あるいはモベール）の徒弟となり、イザークはブーゲの娘マリーと結婚した。イザークの弟ニコラは、ブーゲの別の娘シュザンヌと結婚し、ブーゲのもう一人の娘マルトは、宝飾細工職人のイザーク・ロミウと結婚した。もしかしたら、ブーゲのあの時計のケースに並べられたダイヤモンドは、義理の息子の工房でカットされたのかもしれない。

ロンドンの住民の多くは、ユグノーのことを「勝手気まま」とか「よそ者」などと言い、必ずしも彼らを温かく迎え入れたわけではなかった。一六二二年にはイングランドの時計職人が、続々とやって来るユグノーに不安を抱き、ユグノーがこの街で仕事をすることを禁止するとともに、時計職人を専門とする同業組合の設立を許可するよう国王のジェームズ一世に請願した。だが実際のところ、一六三一年に時計職人の名誉組合が正式に創設された際に、そこからユグノーが排除されることはなかった。一六七八年には金細工職人の組合が、ユグノーがイングランドの職人よりも値を下げて仕事をし、その仕事を奪っていると主張し、外国のプロテスタントの職人が特定の場所で仕事をすることも、その組合の会員になるのに必要な七年間の徒弟奉公につくことも禁じようとした。ところがそのころにはもう、フランス人排斥運動に参加していた職人の多くが、ユグノーの子孫を雇い入れており、イギリスの職人が自分の息子をユグノーの親方のもとへ弟子入りさせたり、ユグノーの弟子を受け入れたりするのが一般的になっていた。そんな状況を考えると、ブーゲの人生は山あり谷ありだったに違いない。あるときには、自分の仕事を称賛し、高く評価し、敬意を示してくれる裕福な後援者のために働き、あるときには、街頭で「フランスのイヌ」呼ばわりされていたのだろう（あるいはもっとひどい言葉だったかもしれない）。

改革派プロテスタントの台頭により、時計の性質はがらりと変わった。まずは、財産をこれ見よがしに誇示するような要素が消えた。カトリックの時計職人は精巧な装飾で神を称えていたが、プロテスタントの世界観では装飾は、神の真の栄光から心を逸らすものと見なされた。ジャン・カルヴァンは、自分の信者が宝飾品を身に着けることさえ禁じたという。だが皮肉にも、こうした教えにより多くの宝飾細工職人が時計職人に転向し、スイスでは時計のケースの金細工やエナメル加工、宝飾細工が著しく発展することになった。*

プロテスタントのイングランドでは、一六四〇年代のイングランド内戦や一六五〇年代のオリヴァー・クロムウェルの統治のあいだに、ピューリタンたちが英国国教会を「浄化」し、ローマ・カトリックの残滓(ざんし)を一つ残らず取り除こうとした。チャールズ一世の治世のころには、その残滓があまりに多く残っていると感じられたからだ。きらびやかなドレスは、「薄っぺらい悪魔」のようなにおいがすると言って非難され、高慢の象徴であり

*精巧な装飾の製品をつくろうとしたジュネーヴの時計職人たちは、外国にその販路を見出した。一六三五年ごろにジャン=バプティスト・デュブールが製作したライオンの形をした小さな銀時計は、オスマン帝国のコンスタンティノープル向けにつくられた可能性がきわめて高い。

典型的なピューリタンの銀時計。地味で凝った装飾がなく、それまでの形態時計とはきわめて対照的だ。

欲望を刺激するものと見なされた[12]。巻いたヒゲ、輸入した香水、ひだ襟、化粧品、タイトなダブレット〔胴に密着した男性用上着〕、無遠慮なほど大きなコッドピース〔男性用半ズボンの前につけた股袋〕などはすべて、攻撃の対象となった。チャールズ一世時代に流行した髪粉をつけたかつらでさえ廃止された[13]。ピューリタンたちは地味な色の慎ましやかな服を着て、質素なリンネルのカフスやカラーを身に着け（ときには家庭で織った布でつくり、縁飾りもボタンも一切なかった）、髪もシンプルなストレートにした[14]。

だが時計はすでになくてはならない道具と化していたため、厳格なピューリタンでさえ時計を手放そうとはしなかった（クロムウェル自身も時計を所有していたらしい）。だが時計もまた、著しく簡略化された。ピューリタンの時計は比較的小さく、たいていは楕円形をしており、横幅が三センチメートル前後、縦幅が五センチメートル以下だった。宝石やユリ柄などの装飾は一切ない。ケースは一般的に銀でつくられており（金はあまりに富を誇示しているように見えたのだろう）*、まったくもって質素で、その滑らかな表面は、浜辺で風雨に洗われた石が見せるしとやかな艶に似ていなくもない。前面のカバーに覆われた文字盤も、なくてはならないチャプターリングを除けば無地であり、一本の針で一日の時刻を示すだけだった。

この切り詰められた形状をした新たな時計は、本章の冒頭に登場したどくろ時計とはまったく異なる時間の考え方を提示している。プロテスタントは時間を、神からの贈り物だと考えた。となると、それを無駄にするのは罪になる。そこでプロテスタントは、あの世で幸せをつかむためには、この世で時間を有効に使う必要があると考えた。[15] また、責任や自制、勤勉、効率といった価値観を強調した。彼らの一日に、空き時間など存在しない。神への奉仕に費やすべき時間があるだけだ。[16]「余暇に時間を費やす」のは「一種の窃盗、主をだます行為」であるとさえ言われた。[17]

一六七三年には、ピューリタンの教会の有力な指導者だったリチャード・バクスターが『キリスト教生活指針（*A Christian Directory*）』を出版し、よきキリスト教徒がいかに自分の時間を管理すべきかを信者にこう説いている。

---

*とはいえ意外なことに、ごくまれに金製の時計が存在する。

時間はあらゆる仕事をするために人間に与えられた機会であり、人間はそのために生きている。創造主は人間からそれを期待しており、人間が無限の生を得られるかどうかはそれに左右される。したがって、時間を返済すること、あるいは時間の価値を高めることが、人間にとって何よりも重要でなければならない。使徒パウロが、それが賢者と愚者を区別する大きな印になると高く評価しているのもそのためだ。[18]

時間の管理は神聖なことだったようだ。バクスターはさらに、「時間を無駄にする罪のなかでも重大なのは、無為もしくは怠惰である」と非難し、こう述べている。

無益な望みを抱いて時間を費やす者がいる。そのような人間は、ベッドで横になり、あるいはただ座っているだけで何もしていないのに、それが労働であってほしいと願う。肉を食らいながら、それが断食であってほしいと願う。気晴らしや楽しみを追いかけながら、それが祈りであり、苦行を重ねた人生であってほしいと願う。心が欲望や高慢、貪欲を追いかけるに任せながら、それが敬虔であってほしいと願う。（中略）使徒は言う。慎重に人生を歩むようにせよ。（中略）時間を返済し、できるかぎりの時間を最善の目的のために使い、罪や悪魔の手から、怠惰や安楽、快楽、俗事の手から、あらゆる一瞬一瞬を買い占めるようにせよ。

私は人生の大半を、罪悪感を抱きながら過ごしてきた。あまり勤勉ではないため、よく寝過ごすためだ。休日でさえ、働いていない罪悪感があるため、さほどくつろいではいられない。洞窟で暮らしながら岩壁に星図を掘り込んでいた私の古代の祖先が、くつろいでいるときに、私と同じような羞恥の発作に苦しんでいたとは思えない。時間に対する罪悪感の原因は、社会的な条件づけにある。日曜日に朝寝坊をしたところで、何かが大きく変わるわけではない。確かに、わずかばかりの貴重な時間を手に入れて子どもを抱いたり、庭で立ち止まって顔にあたる日光を楽しんだりしていれば、仕事を終えられなかったり、洗い物をすませられなかったりするかもしれない。それでも、私たちの多くがこうした行動に対して感じる罪悪感はたいてい、それがもたらす影響とはまったく釣り合わないほど大きい。私たちは歴史的な文化のなかで、働かないことを悪く思うよう教えられてきた。一時でも快楽を味わうのは魂にとって危険だというバクスターの言葉を読むと、カトリックの儀礼がいまも私の心を動かすように、一六世紀のピューリタンの教義がいまも無信仰の私の血管のなかを流れているのではないかと思わざるを得ない。このような極端なキリスト教解釈は三〇〇年以上にわたり無視されてきたというのに、その教えはいまも私たちの時間経験のなかに浸み込んでいる。ピューリタンの教義は、「ワークライフバランス」の終焉の幕開けを告げたのだ。

クロムウェルのピューリタン国家は長続きしなかった。一六五八年に彼が死に、その息子リチャードによる一年にも満たない統治期間が終わると、イングランドの玉座に国王が戻ってきた。すると誰もが想像するように、贅沢三昧の時計も戻ってきた。チャールズ二世は時計職人の技術に心酔していた。寝室には据え置き型の時計が少なくとも七つあり（国王の補佐役たちは、時間を知らせるベルがいつもうまく一致しないことにいらいらさせられた）、次の間にもう一つあった（こちらは風向きを記録することもできた）。その治世が続き、時計製造が盛んになると、国王はしばしば、最新の時計の発明を最初に自分が目にすることを強く要求した。[19]

フランスでは一五九八年、アンリ四世の即位に伴ってナントの勅令が発布され、ユグノーは数年にわたり比較的平穏な時代を手に入れた。しかし一六八〇年代になるとルイ一四世が、ナントの勅令を支持すると誓約していたにもかかわらず、フランスからプロテスタントを追放する新たな計画を進めた。強制的な改宗、プロパガンダ、ユグノーの子どもたちの家族からの引き離し、プロテスタントの礼拝堂の破壊などにより、ユグノーの生活は再び次第に困難なものになっていった。一六八五年には、「永続的かつ取消不能」のはずだったナントの勅令が、とうとう効力を失った。するとそれに続き、またしてもユグノーの国外脱出が始まった。この勅令廃止に続く数年のあいだに、二〇万人から二五万人のユグノーが諸外国へ逃れる一方で、七〇万人ものユグノーがこれまでの信仰を放棄し、カトリックに改宗した。[20] 難民の大多数はオランダ共和国に向かったが、目的地として二番目に多かったのがイギリスで、五万人から六万人の難民がイギリスへ逃れたと思われる。[21] スイスもまた、多くのユグノーの避難所になった。その結果、イギリスでもスイスでも、これらユグノーの移民が時計産業の発展において中心的な役割を果たすようになった。その影響は今日(こんにち)にまで及んでいる。[22] 時計を愛する君主に支配され、新たな才能の流入により豊かになったロンドンはこうして、時計製造の黄金時代へと歩を踏み出した。

四　黄金時代

右側のポケットから太い銀のチェーンがぶら下がり、その先には驚くべき機械装置のようなものがついている。（中略）それは自分にとっての神託であり、それがあらゆる活動の時間を教えてくれるのだという。

——ジョナサン・スウィフト『ガリヴァー旅行記』（一七二六年）〔邦訳は山田蘭、角川文庫、二〇一一年など〕

時計職人の研修生はまず、自分の道具をつくるところから始める。時計のムーヴメントの信じられないほど壊れやすい機構に手をつける前に、まずはこれから長期にわたり必要となる堅固な道具をつくるというのは、理にかなっている。イギリス時計協会が運営する三年研修に参加した私に課せられた最初の課題は、「センターカッター兼スクライバー」の製作だった。これは、二つの異なる機能を持つ、鉛筆のようなスチール製の棒である。一方の端は、頭の平たいねじまわしのようなものだが、その先端はかみそりのように鋭い

（スクライバー）。もう一方の端は、三つの平面が先端で一つになる形状をしている（カッター）。私たちはこれを使って、金属の表面に「印」をつけ、小さな凹みをつくり、ドリルビット（ドリル刃）を食い込ませる場所をつくる。時計職人は穿孔機で無数の穴を開ける必要があるのだ。

そしてこの最初の道具を使って、次の道具であるムーヴメントホルダーをつくる。これは小さな万力のようなもので、ムーヴメントの組み立てなどをしているあいだ、それを固定しておく道具である。精密な製図に従い、手でホルダーを削っていくのだが、完成したホルダーの寸法は、図面の数値から〇・三ミリメートル以内の範囲に収まっていなければならない。精度に対するこのわずかばかりの余裕を、許容誤差（トレランス）という。当時はこれだけでも信じられないほど精密だと思ったものだが、こんな程度の精度はまだ初心者レベルであり、微視的な時計製造の世界への入門編に過ぎない。いまの私たちは、数ミクロン（一ミリメートルの一〇〇〇分の一）単位の許容誤差で作業をすることもある。

このような形で研修は少しずつ進み、一年目の終わり間際になってようやく、実際の懐中時計のムーヴメントに触れられるようになる（自分がつくったムーヴメントホルダーを使って作業を行なうのである）。この段階までのあいだに同級生数名が、やすりや金属片を使うばかりの作業にうんざりして脱落した。私はと言えば、ムーヴメントホルダーをつくるのは、きわめて控えめな宝飾品や銀細工をつくっているようで楽しかった。ただし、控えめだとは言いながらも、この基本中の基本の道具に華やかな装飾を加えたいという欲求には抗（あらが）え

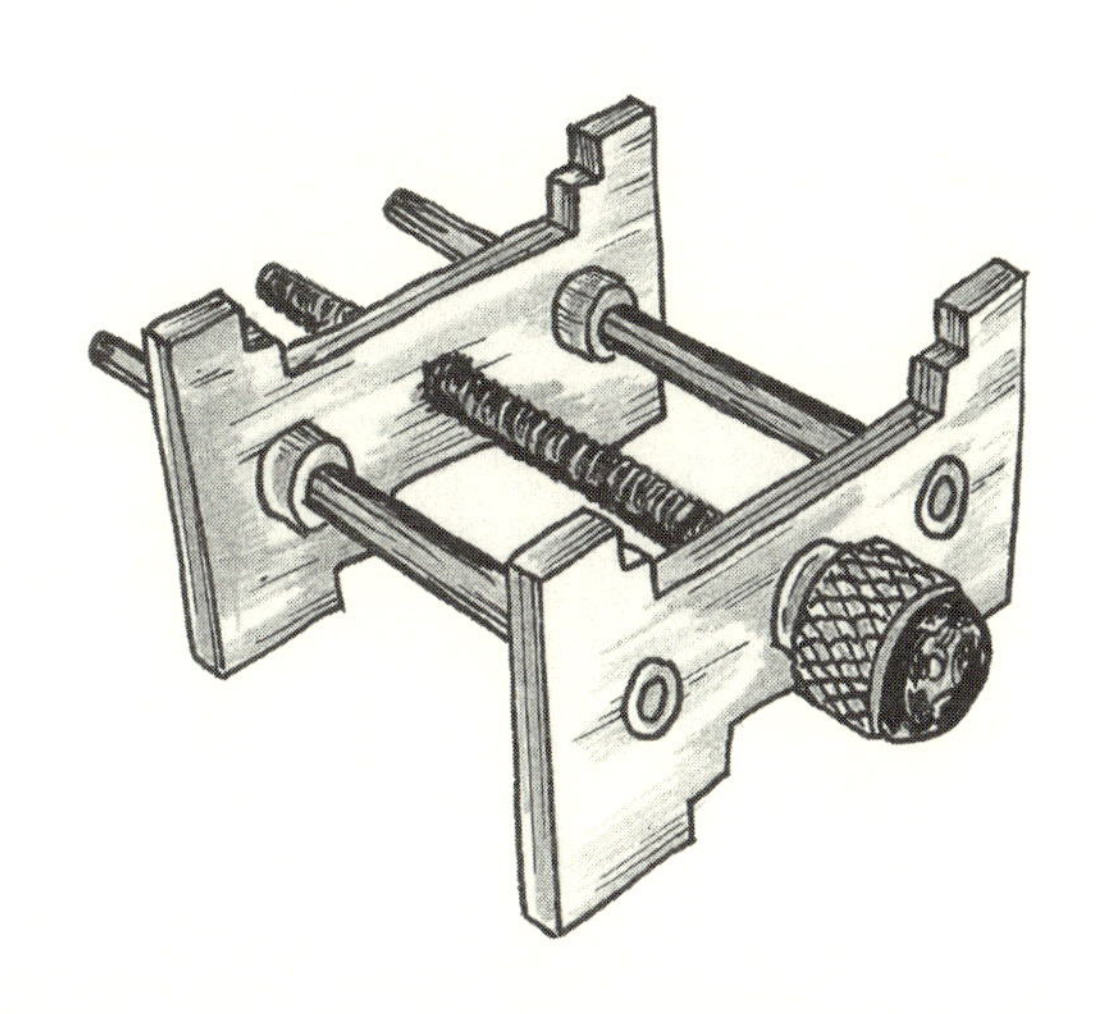

真鍮製のムーヴメントホルダー。時計の機械装置の組み立てなどをしているあいだ、それを固定する。

なかった。宝飾細工の講習で学んだ技法を使い、部品の表面を（時計製造にふさわしい真っ直ぐな木目模様に仕上げるのではなく）スクラッチブラシを使った模様に仕上げ、金箔を張り、地元の宝石細工職人に依頼してラピスラズリをカットしてもらい、あごの部分を開閉するときに回すねじの頭にそれを据えつけた。二つ目の課題にして、私はすでに言われていないことをしていた。

二年目に入るころから、時計の部品づくりが始まった。まずは、シラバスに掲載されている図面を参考に、通常のサイズより大きい部品をつくる。それよりもはるかに小さく複雑な、本物の時計の部品の製造に取り組めるだけの技能を身に着けるためだ。最初は懐中時計から始まり、やがてそれより小さな男性用腕時計、そして最終的にはもっと小さな女性用腕時計の機械装置へと、課題はゆっくりと進んでいった。それと同時に、自動巻きの仕掛けや日付・カレンダー装置など、基本中の基本となるコンプリケーション（複雑機構）をメンテナンスする方法を学びながら、少しずつクロノグラフ［ストップウォッチ機能のある時計］の世界へも歩を進めていった。この研修ではそのほか、バージ脱進機やシリンダー脱進機、イングリッシュレバー脱進機やスイスレバー脱進機に対する技能の習得も求められた。現代の時計製造ではスイスレバー脱進機しか使われていないのだが、それ以外の脱進機を修復する仕事がなくなったわけではないからだ。この基礎研修が終われば、卒業生は工房で初歩レベルの仕事ができるようになり、そこからさらに数年まじめに仕事を続けていくと、運がよければ熟練の時計職人になれる。この研修の主眼は、手先の器用さを高め、細部に注意を払い、そして何よりも辛抱強くなることを教える点にあった。*

だが一八世紀には、それほど簡単には職人になれなかった。法律の規定により、ロンドン市で時計職人として仕事をするには、誰かほかの時計職人の徒弟となって、修道生活のように集中した七年間を過ごさなければならなかった（徒弟として訓練を受けているあいだは結婚も認められなかった）。そして、その後もおそらく二、三年は日雇い職人として腕を磨き、「マスターピース（全体を一からつくりあげた時計）」を完成させられるようになってようやく、時計職人の称号を手に入れられた。

高いスキルを持つ独創的な時計職人は猛烈な需要があり、そのころになると高い地位や名声さえ獲得するようになっていた。それはまさに、イングランドにおける時計製造の黄金時代だった。ヨーロッパ最高峰の時計職人たちがそれぞれ工夫を凝らし、時計の精度や複雑さを競い合った時代である。当時の有名な携帯型・据え置き型時計の職人の多くは、一六三一年に設立された同業組合である時計職人名誉組合を通じて、お互いをよく知っていたに違いない。この時代の記録文書を見ると、組合からの書簡の署名者として、この業界の偉人たちの名前がずらりと並んでいる。いわば、著名な時計師の一覧表である。たとえば、「イングランドの時計製造の父」と呼ばれるトーマス・トンピオンは、ロバート・フックと協力して、ヒゲゼンマイ〔テンプの中心部にとりつけられているスプリングのこと〕を使った最初期の時計を生み出した。トンピオンの弟子であり後継者でもあったジョージ・グラハムは（トンピオンのめいであるエリザベス・トンピオンと結婚した）、天文学者エドモンド・ハレーのために科学機器を製作するかたわら、暇を見つけては太陽系儀を創作し、振り子の設計に大幅な改良を施した。ダニエル・クエアは、リピーター〔特定の操作をすると現在時刻をベルの音で知らせる機構〕の大家だった。かつてジョージ・グラハムの徒弟だったトーマス・マッジは、ジョージ三世の王室時計師となり、革新的なレバー脱進機をひそかに発明した。これらの人々はすべて、時計製造の世界の名士たちであり、彼ら全員が揃った工房があったとしたら、それはサッカーのプレミアリーグのオールスターチームのようなもの

---

*当時はまだ、自分がこの研修にぎりぎり滑り込めたことを知らなかった。それから数年後にこの研修は打ち切りとなり、それよりも理論を重視する時計学の学士号講座に替わってしまった。

だろう。ピアノや蒸気機関、熱気球、ジェニー紡績機、蒸気船などが発明されたこの世紀に、携帯型時計もそれらに後れを取ることなく続き、当時の科学的な緊急課題の解決に不可欠なものへと発展していった。

一八世紀が始まるころになると据え置き型の時計は、必ずしも安価ではなかったが、物理的には誰もが入手できるようになり、誰にとっても馴染みのあるものになった。イングランドのほとんどの教区には教会の塔に公共時計があったほか、宿屋や学校、郵便局、救貧院にも据え置き型の時計が現れ始めた。その世紀が終わるころには、イギリス諸島全域のあらゆるパブや居酒屋に掛け時計が設置されることになる。もはやロンドンやブリストルといった都市の街路を歩くと、どこからでも時計が見えるか、時計が鳴らす鐘の音が聞こえた。家庭でも次第に、据え置き型の時計が見られるようになった。やがては使用人でさえ、もちろんまだ自分で時計を所有できるほどの余裕はなかったものの、時計を見る習慣を身に着けていった。据え置き型の時計を所有している家庭では、キッチンに時計を置くのが一般的だった。資産や地位に関係なく、どの家庭にもある数少ない部屋の一つである。

時間は大衆の意識へと入り込んでいっただけでなく、激しい哲学的論争のテーマにもなった。アイザック・ニュートンは、時間を「絶対的で、真実で、数学的」なものと考えていたが、デイヴィッド・ヒュームやジョン・ロックらは、時間は相対的なものであり、時間は本質的にそれを知覚する人間に左右されると主張した（誰もが知るように、この思想が二〇世紀にアインシュタインの相対性理論へと発展した）。同時期には作家のローレンス・スターンが、傑作『トリストラム・シャンディ』（邦訳は朱牟田夏雄、岩波文庫、一九六九年）のなかで陽気に時間をもてあそび、時間が伸びたり縮んだり、先へ進んだり後戻りしたりする物語を紡ぎあげた。

一方、携帯型時計も一七世紀の後半から次第に、富裕層の私生活において（とりわけ有益というわけではないが）重要な役割を占めるようになった。政治家のサミュエル・ピープスは、一六六五年五月に書記のブリッグスから新たな懐中時計を受け取ると（「実にみごとな時計だ」）、スマートフォンに夢中になる現代人に劣らず、その時計に心を奪われ、気もそぞろになるほど魅了されてしまった。そのために「家に帰るのが遅くなってしまった」とたびたび綴り、こう記している。[1]

しかし主よ！　あの懐かしい愚かさや幼稚さが、いまだこれほど私の心をつかまえているとは。午後のあいだずっと、駅馬車のなかでも時計を握り締め、一〇〇回も時間を確かめずにはいられない。自分についてこう考えることもある。この時計を持たずにどれだけ長くいられるだろうか、と。だが思い返してみると、自分が持っていた

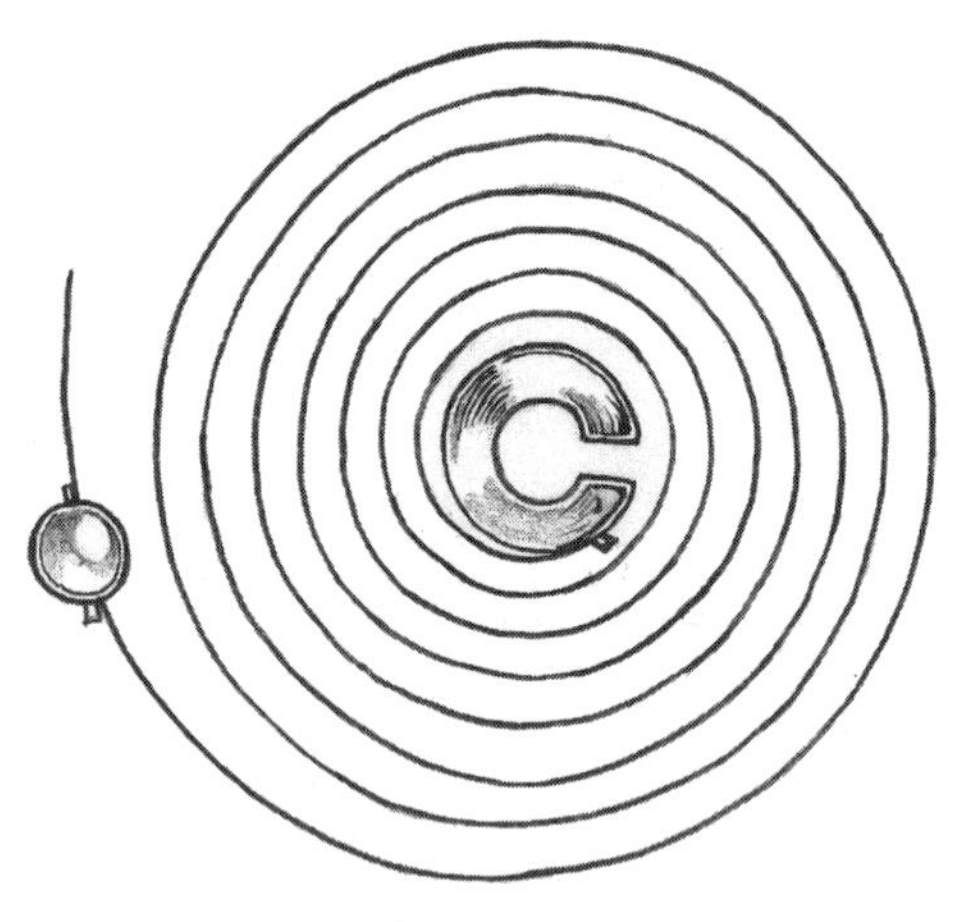

初期のヒゲゼンマイ。平らな螺旋形で、中心のヒゲ玉と呼ばれる部品〔C字型の部分〕が、それをテン真（天真）〔テンプを構成する部品の一つで、回転運動の軸となる〕に固定する役目を果たす。

あの時計は、故障していたようだ。これを機に、もう金輪際時計を持ち歩かないことにする。

ところがその時計は、二カ月後にはもう修理に出されていた。時計の精度はいまだ未完成の域にあった。

ピープスにとって幸運なことに、一七世紀の後半には時計製造の分野で二つの注目すべき飛躍的発展があり、時間にとりつかれた次の世紀を一気に始動させた。まずは一六五七年、オランダの数学者クリスティアーン・ホイヘンスが、ガリレオが一六三七年にまとめた振り子の等時性理論の応用に成功し、振り子時計を発明した。等時性とは、振り子が揺れる周期は、揺れの大きさに関係なく同じだという性質である。この一貫した揺れが、同じように一貫した脱進機の抑制・解放を引き起こし、かつてないほど正確な時計への道を切り開いた。時計の下で揺れる長い振り子は、縦長時計（いわゆる振り子時計）のデザインを生み出し、それが続く数十年のあいだに次第に人気を博していった。次いで一六七五年、博識の科学者ロバート・フックが、金属製のヒゲゼンマイを発明した（英語では「hairspring」とも「balance spring」とも呼ばれる）。これは、振り子が据え置き型時計に革命をもたらしたように、携帯型時計に革命をもたらした。きわめて細く平たい螺旋状のスチール製ワイヤーであるヒゲゼンマイは、*フックの法則と呼ばれる弾性の原理に従って設計されている。「ut tensio, sic vis」、つまり「力は伸びに比例する」という原理である。バネに加えられた力は、バネによる同等の反発力を引き起こす。ぐるぐる巻かれたゼンマイを、その静止位置よりもさらにきつく巻いてから放すと、一気に伸びて外へ広がる。だがそのとき、その反発力により少し遠い位置まで広がりすぎてしまい、そのゼンマイの最初の静止状態（そのゼンマイにとっていちばん居心地のいい螺旋形）に戻ろうとして再び巻き戻る。この動きがゼンマイの「呼吸」を生み出す。その巻かれすぎた状態と弛（たる）みすぎた状態とがリズミカルに交代してテン輪（わ）（天輪）〔テンプを構成する輪のような形状の部品〕を周期振動させ、ガンギ車〔脱進機を構成する部品。冠歯車ともいう〕の歯を規則的に解放する。この仕組みは時計の精度に劇的な効果を及ぼした。その発明により史上初めて、携帯型時計に分針を追加できるようになった。

＊金属製のヒゲゼンマイが、それまで使われていたブタの剛毛に取って代わった。

機械式時計の歴史における画期的な出来事である。金属製のヒゲゼンマイは、ますます懐中時計を愛するようになっていた大衆にたちまち迎え入れられ、思いどおりに制御できなかった旧式の懐中時計にヒゲゼンマイを組み込む人々も多く見られた。ピープスも間もなく、ウーリッジからグリニッジまで歩くのにかかる時間を分単位で計測したという。

時計の音に満ちたロンドン市は、この時代の時計製造における世界の中心地だった。一六六五年には疫病によりロンドンの人口が壊滅的な被害を受けたが（一八カ月のあいだにロンドンの人口のほぼ四分の一にあたるおよそ一〇万人が死亡した）、ユグノーの職人たちが一六八五年のナントの勅令の廃止とともにこの地に逃れ、その数を増やしていた。一八世紀になるころには、イングランドの時計製造の工房は一般的に、親方に率いられた日雇い職人や徒弟の小集団で構成され、金細工職人や彫刻師、鎖職人、ゼンマイ職人など、地元のほかの職人の工房と共同で仕事をしていた。この時代の時計を分解してみると、ムーヴメントの内側や外側など、あちこちに隠された製作者の印や署名が、四つも五つも（あるいはそれ以上）見つかることがよくある。[2] それらをつなぎ合わせると、ロンドンのクラーケンウェルなど、時計製造の中心地に存在していた創造的な集団の姿が浮かび上がってくる。時計やその部品はおそらく、すぐ近くの通りにある複数の工房を転々としていたのだろう。古い地図を調べ、公的に登録されたいくつかの製作者の住所を探してみると、それらの住所の中心に大衆酒場や居酒屋がよくあることに気づく。これらの職人はきっと、煙の立ち込める居酒屋に寄り集まってエール〔ビールの一種〕のジョッキを掲げ、仕事の話をしたりアイデアを出し合ったりしていたのだろう。私がいま働いているバーミンガムのジュエリー・クォーターにはまだ、その名残りがある。地元の少年が道路を走ってきてアッセイ・オフィス〔貴金属分析所〕に駆け込み、一輪車に山ほど積んだ金の宝飾品の品質を保証してもらうようなことはもうないが、私たち職人はいまだに、仲間の職人を互いに必要としている。そんな職人たちはみな、互いの仕事を知っており、ときには実際に会ってリアルエール〔伝統的な手法にこだわったエール〕を酌み交わすこともある。

当時はランカシャー州の工房で、時計の工具や部品がよく製造されており、のちにはムーヴメントをまるごと供給するようにさえなった〔まだケースに収められていない、小売の段階ではないものである〕。特にリヴァプールから一〇キロメートル余り東にあるプレスコット〔以前はランカシャー州に属していたが、現在はマージーサイド州の一部となっている〕では、十分な石炭の供給があったため金属細工の長い伝統があり、ロンドンへの輸送の利便性もあったおかげで、部品製造の家内工業が発展した。それでも、この産業のもっとも先進的な分野はロンドンに集中していた。

ロンドン以外では、時計職人にせよ工具職人にせよ、徒弟奉公が制度化されることはほとんどなかったが、ロンドンでは厳密に管理された徒弟制度が確立され、運に恵まれた時計職人の見習いたちに、手に職をつける貴重な機会を提供していた。時計職人の親方は、正式な徒弟を引き連れてさまざまな都市をまわり、後援者になってくれそうな人物との人脈を広げていった。というのは、彼らが製作する時計につけられる値は、その品質ばかりでなく、彼らの社会的地位にも左右されたからだ。そのため、裕福な後援者を持つ時計職人（およびその徒弟）は、最初から成功できる仕組みになっていた。[3] いわば、時計製造の世界におけるパブリックスクールである。優位に立つには、どんな訓練を受けたかだけでなく、誰と出会ったのかも重要だったのだ。

一七三〇年の春、デヴォンの学校の校長の息子だった一五歳のトーマス・マッジが、有名な時計職人ジョージ・グラハムに弟子入りした。そして一七三八年に時計職人名誉組合の会員の地位を手に入れると、下宿住まいをするなど、経歴の前半を人目につかないところで過ごした。そして、ほかの時計職人の依頼を受けて複雑きわまりない時計をつくり、当時の一般的な慣例に従い、その作品に依頼者の署名を入れていた。その当時有名だったもう一人の時計職人、ジョン・エリコットの依頼を受けてある時計をつくることがなければ、死ぬまでそんな暮らしを続けていたかもしれない。その時計は、均時差（太陽の位置に応じて変わる真太陽時と〔常に同じ速さで動く仮想の太陽の動きによって設定される〕平均太陽時との差）を表示できるほか、さまざまなカレンダー機能も付属していた逸品で、スペインのフェルナンド六世に売り渡された。ところが、伝えられる話によれば、王宮の誰かがその時計を床に落として壊してしまった。時計は修理のためエリコットのもとへ送り返されてきたが、エリコットには修理ができない。そこで仕方なく、実際に製作したマッジのもとへ送ると、マッジはその修理を引き受けた。するとその事実を知ったフェルナンド六世が、これからは直接マッジに時計の製作を依頼すると告げた。こうしてスペイン国王の後援を受けると、それまで無名の存在だったマッジは一躍有名になり、一七四八年にはフリート街の「ダイアル・アンド・ワン・クラウン（文字盤とリューズ）」という建物に自身の工房を構えるほどの出世を果たした。

マッジはその後、革新的な機構を備えた時計を製作して名声を博した。たとえば、歩行用の杖の先端にとりつける「グランド・ソヌリー（卓越したベルの音）」という時計を、フェルナンド六世のために開発した。これは、一時間および四半時（一五分）ごとにベルを鳴らすだけでなく、そのあいだの時間であっても指定した時間にベルを鳴らせる、きわめて精巧なコンプリケーションを備えていたという。マッジはまた、永久カレンダー（パーペチュアルカレンダー）を懐中時計に組み込んだ最初の時計職人としても有名だった。永久カレンダーとは、一月や一年の長さのばらつきを自動で調節し、「永久（パーペチュアル）」に正しい曜日や日付を表示する機能である。据え置き型の時計では、早くも一六九五年にトーマス・トンピオンとジョージ・グラハムが永久カレンダーを組み込んでいたのだが、そのための機械装置を懐中時計に組み込めるほど小型化したのは、マッジの功績である。[*]

蘇頌（そしょう）の時代に、最初期の機械式時計の製造が強力な後援者の支援を受けていたように、かつてないほど複雑なこれらの時計の技術開発もまた、それを望む富裕層からの資金援助を受けていた。これは、現代のＩＴ系スタートアップ企業への投資と変わらない。投資が事業の革新を促し、それが投資家の持ち株の価値を高める。ただしここで受け取るのは、株式の配当ではなく、身に着けられる実にみごとな時計である。それは（理想的には）職人の名声とともに価値を高めていく。

マッジにはもう一人、フォン・ブリュール伯爵という後援者がいた。ヨーロッパ最大の時計コレクションを所有していたと言われる、ポーランドおよびザクセンの政治家である。マッジがこの伯爵と交わした書簡を見ると、後援者と職人とが相互に有益な関係を築いていたことがわかる。この二人は、製作プロセスのあいだ定期的に連絡をとり合っていた。それどころか、マッジは伯爵への手紙のなかで、驚くほど細かい技術的側面にまで踏み込み、工学や物質の原理、温度係数など、自分が直面している技術的問題について議論を展開している。つまり、後援者にとって時計製作を依頼するというのは、単に美しい逸品を購入する以上の意味があった。後援者は完成品だけでなくその製作プロセスにも関与する、というダイナミックな関係があった。多くの後援者は、自分が注文した時計の仕組みを完全に理解し、その創作に参加したいという純粋な欲求を抱いていたのだ。

現代の工房でも、コレクターや後援者からの関与は、製作プロセスにおける重要な側面を担っている。依頼された仕事の場合、仕様書の指示に応じるだけでなく、時計を製作しているあいだに提示された要求や修正に対応することもできる。実際、人間工学の観点から、顧客の手首に合うように、リューズ（竜頭）〔ゼンマイの巻き上げや時刻等の調整に使われる部品で「クラウン」とも呼ばれる〕をつくり直したりサイズを調節したりしたことがある。顧客が関節炎を患っていてねじを巻くのが大変だと言うので、リューズを回しやすいよう調整したり、時計を右手にはめるか左手にはめるかによって、リューズの位置を修正したりもした。そのほか、文字盤を読みやすくするために配色や比率を変更することもあれば、何度もケースをつくり直して顧客に見せ、ほかの時計と比べて着け心地がどうか意見を聞くこともある。このように、創作プロセスには必ずあるささいな無数の決断に顧客がかかわれば、私たち職人にとってきわめて有益であるだけでなく、顧客が私たちの工房の一員になる余地が生まれる。顧客はこうして、私たちとともに完成品の一部となる。

時計製作を依頼する後援者やコレクターが、私たち職人の視野を広げてくれることもある。時計職人には、自分がつくる製品を購入できるほどの収入はまず得られない、という問題がつきものだ。そのため、私たち自身が相当量のコレクションを所有することなどほ

---

*（117頁）永久カレンダーは、あまり目立ちはしないが、これまでに発明された時計表示のなかでも、複雑さにおいては最高レベルの機能と言えるかもしれない。それは、現在の時計ではあたりまえのものとなった日付表示を、正確かつ（ほぼ）永遠に表示する。そのために永久カレンダーは、日や月だけでなく、年や閏年（うるうどし）を計数できる一連の歯車を備えている。その歯車の歯で、各月の日数を記憶しているのである（なかには、四年ごとに一回しか回らない歯車もある）。一七六二年ごろに製作された、現存するマッジの時計の永久カレンダーを見てみると、文字盤が実用的で読みやすくなるよう配慮していたことがよくわかる。日付は、一二時の位置の上にある金色の指標により示され、その指標は、文字盤のいちばん外側に設置された回転する日付盤に対応している。文字盤の中央上には月相が表示されており、その下に三日月形の二つの開口部があって、そこから曜日と月を示す文字盤がのぞいている。二月だけはその文字盤のなかに、閏年かどうかを示す独自の文字盤を備えている。これほど詳細な情報を表示しているのに、この時計は持ち運びができ、少しもかさばらない。

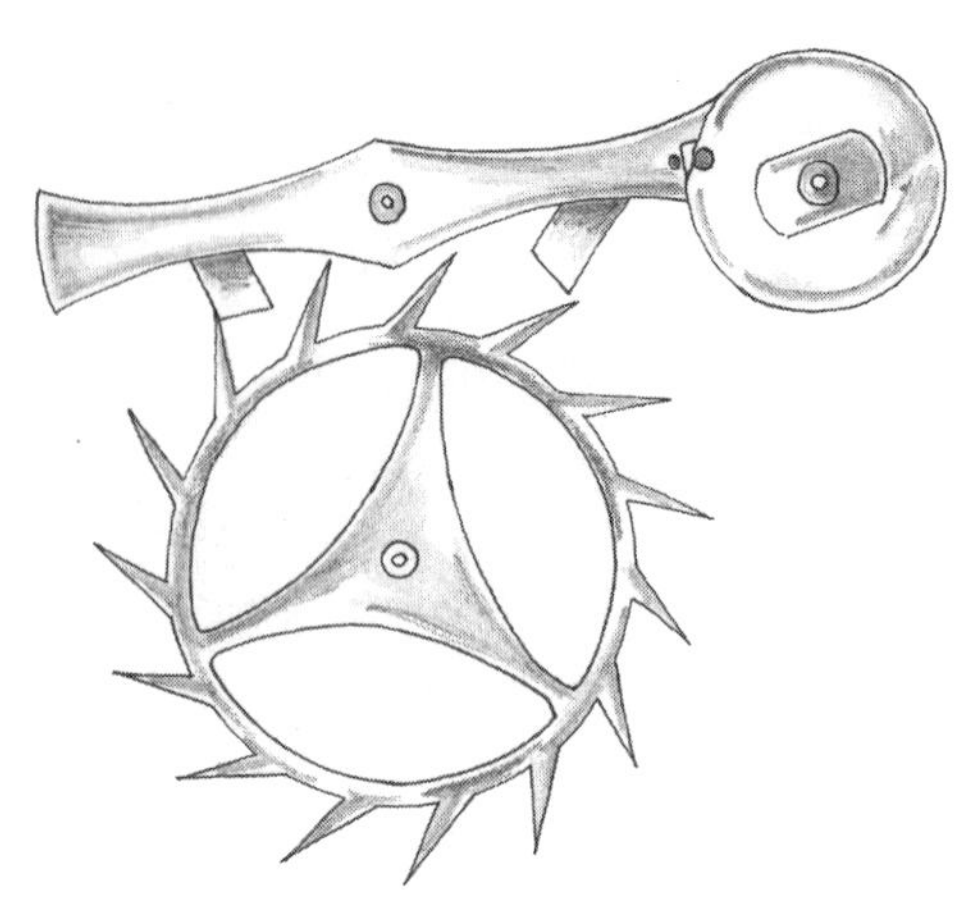

イングリッシュレバー脱進機。トーマス・マッジの分離レバー脱進機を実用化したものだが、19世紀にはこのデザインが改良され、スイスレバー脱進機が生まれた（両国間のライバル関係に注目）。いまもほとんどの機械式時計が、スイスレバー脱進機を採用している。

とんどない。後援者が所有しているようなレベルの量となると、なおさらだ。だからこそ、顧客からの情報には価値がある。現実の世界で製品を求めているのは彼らなのだ。顧客は、自分がどんな製品を選ぶのか、なぜそれを選ぶのか、自分が所有して日々使いたいのはどんな製品なのかを知っている。

　マッジの時代の後援者はまた、最新の科学の発展に関与することをしきりに望んでいた。マッジはフォン・ブリュール伯爵との関係を通じて、国王ジョージ三世から注文を受ける機会に恵まれた。一七七〇年に国王が、妻シャーロット王妃の時計の製作をマッジに依頼したのだ。その結果生まれた時計は、マッジのもっとも画期的な発明とされる分離式レバー脱進機を採用した、知られているかぎりでは最古の製品となった。国王はフォン・ブリュール伯爵と同じように、自分が依頼する時計に積極的な関心を抱き、素人ながらも時計学をかじっていた。実際、イギリスの王室コレクションのなかには、時計の組み立てや分解のプロセスを解説した国王の手書きの原稿がある。シャーロット王妃もまた、やや収集癖があり、熱心に懐中時計を集めていた。王妃の友人の日記作家、キャロライン・リビー・パウィスはこう回想している。一七六七年にバッキンガム宮殿を訪れると、王妃のベッド脇に箱があり、そのなかに「いずれも宝石で華麗に装飾された懐中時計が二五個あった」と。おそらく王妃は、自分のコレクションをそれほど身近で私的なところに置き、毎晩そのそばで眠り、毎朝目覚めるたびにそれらを眺めていたに違いない。シャーロット王妃は明らかに、その時計たちを愛していたのだ。

マッジはやがて、シャーロット王妃のためにつくった時計を「王妃の時計（Queen's watch）」と呼ぶようになった。それにより間違いなく、国王ジョージ三世の信用を勝ち得たことだろう。マッジものちにこう記している。それは「ポケットに入れて携帯できる、これまでに製作されたなかでもっとも完璧な時計だ」と。時計職人の目から見ても、マッジの分離式レバー脱進機は間違いなく革命的だった。*

懐中時計の精度を狂わす大敵の一つが、摩擦である。なぜなら、摩擦は脱進機の正確な動きを乱すからだ。バージ脱進機では、周期的に振動するテンプが輪列（りんれつ）〔動力を伝達するた

＊マッジは一七五四年にレバー脱進機を開発していたが、王妃の時計に初めてそれを採用した。

めに組み合わされた歯車の集合体。一般に、主ゼンマイを収めた香箱車（一番車）、二番車、三番車、四番車、ガンギ車の順に互いにかみ合っている〕とほぼ絶えずかみ合っており、それがさまざまな摩擦を生み出していた。そこでマッジは、テンプから「分離」された脱進機を発明するという偉大な革新を成し遂げた。その脱進機では、周期的に振動するテンプの下面に固定されたピンが、レバーを前後にカタカタと動かす仕組みになっている。テンプとその下のピンが前後に揺れると、それと同時に、旋回軸につけたレバーの一方の端が前後に動く。すると、もう一方の端にあるアンクル〔ガンギ車と対になって脱進機を構成する重要な部品。船の錨（アンカー）のような形をしている〕の二つのツメが、「チク」「タク」という音とともに、ガンギ車の歯をつかんでは放す。こうすると、周期的に振動するテンプが摩擦にさらされるのは、レバーを動かすごくわずかな瞬間だけとなる。

マッジ自身は、この発明に潜む可能性を鼻にかけることはなかった。それは単に、この装置が技術的にあまりに複雑だったからかもしれない。フォン・ブリュール伯爵への手紙のなかで、マッジは分離式レバー脱進機についてこう記している。

> その製作には精密さが必要です。それができる職人はほんのわずかでしょうし、わざわざそんなことをする職人はもっと少ないでしょう。せっかくの利点が台なしなのです。これを発明した名誉については、こう言うしかありません。私はそんなものをまったく気にかけてはいません。私からそれを奪う人がいるなら、それこそ私にとっ

て名誉なことです。

もちろんマッジは、その製作に大変な苦労を強いられたことだろう。レバー脱進機をつくるにはレベルの高い精度が必要であり、最新の工学機器の恩恵を受けている現代でさえ、その作業をやり遂げるのは難しい。それでも私たちは、それを「奪う」ことで、いまだにマッジの恩恵を受けている。現在でも、世界でつくられるほとんどの機械式時計が、彼の発明を利用している。

こうしたハイレベルな技術革新により、時計職人はほかの産業の発展に欠かせない役割を担うようになった。たとえば、医師のサー・ジョン・フロイヤー(一六四九～一七三四年)は、時計職人のサミュエル・ワトソンの手を借りて、医師が患者の脈拍を計測するのに便利な心拍時計を初めて設計・製造・販売した。また、世界で最初に「土木技師」を自称したジョン・スミートン(一七二四～九二年)は、トーマス・マッジに温度補償つきの時計を製作してもらった。高温と低温のあいだを移動したときに、金属の膨張や収縮を安定させる機能を備えた時計である。スミートンは、新種のセメントを開発し、イギリスにおける灯台の建設方法を改善したことで知られるが、その測量作業にマッジの時計を利用してい

時計職人のジョン・ワイクがあらゆる歯車やカナ、枠組みを提供して、実業家のマシュー・ボールトンが設計した世界初の歩数計をつくりあげた。いわば昔のフィットビット〔健康管理スマートウォッチの商品名〕である。[4] さらには、据え置き型時計の職人も携帯型時計の職人も工場に呼ばれて、その設備の改善や維持に手を貸した。一七九八年にカーライルの工場について記した記事にはこうある。「綿織物や毛織物の工場はどこも、時計職人の手を借りて、そこで使われる機械類を完璧な状態に維持している。数年前から大勢の時計職人が雇われ（中略）そのような機械類を開発・製造・管理している」。[5] だが、イギリス海軍が急速に版図を拡大していた一八世紀当時、もっともよく知られていた時計産業の課題とは、「経度の計測」だった。経度は航海に欠かせない座標要素なのだが、それまでは星の位置や推測航法、砂時計、当て推量に頼っていた。

経度を計測するイギリスの取り組みは、一八世紀初めから始まった。その引き金になったのが、イギリス海軍史に残る最悪の海難事故である。一七〇七年の霧が深い夜、クラウズリー・ショヴェル卿が指揮するイギリス海軍の戦艦四隻が、シリー諸島沖の暗礁に乗り上げた。フランスのトゥーロン港を包囲したのちにジブラルタルを経て帰還の途にあったこれらの戦艦は沈没し、大半の船員は溺死した。その後の数日間にわたり、周囲の沿岸に死体が打ち上げられたという。この事故により、二〇〇〇人もの人命が失われた。視界が悪かったうえに、経度の計測を誤って進路を間違えたことが重なって、致命的な結果を招いたらしい。つまり船員たちは、危険に近づいていることにまったく気づいていなかったのだ。

要するに戦艦は、その正確な居場所（「運行位置」）を把握できていなかった。陸上では、運行位置を確認する作業は比較的簡単だ。何らかの目印を基準にすればいい。ところが海上ではそんな目印がなく、途方に暮れてしまう。緯度（赤道からどれだけ北か南に離れているか）は、空にある太陽の位置から判断できる。だが東西の位置、つまり経度（北極と南極を結ぶ想像上の線をどれだけ横切ってきたか）を計測するには、一定の時間と一定の場所からの進路と速度を計算する必要がある（一般的には出航時間と母港とが利用される）。だが、風や海流、潮の流れがその計算を狂わせる。また、揺れや温度が時計の精度を狂わせる。それらが重なると、致命的な結果になりかねない。

経度を特定する作業の起源は、数千年前にさかのぼる。私たちがいまも航海の指標として利用している星のなかには、ホメロスの『オデュッセイア』（邦訳は松平千秋、岩波文庫、一九九四年）に登場するものもある。そのなかで女神カリュプソが、おおぐま座の星々を絶えず左に見て進めば、確実にスケリア島への進路に沿って船を操縦できると、英雄オデュッセウスに教えるのである。[6] しかしながら、海上で経度を計測する方法を初めて考案したのは、ポリネシア人である可能性がもっとも高い。彼らは数千年にわたり海洋航行の達人だった。一七六九年には、「未知の南方大陸」の調査のためイギリス海軍艦船エンデヴァー号でポリネシアを探検していたクック船長が、タヒチのトゥパイアという人物を航海士として雇った。この人物は、星の位置や推測航法を使って自分の位置を正確に把握する、本能的とも言える能力を発揮して、船員たちを驚嘆させた。それどころか、いまでは誰もが知る太平洋の広大な地図を、記憶だけを頼りに描くこともできた。ヨーロッパロシア〔ウラル山脈以西のロシア〕を含むヨーロッパの面積にほぼ相当する場所の地図を、七四の島々の名前まで含めて記し、複雑な太平洋の風系(ふうけい)〔貿易風、偏西風、季節風など、風向きがほぼ同じ風のまとまりのこと〕まで詳細に説明したのである。[7] このエピソードのなかで私にとってもっとも印象的なのは、トゥパイアのようなポリネシアの航海士たちもまた、太平洋を移動するのに自然を利用しており、私たちヨーロッパ人が初めて時間を発見・計測した経緯とまったく変わらないという点だ。ところが一八世紀のヨーロッパ人は、もはや周囲の自然の世界から切り離されていた。そのため機械の手を借りる必要があった。

海軍戦艦のシリー諸島での悲劇が一つのきっかけになった。一七一四年に経度法が制定され、経度の問題を解決できた者に二万ポンド〔現代の価値に換算するとおよそ一五〇万ポンド〕の報奨金が与えられることになった。こうして科学や工学、数学の分野で活躍するイギリス最高の知性の持ち主たちに課題が提示された。経度委員会はまず、アイザック・ニュートン〔当時すでに七二歳という高齢だった〕やその友人であるエドモンド・ハレー〔星々を調査する旅を重ねていたため、うってつけの人物と見なされた〕に意見を求めた。するとニュートンは、委員会の面前でこの課題に対する見解を述べ、「実現は難しいが」と断りながら、その時点で存在する方法を列挙した。たとえば、こんな方法である。「正確な時計を使えば可能です。ただし、船の揺れ、暑さや寒さの変化、湿り具合や乾き具合の変化、緯度の違いに起因する重力差により、そのような時計はいまだつくられていません」。ニュートンの考えによれば、そんな時計はこれからもつくられる可能性は低いという[8]。

ニュートンら当時の学者たちは、経度問題の解決策は天文学にあると確信していた。木星の衛星の蝕(しょく)を調査したり、月の背後に隠れて見えなくなる星を予測したり、月や太陽の蝕を観察したりすれば解決できるのでないか、と。また、月距法(げっきょ)にも可能性があった。昼間は太陽と月とのあいだの距離を、夜間は航行の基準となる星と月とのあいだの距離を計測して、経度を計算する方法である。委員会はこれらの意見をもとに、報奨金を提供する条件を決めた。その条件とは、以下のようなものだった。科学・技術分野から経度測定機器を発明する応募者を募り、精度だけをもとに判断して一位、二位、三位を決める。その際には、「グレート・ブリテン島から、委員会の委員が選んだ西インド諸島のいずれかの港まで、海洋を航行する」検証を行なう、と(それは要するに、大西洋を横断する奴隷三角貿易のなかのカリブ海からイギリスまでの行程だった)。

当時名声を博していた知性の持ち主たちは、行動を求められた。徒弟奉公の経験さえないヨークシャーの据え置き型時計の職人が、しかも懐中時計という形でその解決策を提供することになるとは、誰一人予想していなかった。

一見すると、H4は当時の典型的な懐中時計のように見える。ただし、全体の直径は一六・五センチメートルもあり、それを収めるにはかなり大きな懐（ポケット）が必要になる。美的観点から見ても、それは当時の懐中時計に似ており、磨き抜かれた銀のケースは飾りけがなく、文字盤は白のエナメルでつくられ、そこに黒の数字が記され、同じく黒の線画で細かく描かれたアカンサスの葉の装飾的な渦巻き模様で縁どられている。だがこれは、普通の時計とはまったく違う。一・五キログラム近い重さ（ベークドビーンズの缶詰め四つ分に相当する）があるその製品には、並外れたムーヴメントが内蔵されている。

一七五九年に完成されたH4は、ジョン・ハリソンが経度委員会の要求を満たすために製作した五つの実験的な海洋時計のなかの四作目にあたる。その前につくられたH1、H2、H3は、大きくて扱いにくい置き時計ではあったが、マッジの師匠であるジョージ・グラハムが並々ならぬ関心を寄せ、支援を申し出るほどの将来性や技術的才気にあふれていた。そんなグラハムからの支援があったにせよ、ハリソンは一人で粘り強い努力を続けた。自分に対して誰よりも厳しく、H2の欠点を見つけると、それで検証を行なうことを認めようとしなかった。それからは技術的問題に悩まされ、H3が完成したのはH2の完成から二〇年後のことだった。H3は、それまでの試作品より軽く、高さ六〇センチメートル、幅三〇センチメートルと比較的コンパクトであり、海洋時計のサイズを限界まで凝縮したかのように見えた。

そのため、それからわずか一年後、H3よりもさらに小さく、しかも懐中時計の形をしたH4が現れたのは、少々意外だった。このH4が内蔵する機械装置には、先例のない工学技術が搭載されている。バージ脱進機など、当時すでに懐中時計に採用されていた装置を使いながらも、現代でさえめったに見られないレベルにまでそれを洗練させている。摩擦を軽減して耐久性を高めるため、脱進機の回転軸にとりつけられてガンギ車の歯をとらえては放す二つのスチール製のツメを、ダイヤモンドでつくった。また、一八世紀の一般的な懐中時計よりテン輪を大きくすることで、船の揺れが時計に及ぼす影響を軽減した。さらに、主ゼンマイの長さを増やし、完全に巻いてからの稼働時間を三〇時間にまで延長した。

H4の最初の検証は一七六一年、ポーツマス港を出帆してジャマイカのキングストンへ向かうイギリス海軍艦船デットフォード号により行なわれた。ハリソンはその船に時計を託し、その管理者として息子のウィリアムを同行させた。H4は船員の予測よりも早く、往路の途中で寄港するマデイラ港に到着する時間を正確に計測し、たちまち好印象を与えた。船長は大いに感銘を受け、ハリソンが次に製作する時計を買うとその場で申し出たという。結局、八一日と五時間を費やした航海のあいだに、H4はわずか三分三六・五秒遅れただけだった。その結果、この機器は委員会の厳格な要求を満たしていると見なされたものの、二回目の検証を求められた。ハリソンは委員会と争いながらも、さらに厳しくなっていく条件を満たすべく、H4をもとに、その後継機であるH5を作成した。

現在、ハリソンが開発した世界初のマリン・クロノメーターは、グリニッジ王立天文台に保管されている。H4もH5も装飾という点では、当時の私用の懐中時計よりはるかに簡素だ。H4にはまだ、アカンサスの葉を模した特徴的な渦巻き模様に縁どられた文字盤や、当時人気だった透かし彫りの装飾が施された部品が使われていたが、一九世紀が始まるころになると、こうした装飾はクロノメーターの生産の現場から消えていった。

時計の精度や機能が日増しに高まるにつれて、凝った装飾でその存在を正当化する必要もなくなっていったのだろう。それにもかかわらず、科学機器とも言えるこれら最初期のクロノメーターは、まったく別の意味できわめて美しい。その美しさは機能性にある。私がまず指摘せずにいられないのは、それらが、現在入手できるようなテクノロジーが一切ない時代につくられたにもかかわらず、現在市販されているごく普通の機械式時計よりも正確な点である。また、それらの製品に触れると、仕上げにかけられた手間に、畏敬の念さえ覚えてしまう。その内部には、かつて「チャンファリング〔面取り〕」と呼ばれた技法〔現在は一般的に、スイスのフランス語で「アングラージュ」と呼ばれる〕があちこちに見られる。これは、部品の端の尖った角部を四五度〔角面(かどめん)〕になるよう丹念に削り、明るさや洗練度を高める技法なのだが、地板やブリッジ〔歯車やテンプの真軸を支える金属のプレートのこと。「受け」とも呼ばれる〕ばかりか、装置内のあらゆる歯車の微細なスポーク〔歯車の中心軸と輪っかの部分とを放射状につなぐ細い棒のこと」にまで、その技法が施されている。こうしてつくられた面は、そのすぐ隣にあるざらざら仕上げの面や艶消し仕上げの面とは対照的に、きれいに磨き抜かれている。そのため、光のなかでこの装置を動かすと、光を反射してきらきら輝く。いまなら機械でも完璧に磨けるが、手で磨くと光のとらえ方が違うのだ。それだけではない。これら初期のクロノメーターのなかには、私たち時計職人が「ブラックポリッシュ」と呼ぶ技法を採用しているものがあり、それを目にすると、さらに気分が高まる。

ブラックポリッシュは一般的に、スチールのようなきわめて硬い金属にのみ行なわれる。その表面が一つの傷や汚れもなく、鏡のような完璧な状態にまで磨かれると、それが影をとらえたときに、宝石のオニキスのように黒く見えるのである。この技法は昔もいまも手作業で行なわれており、膨大な時間がかかる。そうすれば部品の摩擦の軽減につながるのだが、ここまで磨くのは、製作者の技能そのものを誇示するためでもある。これらの時計の目的として精度や機能ばかりが重視されていたころでさえ、製作者たちは、その製品の仕上げのなかに個性や独自性を組み込む方法を見出していたのだ。それを思うと、私はうれしくなる。

私にとってクロノメーターは、時計が科学機器をはるかに超えたものだということを示す最高の実例である。それは単なる科学機器ではなく、人間の手で、ときには数年もの歳月をかけてつくられた科学機器である。そこに見られる独特の仕上げは、いわば製作者の署名であり、それを見れば、製作者が自らの威信をかけ、精魂を込めて製作したことがわかる。その結果クロノメーターは、単なる機能を超えた芸術作品となった。

大学で時計学を学んでいたころ、ジョン・ハリソンは、海原(うなばら)で数えきれないほどの命を救う発明をした時計製造の世界の英雄だと教えられた。さまざまな意味でそれは正しい。ハリソンは実際に優れた発明家であり、その時計は航海に劇的な影響を及ぼした。だがH4は、現在言われているほど完全な解決策だったわけではない。

一八三一年、イギリス海軍艦船ビーグル号が、懐中時計とクロノメーター二二個、および大学を卒業したばかりの血気盛んな若者チャールズ・ダーウィンを乗せ、南アメリカ大陸の南端の海岸を調査する二度目の航海に出た。このビーグル号が一八三六年一〇月に母国に帰港したときに、まだ正常に作動していた懐中時計とクロノメーターは半分だけだった。[9]

初期のクロノメーターが直面した問題の一つが、航海がかなりの長期にわたる場合の累積誤差である。誤差が一貫しているのであれば(たとえば、クロノメーターが一日にきっかり五秒ずつ進むことがわかっているのであれば)、計算して補正することも簡単なのだが、話はそれほど単純ではなかった。航海の権威と謳(うた)われたイギリス海軍大尉ヘンリー・レイパーは、普段はクロノメーターを絶賛していたが、一八四〇年にこう記している。「クロノメーターは一般的に、航海の初めのうちだけ最高の機能を発揮することが判明している。多くのクロノメーターはその後、規則性を失って役に立たなくなり、なかには完全に止まってしまうものもある。クロノメーターはまた、急に針の進む速度が変わったかと思うと、数日後に以前の速度に戻ることが多い[10]」

外洋は過酷であり、それがさらなる障害となった。クロノメーターを含め、近代初期の大半の航海機器は、温度や湿度、大気中の塩分の劇的な変化にさらされて、大なり小なり一貫性を失った。船に積まれた大量の鉄製品がもたらす磁気の影響を受けることもあった。*[11]それらの影響を避けるため、クロノメーターは木製の箱に保管されていたが、そのような箱は歪むおそれがある。となると、クロノメーターのねじを巻く時間が来たときに箱を開けられなくなる、という喜劇的な事態にもなりかねない。また、クロノメーターのねじ巻きや監視の仕事は、経験を積んだ上級船員だけに制限されており、好奇心旺盛な船員がいじくりまわすことのないように、箱には鍵がかけられていた。だが鍵は、紛失というもっとも基本的で根源的な人為的ミスの原因になりやすい。天文学者のウィリアム・ベイリーは、クック船長がアドヴェンチャー号で南極大陸と太平洋を探検する二度目の航海に

＊ただし、こうは言っておくべきだろう。ハリソンは温度変化への対応に必死に取り組み、温度変化に関する知識や対処法を大幅に前進させたという点で、時計学の歴史に多大な貢献を果たした。

同行した際に、クロノメーターを何度も監禁状態から救出しなければならなかったと報告している。まずは船員が偶然、錠のツメの一つを曲げてしまったため、その錠を切り開いて修理しなければならなかった。次いでその直後に、鍵が錠のなかで折れてしまった。[12] さらにその一カ月後には、誰かが鍵を持ったまま船を降りてしまい、三たび箱を壊すはめになったという。

だが、どんな温度調節機能があろうと、どれだけ予備の鍵があろうと、船で飼われているネコがもたらす重大な脅威からクロノメーターを守ることはできなかった。探検史上に残る有名なネコに、マシュー・フリンダース船長が飼っていたトリムがいる（ネコを飼っている私の経験から言えば、トリムがフリンダース船長を飼っていたと言ったほうがいいかもしれない）。フリンダースは、現在オーストラリアとして知られる大陸を初めて一周する航海にこのネコを連れていったが、その際にこう記している。

> トリムは航海天文学が気に入ったようだ。ある将校が月などを観測していると、時計のそばに身を置き、実に熱心に針の動きを考察し、どうやら器具の使い方まで検討しているらしい。秒針に触れようとしたり、カチカチいう音に耳を傾けたり、時計のまわりを歩いたりして、それが生き物なのかどうかを確かめている。*[13]

ネコはともかく、初期のクロノメーターの将来性にとって主たる障害となったのは、コストだった。† 価格は年々下がってはいたものの、一八世紀の終わりにはまだ、クロノメーターの価格は六三ポンドから一〇五ポンドだった。当時、イギリス海軍大尉の最大年間賃金は四八ポンドだった。それを考えると、いまだクロノメーターは、大半の船員にはまったく手の届かないものだったと言える。たとえそれを購入できるほどの余裕があったとしても、航海士たちはその当時もまだ、現在地を計測する際に昔ながらの方法を使っていた。クロノメーターだけでは十分な信頼性に欠けたからだ。クロノメーターはたいてい、六分儀と合わせて利用された。六分儀とは、鏡を使って二つの物体のあいだの角距離を計測す

---

*イギリス海軍艦船ディスカヴァリー号に乗船していたネコと比べると、トリムはまだ少々控えめだったようだ。ジョージ・ヴァンクーヴァーが船長を務めるディスカヴァリー号は、一七九一年から一七九五年にかけて、北アメリカ大陸の西海岸の地図作成を実施した。その際には、複数のクロノメーター、天文標準時計一つ、複数の六分儀、秒針のついた懐中時計一つを利用した。だが不幸にも、航海の初めにこの懐中時計が、好奇心旺盛なネコの餌食となった。この探検に同行した天文学者ウィリアム・グーチは、最新の時計を壊したいたずら好きのネコを許し、こう記している。「まだ幼いネコだから、鼓動のような時計の動きが気になったのかもしれない」

†初期のクロノメーターは安くはなかった。一七六九年、時計職人のラーカム・ケンドルは四五〇ポンドの前払いで、H4を初めて複製する仕事を引き受けた。K1と呼ばれたその複製品は、完成までに二年の歳月を要し、完成したときにはさらにボーナスとして五〇ポンドを受け取った。つまり、合計五〇〇ポンドである。これが五個あれば、イギリス海軍艦船エンデヴァー号の購入価格に匹敵する。海軍はこの艦船を二八〇〇ポンドで購入した。

る携帯器具である。それを使って天体を観測するのだが、未知の海域を航行するときには特に、六分儀が当時もいまだに欠かせない計測手段となっていた。また、陸を認めたとき(きわめて正確な計測ができる平らな静止表面を見つけたとき)にはいつも、クロノメーターによる時間計測を、天体を基準にした計測と照合するために六分儀が利用されていた。現代のコンピューターに喩えれば、六分儀はクロノメーターにとってなくてはならないバックアップであり、工場出荷時設定へのリセットボタンのようなものだった。

私から見れば、ハリソンの最大の功績は、H4を発明したことでもなければ、経度賞を受賞したことでもない(経度委員会は、ハリソンが報奨金を受け取る条件を満たしているかどうかについて最後まで言葉を濁していたが、最終的には報奨金の未払い分である八七五〇ポンドを支払った)。その最大の功績は、機械式時計(ほかならぬ懐中時計)には当時の大問題を解決する力があると、史上初めて証明したことである。

クロノメーターは限界こそあったものの、ほかの方法と組み合わせれば、世界を渡り歩くことが誰にでも可能になる有益なツールだった。その登場により、船乗りが広大な外洋で進路を見つけられるようになっただけでなく、地理学者がこれまで以上に正確な世界地図を描けるようになったのだ。たとえば、アメリカの海岸線がどんな形をしているか、あるいは自分が向かっている港の正確な位置がどこなのかもよくわからないまま、ポーツマスからニューヨークまで旅をするのがどれほど危険かを想像してみるといい。現在私たちが知っている世界は、一八世紀および一九世紀の冒険や探検を通じてつくられた。その探検はさまざまな意味で、時間計測の進歩により可能となった。

だが、こうした地平の拡大には負の側面もあった。当時の時計職人は必ずしも、これらの発明が有害な社会の発展に果たした役割を認識していたわけではなかった。経度委員会の歴史を調べてみると、たいていは、危険な長距離航海を行なう船員の保護や、クロノメーターが地図製作にもたらした利点ばかりが強調されている。その一方で、西洋諸国が一八世紀に大西洋横断貿易を完成させたことでほかにどんな利益を手に入れたのか、航海術の発展により数百万人ものアフリカ人の組織的な奴隷化や、その後のアメリカス〔南北アメリカ大陸およびカリブ海地域を含めた複数のアメリカのこと〕への輸送がいかに促進・増強されてきたのかについては、ほとんど言及されていない。同様に、オーストラリアの先住民は西洋に「発見」されることでどんな影響を受けたのか、海運の発展によりインドや南アメリカの植民地化がどれほど進展したのかという点についてもほとんど触れられてない。また、経度委員会は海軍の支援を目的としていたものの、クロノメーターはあまりに高価だった。そのため実際には、東インド会社のような多大な収入のある通商組織がそれを利用していたと思われるが、それらの組織が奴隷に労働をさせたり、東アフリカや西アフリカの奴隷を売買したりしていた点にも留意すべきだろう。[14] 実際、クロノメーターの発明から三〇年が過ぎた一八〇二年になっても、クロノメーターを利用しているイギリス海軍の艦船はわずか七パーセントだけだった。[15]

それでも、精度を飛躍的に向上させたクロノメーターが登場したことで、これまでにはない携帯型時計、これまでにはない時間を生み出すことが可能になった。だがその功績は、ハリソンだけでなくマッジにもあることを忘れてはならない。ハリソンの伝説的エピソードにより、時計製造の黄金時代に活躍したあらゆる職人の影が薄くなってしまっているが、実際には、トーマス・マッジほど、時計のムーヴメントの発展に永続的な足跡を残した職人はいない。マッジのレバー脱進機を組み込んだ時計は、ハリソンの時計よりも正確で信頼できることが判明し、ハリソンが経度賞を受賞したころには、マッジがその脱進機をクロノメーターに組み込んでいた。マッジが数年早く開発に成功していたら、ハリソンを打ち負かして経度賞を受賞し、長年にわたる名声を獲得していたかもしれない。それでも、マッジの遺産は腕時計のなかで生き続けている。マッジのレバー脱進機の子孫は、いまもあなたの手首の上で時を刻んでいる。[16]

五　時間を偽造する

結局のところ、私たちは模倣する存在なのだ。あらゆる技（アート）は、誰もが見ることのできる一つの偉大なる真実を、可能なかぎり模倣していると言える。人間という動物が持つ永遠の本能とはつまり、その威厳の一部を再現しようとすることにある。

――ヴァージニア・ウルフ、ある友人への手紙より（一八九九年）

二〇〇八年、私はバーミンガムのオークション会社でカタログ製作の仕事をしていた。時計学の専科学校を卒業したあと、私はそこで底辺から徐々に出世を重ね、そのころには携帯型時計のチーフスペシャリストになっていた。その仕事は、いつも変化と驚きに満ちていた。銀行の金庫からまれに放出される、このうえなく貴重な個人所有の逸品を扱う日もあれば、価値のありそうなものを見つけようと、がらくたがごたまぜに入った箱をくまなく探す日もある。そんなある日の朝、アンティークの銀食器が入った箱のなかに、二重ケースの銀時計を見つけた。一七八三年の純度検証極印（ごくいん）がある。内側のケースは機械装置

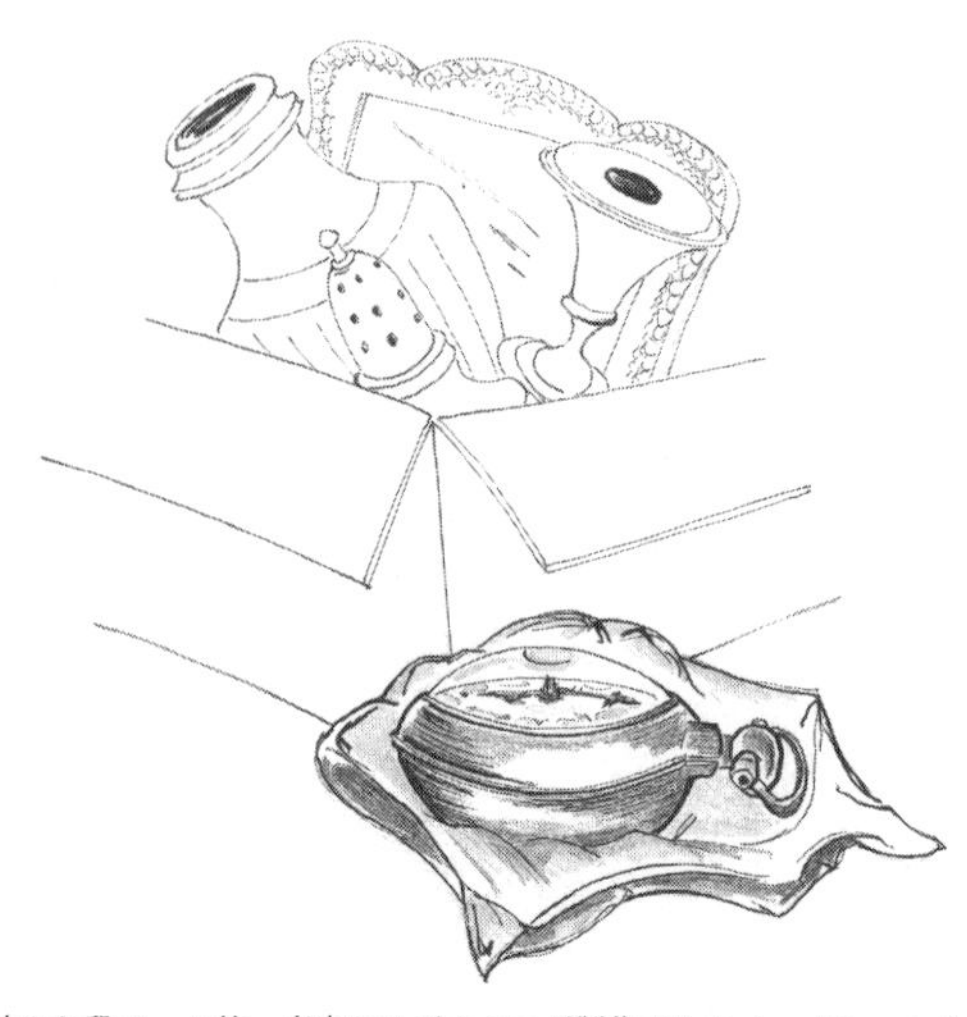

銀器（ぎんき）を詰めた段ボール箱。査定およびカタログ製作のためオークション会社に持ち込まれた。

を収納しており、背後にねじを巻く穴がある。前面は、大きな目玉のような外形にちなんで「ブルズアイ（雄牛の目）」と呼ばれるドーム型の風防（ふうぼう）〔文字盤を覆い保護するための透明なカバー〕を通して、文字盤が見える。それらすべてが、繊細な機械装置を自然現象から守る、より耐久性の高い外側のケースのなかにぴったり収まっている。私はアングルポイズ・ライト〔ライトの位置を調節できる長いアームのついた照明器具〕が当たるようにその時計を掲げ、単眼鏡を通してよく見てみた。文字盤は、銀板に装飾的な彫刻が施されており、数字を彫り込んだくぼみには黒い蠟（ろう）が満たされている。これは「シャンルベ」と呼ばれる技法である。文字盤の中央には、アカンサスの葉を模した繊細な渦巻き模様の透かし彫りがあり、その透かし彫りの隙間を通じて、下に詰めら

シャンルベ技法によるアーケード形の文字盤。「ウィルター　ロンドン」の署名がある。中央部は、アカンサスの葉の渦巻き模様が透かし彫りになっており、その下にあるブルースチールが見える。

れたブルースチールが明るい光を放っている。文字盤中央部の上側には、装飾的な渦巻き模様に囲まれて、製作者ジョン・ウィルターの名前がある。

これまでのところ、とりたてて注目すべき箇所は見つからない。外側のケースを外し、内側のケースも開けてみる。なかのムーヴメントは塗金を施した真鍮製で、やはり彫刻や微細な透かし彫りで装飾されている。そしてそこにもまた「ジョン・ウィルター　ロンドン」という署名がある。私は好奇心をそそられた。そのデザインは、一八世紀イギリスの時計にしてはきわめて珍しい。文字盤は、いわゆるアーケード形である（分目盛りが一般的な真円ではなく、アーチが各数字を挟んで波状に並んでいるものを指す）。これは当時、オランダの据え置き型時計で人気のあった意匠ではあるが、イギリスではほとんど聞いたことがない。ムーヴメントの部品も同様に大陸様式でつくられており、ロンドン製の一般的な真正品に比べると質が悪い。私は書棚から、わがバイブルであるブライアン・ルームズ著『世界の時計職人（*Watchmakers and Clockmakers of the World*）』を引っ張り出してページをめくり、やがて関連項目を見つけ出したが、そこにはこうあった。「ジョン・ウィルター　おそらくは偽名」。

これは、私がこれまで聞いたことのないタイプの時計だった。俗に「オランダ偽造品」と呼ばれる、大半の時計学者がその存在を無視するか厳しく糾弾していた低品質の偽物である。これらは一般的にイギリス製と名乗ってはいるが、その様式はオランダ風である。私はふと疑問に思った。なぜオランダ様式でイギリス製の時計を偽造していたのか？　ジョン・ウィルターとは何者なのか？　そんな名前の時計職人はおろか、そんな名前の人物が当時存在していたという証拠は一切ない。私は図らずも、それから丸一〇年をジョン・ウィルター探しに費やした。そしてその調査を通じて、万人が時計を入手できるようになった経緯を詳しく知ることになった。

私はまず、大英博物館の時計学研究室で調査を始めた。そこでボランティアをしたり調べ物をしたりしながら、数えきれないほどの時間を過ごした。さまざまな意味で、そこは

私の心のふるさとだと言える。その研究室にたどり着くためには、展示室をぶらついている観光客の群れや、がやがやと聞こえるさまざまな言語のくぐもった声のあいだを縫うように通り抜けていかなければならない。正直に告白すると、私はいつも、これら好奇心に満ちた観光客に見つめられながら、安全柵を素早くよけて、オーク材の堂々たる両開きの扉の鍵を開け、展示室から出ていくのが好きだった。自分より何倍も背の高い扉を開けると、妙に自分まで偉くなったような気になる。

大英博物館のグレートコート〔ガラス張りの巨大な広場〕の大理石の床には、漆黒の石でテニスンの以下のような詩の一節が刻み込まれている。「以後数千年にわたり汝(なんじ)の足を知識のただなかに置け」。実在するモノにとりつかれ、いつも触覚を通して思考してきた私のような人間にとって、大英博物館はまさに知識の殿堂だ。その扉を開けると、それが何度目であろうと、秘密の世界に通じる門を開けているような気になる。そこには莫大な数の秘宝がある。

大規模な博物館は氷山のようなもので、一般大衆に見えるのは、その膨大なコレクションのほんのごく一部に過ぎない。安心させるようなドスンという音とともに自分の後ろで堂々たる扉が閉まると、私は氷山の一角をあとにする。するとたちまち音の響きが変わる。古風な波ガラスの奥に古書が並んだ、床から天井まである書棚に挟まれながら、長く静かな廊下を歩いていく。地下に降りると、温度も下がる。いまや壁は、明るい白いタイルで覆われている。ロンドンの地下鉄駅かヴィクトリア朝時代の病院のような美観だ。青銅器時代の陶器類を収めた棚のあいだに、私の目的地がある。そこには、ブザーのついた目立たない扉がある。私は学芸員に出迎えられ、振り子時計（あるいは縦長時計）がずらりと並んだ部屋へ案内される。その先に、背中合わせに長い二つの列をつくっているマホガニー材の棚があり、そこに、何百もの標本用引き出しに整理された、博物館所蔵の四五〇〇点もの携帯型時計が収納されている。コレクションは携帯型時計の歴史全体に及び、それが発明された一六世紀から現代まで網羅している。広く名を知られた職人ほぼ全員の作品ばかりか、歴史の闇に埋もれてしまった職人の作品もある。そしてさらに、オランダ偽造品も数十点ある。

この博物館のコレクションのなかでも、保存作業を学芸員自身が行なうのは、時計のコレクションだけだ。時計学は、理論家がその研究対象を手入れする実践家でもなければばならない数少ない分野なのである。私はその学芸員兼保存管理者のなかに、気心の合う人を数人見つけた。二〇〇八年にボランティアの仕事を始めたときには、当時学芸員代表だったデイヴィッド・トンプソンが非公式に私を指導してくれた。のちに博士論文の指導教授にもなってくれた人物である。デイヴィッドは、一九九〇年代後半に閉鎖された歴史あるハックニー大学時計学大学院で研究を重ねてきたばかりか、当時すでに三三年にわたり大英博物館のコレクションの調査を続けていた。私の時計探求の好みは、このデイヴィッドによるところが大きい。そのオフィスには、机を隠すかのように、数世紀に及ぶ時計学の文献を雑然と詰め込んだ書棚がぎっしり並んでいた。そんな場所でも、デイヴィッドには司書のような記憶力があり、すぐに答えの出せない疑問にぶつかったとしても（そんなことはめったにないのだが）、関連する情報を周囲の書棚から即座に見つけ出すことができた。現在の私の書斎は、彼のオフィスをモデルにしている。

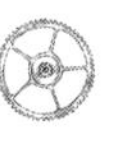

デイヴィッドが引退すると、ポール・バックがその跡を継いだ。私から見れば、ポールはこの地球上で誰よりも興味深い人物だ。話しかけるたびに、驚いてぽかんとしてしまうような言葉を返してくる。夫に言わせるとこの業界は、「羊毛の帽子をかぶり、靴下のままサンダルを履き、物置小屋でクリームホーン〔コルネ形に焼いたパイ生地にクリームを詰めた菓子〕を食べながら時計を修理している人間」ばかりだというが、そんな業界には珍しい存在である。私たち時計職人は、一般的に「クール」ではない。もはや過ぎ去った時代の技術屋であり、一般人がほとんど触れることのない、目を酷使するような小さな部品を相手に、一日の大半を家のなかで過ごす。だが、ポールは例外だ。実際、パブロ・ラブリテンという名前で、パンクロック・バンド「999」のドラマーを務めている。古い鳩時計（正しくはシュヴァルツヴァルト時計）が専門だが、数年前から昼休みにはいつも、この博物館のラジウム・ルームでドラムを叩いている。その部屋には、放射性物質を含むあらゆる研究対象が、抽出装置つきのスチール製キャビネットのなかに安全に収蔵されている。いっ

たい、そんな放射性物質がある部屋でドラムを叩くよりも「パンク」な行為がほかにあるだろうか？

ドラマーとしての腕前はともかく、ポールは修復師としても教師としても優れていた。極小の均力車（フュジー）のチェーンを修理する骨の折れる作業について教えてくれたのも、ポールだった。丸針（まるばり）やすりの先端を三面のカッターに加工して、チェーンのリベット（それぞれの輪を固定する小さなピンを留めておくための部品）を切断する方法や、破損個所の両側にある傷んだ輪やピンを取り除いたあとに、切断された両端を元に戻す方法である。ポールはまた、現代のカーボンスチールではなく、スチール製の縫い針を使うよう勧めてくれた。作業台での長年の経験から、そうしたほうが、数世紀前に元の時計職人が使ったであろう金属をうまく再現できることを学んでいたからだ。*

ポールもデイヴィッドも、オランダ偽造品を分解する許可を与えてくれた。私は科学捜査官のように、顕微鏡やX線撮影、蛍光X線分析を利用して、その内部の姿を解明した。ウィルターの時計同様、それらはすべてバージ式時計だった。[1]

研修生時代に初めてバージ式時計を修復した際に、どの程度の精度を目標にすべきかと指導教授に尋ねてみたところ、「とにかく作動させれば大成功だ」と冷めた口調で言われ

た。現代の多くの修復師は、バージ式時計を扱いたがらない。その理由は一つに、数世紀にわたり下手な修理を重ねている場合が多く、適切に修復するためにはまず、それらを丁寧に元に戻す必要があるからだ。私は以前、オランダ偽造品を修理したことがある。外側のケースには、トロイのヘレネが誘拐される場面をルプセ[†]で描写した装飾が施されていたが、かなり擦り減っていた。そのため以前の修復師が、消えてしまったヘレネの顔を適当に彫り直した結果、ヘレネはもはや、一〇〇〇隻もの船を進軍させた美貌を失い、むしろムンクの『叫び』のような顔になってしまっていた。また、ムーヴメントにさびやほこり、カーディガンのくずなどが詰まっていることがよくあり、それらすべてを丹念に取り除く必要もある。さらに、軸受けは一般的に、高品質の時計や後代の時計に使われているルビーなどの耐摩耗性の高い素材ではなく、真鍮が使われているため、機械装置が作動するたびに摩滅していく。だが、当時のムーヴメントは規格化されていないため、スペアのパーツは入手できず、膨大な時間と労力をかけてカスタマイズしなければ、同時代の別の時計の部品を借用することもできない。壊れたところはすべて、手でつくり直さなければならないということだ。それでも私は、これらの時計を好きにならずにはいられない。そ

*ポールが引退すると(999のツアーはいまだに続けているが)、オリヴァー・クックとローラ・ターナーがこの部署を引き継いだ。二人の継続的な支援や忍耐強さには大いに感謝している。

†薄い金属板の裏面からハンマーで打ち出すレリーフの技法。

れらには一つひとつ個性がある。それぞれに不細工ながら独自性がある。ぼろぼろになってもなかなか手放せない古い車やお気に入りのジーンズのように。

当初、時計がきわめて高額だったのは、この手づくりの要素があったからだ。時計は仕組みが複雑であり、製作するのに時間がかかった。一つの時計を製作する過程で、時計に関連するそれぞれ別のスキルを持つ三〇人以上の人間がかかわることもあった。[2] そのため、一八世紀に存在したイギリス最大の工房でさえ、一年に製作できる時計は数千個程度だった。ところが一八世紀のあいだに、比較的廉価な新種の時計が、質屋のショーウィンドウや市場の露店に現れ始めた。最初はごくわずかだけだったが、一八世紀が終わるころにはそれらの時計の数が、イギリスの既存の時計産業が生産できる数をはるかに上まわるまでになった。誰かがどこかで、これまでよりも時間も費用もかけずに時計を製作するようになったのだ。

ロンドンの時計製造業界には、これまで見てきたように、少々エリートのボーイズクラブのようなところがあった。時計職人組合は時間と費用のかかる徒弟奉公を義務づけていたが、これはつまり、ロンドンで見習い修行ができるのは少数の恵まれた人たちだけだということであり、それがかえってロンドンの時計生産の足かせになっていた。そこでロン

ドンの時計職人たちは、生産を支援してもらおうと遠隔地との取引に目を向けた。増加する時計の需要に応えるため、現在エボーシュと呼ばれているもの（供給を受けた時計職人が仕上げをして署名を刻印するだけの未完成のムーヴメント）の買いつけに次第に頼るようになっていったのだ。それらは、当初はランカシャー、のちにはコヴェントリーの地方工房で、正規の徒弟訓練を受けていない職人により製作された。北部のある職工はこう述べている。「親方になろうとする者だけ」が正規の訓練を受け、「一般の職工は正式に弟子入りすることなどなかった」[3]

それでも、部品やエボーシュのほか、精巧な時計用工具を製造していたランカシャー州プレスコットからの報告によると、徒弟訓練を受けていない製作者の技術もみごとなレベルに達していたという。当時のある記録には、これらの職工は「エピサイクロイド曲線の話をする人間をばかにするような目で見つめていた」にもかかわらず、極小の歯車に「ベイリーフ（月桂樹）」形の歯を目測で切削できたとある。[4]こうした類いの時計製造は、たいてい副業だった。自分や家族を養えるだけの土地はあるが、売りに出して儲けられるほどの収穫はない農家は、しばしば収入を増やすために、糸紡ぎや機織りなどの事業に従事していた。その事業のなかに時計製造も含まれていたのである。地域の有志数名が小さな農場に工房を構え、本業とあわせて工房を運営した。[5]こうしてつくられた（その多くはみごとなレベルの）時計の部品は梱包されて、ロンドンなどイギリス全域の時計職人へと送られ、そこで仕上げられ、時計へと仕立てあげられた。

イギリスの時計製造業界はまた、現場から女性を排除することでさらに価格競争力を弱めていた。職人文化はほぼ男性だけのものだった[6]。時計職人名誉組合の名簿には、親方や徒弟として数名の女性の名前が記されているが、実際にはその大半が婦人帽子職人だった（その当時、婦人帽子職人には組合がなかったため、ほかの組合に参加していた）。正式な徒弟訓練を受ける女性の数は、あらゆる職業を通じて驚くほど少なく、わずか一、二パーセントだった[7]。現在も続いているある調査によると、一七世紀から二〇世紀までのあいだにイギリスで時計製造に携わった女性の数は、これまでに見つかっただけでも、わずか一三九六人しかいない。そう聞くと多いと思われるかもしれないが、一八一七年のロンドンだけを見ても、時計製造に携わっていた人間が二万人以上いたことを考えると、決して多くはない[8]。

スイスやのちのアメリカなど、世界のほかの地域の工房では、女性を温かく迎え入れていた。私としてはこれを、職場の平等を推進するためだったと思いたいが、実際には男性より女性のほうが給与は少なく、女性がつくった時計は男性がつくった時計ほど高くは売れなかった。

いまだに女性の時計職人は多くない。私はこれまでもいまも、この分野における希少種なのだ。これは、慢性的なインポスター症候群〔他人の評価ほど自分が有能ではないと感じ、自

分の力を信じられない状態にある心理傾向〕に悩まされ、不安に苛まれている人間には、よくもあり悪くもある。ほかの人と違えば、それだけ気づかれやすい。気づかれやすいことには利点と欠点がある。私はすばらしい友人や指導者の支援に恵まれた。彼らがいなければ、研修を終えることさえできなかったかもしれない。だがその一方で、しばしば激しい非難も浴びた。私がいちばん最初に入った工房には、私がこの仕事につけたのは名ばかりの平等主義のおかげだと思っている男性が数名いた。ある指導教授が、夏休みのアルバイトとして私を雇うことを約束してくれていた雇用主に頼んで、それを撤回させ、自分が担当する男子学生にその仕事をまわしてしまったこともあった。女性の時計職人は子どもが生まれたら仕事を辞めてしまうだろうから研修を受けても無駄だ、と誰かが言っているのを聞いたこともある。そのほか、「きみは特別なわけじゃない」とも一度ならず言われた。そのたびに、私が自分を特別な存在だと思い込んでいるなどと本気で思っている人がいるのだろうかと思った。部外者のような感覚は、これからもずっと消えないだろう。

　ある朝、車で工房に向かう途中、カーラジオで『ウーマンズ・アワー』〔女性問題を中心とするBBC放送のニュース番組〕を聞いていると、ケンブリッジ大学のモーガン・シーグ教授のインタビューが放送された。そのなかでシーグ教授は、イギリス南極研究所が一九八三年まで女性が南極へ行くのを禁じていた理由を論じていた。ありきたりな口実は無数にあった。時代が違った、南極にはトイレも店も理容室もないため女性が興味を抱くとは思えなかった、男性だけのグループに女性を放り込んだときの影響を懸念していた、などなど。だがいちばん印象に残ったのは、氷の世界は男らしさを示す舞台であり、女性がそこへ割り込むのを男性が怖れていたと教授が指摘していた点だ。ロバート・スコットやアーネスト・シャクルトンといった初期の探検家たちは、英雄という幻想をつくりあげていた。恐るべきクレバスや過酷な気候、飢えと闘いながら、未知の世界を大胆に突き進んでいった勇敢な男という幻想である。一九八七～八八年に南極大陸の奥地を調査した最初の女性となったリズ・モリス教授は、自分が参加することに抵抗感を抱いていた男性がいたと述べ、アメリカの南極調査隊の責任者だったジョージ・J・デュフェクのこんな言葉を引用している。「身体的能力が高いわけでもない中年の女性にできるのなら、どうして彼ら［男性］が英雄になれる？」

私はそのときふと気づいた。同じことが時計製造の分野でも起きているのではないか、と。若い時計職人たちもまた英雄の物語を聞いて育つ。ホイヘンスやトンピオン、グラハム、マッジ、ハリソンなど、並外れた工学作品を設計して当時最大の科学的難問を解決した、黄金時代の天才たちの物語である。貴族とつき合い、創意あふれる機械で周囲の人々をあっと言わせた男たち（そう、彼らは全員男性である）は、まるで魔法のように、金属の小片から自力で動く製品をつくってみせた。時計の機械装置は、社会的にはきわめて複雑で完全無欠なものと考えられていたため、神（これも一般的には男性と見なされていた）の存在に反論する論拠にも利用されたほどだ。一六三一年に時計職人名誉組合が創設された際には、その設立勅許状に、同組合は「時計製造の技術と秘法の共同体」を管理すると宣言されていた。現在でも時計製造は、少数の特別な人にしかわからない秘技だと見なされている。それでも、私はその世界にいる。労働者階級の家庭で育った、社会的に扱いにくい、女性という烙印（らくいん）を押された存在であり、「特別」なものなど何もないが、それでも私は時計職人だ。私のような人間が熟練の時計職人になれるのなら、誰でもなれる。

私がペテン師のジョン・ウィルターに魅力を感じたのも不思議ではない。私は弱者として、もう一人の弱者に惹かれたのだ。

私は大英博物館で、同じエボーシュ製造者印（地板製造者印と呼ばれ、文字盤の下に隠れている）があるムーヴメントを数種類見つけた。いずれも偽名である。どうやら比較的少数の工房が、当時のイングランドでは見られなかった規模で大量の時計を生産していたようだ。イングランド北部にあった工房をフル稼働させても、このペースには太刀打ちできなかったはずだ。一見すると、その時計はオランダ製のように見える。分目盛りの波形模様、テンプ受けの形、テンプの上ホゾ（ホゾは歯車の軸先の細くなった部分のこと）を支える部品は、デザインの様式からして、イングランドではなくオランダのものだ。しかし、出まわっている数量がおかしい。この時代、オランダ共和国にも才能豊かな時計職人は大勢いたが、オランダの時計産業は、ロンドンの時計産業に比べるとあまりに規模が小さい。市場に出

両持ち式のテンプ受け。このデザインは、18 世紀イングランドの時計に一般的に見られる片持ち式とは異なるが、オランダ共和国やスイスなど、大陸の時計職人のあいだでは人気があった。

まわっている膨大な数の「オランダ偽造品」を生産できるほどの能力はとてもない。

これらの時計に隠された製造者印を調べ、それを当時の記録資料と照合することで、当時の時計産業で何が起きていたのかをひもとくことができた。オランダの商人は実際のところ、オランダ様式の時計を発注していた。だが、現代人がドイツの車や日本のカメラ、ベルギーのチョコレートを欲しがるように、当時の消費者はロンドン製の時計を望んでいた。そこでオランダの商人は、高値で取引できることを願って、その時計にイギリス風の署名を入れた、というわけだ。ところがおもしろいことに、これらの偽物はオランダ共和国でつくられたのでもなければ、イングランドでつくられたのでもない。検定印、隠された署名、同時代の証言、新聞の記事、さらにはそれらが生み出された場所からの報告により、以下の事実が間違いなく明らかになった。これらの時計の出所はスイスだった。スイスでは一八世紀の初めから徐々に、時計を生産する新たな方法を構築してきた。「エタブリサージュ」と呼ばれる方法である。

従来の時計製造は、熟練の職人から成る小集団がさまざまな工房のあいだで部品を受け渡しながら行なわれていた。またイギリスでは非公式に、家内工業の労働者に頼って部品を調達していた。それに対してエタブリサージュは、工場と呼ばれる施設の一つ屋根の下に大勢の労働者を集めて製造作業を行なう。工場では、労働が生産ラインとして組織され、チェーン製造者、ゼンマイ製造者、歯車切削者、カナ製造者などが隣り合わせで作業する。技術や設備は従来の製造方法で使うものとほぼ同じだが、エタブリサージュ方式では、単一の会社の管理のもとで生産が劇的に合理化された。効率が格段に良くなった結果、膨大な量の時計をつくることが可能になった。時計の年間生産量は、イギリス最大の工房でも数千個だったが、スイスの工場では四万個に及んだ。これにより、時計産業全体に革命が起きた。エタブリサージュ方式を採用した結果、ヨーロッパの時計生産は一八世紀のあいだに劇的に増加し、同世紀最後の四半期には年間生産量が推計四〇万個に達した。あるいはそれよりさらに多かった可能性もある。[9]

スイスは交易にうってつけの場所にあった。ヨーロッパを横断する主要交易ルート上に位置し、オランダ、フランス、イングランドの商人がライン川とローヌ川とのあいだを行き来するときには必ずその国を通過する。この二つの河川は、北のバルト海と南の地中海とをつなぐ自然の輸送路となっていた。* 時計工場は、この二つの河川のあいだを結ぶ陸路上に集中しており、その事実がまさに、この産業がその陸路を行き来する商人を目当てにしていたことを物語っている。ヨーロッパ全域はおろか、さらにその先へ絶えず足を運んでいる商人たちは、工房に詰め込まれて酷使されている職人たちよりも、流行の変化にはるかに敏感で、市場の需要にもはるかに通じていた。それが、時計製造業界のパラダイムシフトを引き起こした。つまり、商人が職人に代わって小売りを担うだけでなく、職人に何をすべきかを指示するようになった。

大英博物館のコレクションをくまなく調べるときには、私は絶えず、オランダ偽造品が偽装していた生産地を示す情報に目を光らせていた。ジョン・ウィルターの時計はほかにもあった。興味深いことに、少ないながらもそのうちのいくつかは、品質がきわめて高く、イングランドの様式を採用していたが、大半は質の悪いオランダ様式の偽造品だった。また、迷惑メールでよく見かける怪しい誤字にも似た、さまざまなタイプのスペルミスが記されたムーヴメントを見かけることもあった。当時有名だった時計職人に、ジョセフとトーマスのウィンドミルズ親子（Joseph and Thomas Windmills）がいた。その署名が、ある時計には「ウィントミルズ　ロンドン（Wintmills, London）」と記され、また別の時計には「ジョス・ウィンデミールズ　ロンドン（Jos Windemiels, London）」と記されていた。[10] そのほか、「ヴィンドミル（Vindmill）」「ウィントミル（Wintmill）」「ウィンデミル（Windemill）」「ヴィンデミル（Vindemill）」もある。ジョン・ウィルター（John Wilter）についても、「ジョン・ウィルター（Jonh Wilter）」や「ジョン・ヴィルター（John Vilter）」が見つかったが、こちらはウィンドミル親子とは違い、それらの偽装の元になったと思われるジョン・ウィルターの素性がいまだ謎のままだ。オランダ語を話す商人がスイスのフランス語圏の工場に、英語の署名を入れた時計を依頼していたのだから、きっと翻訳の過程でおかしくなってしまったのだろう。

＊これらの時計がスイスから世界中へ運ばれていった経緯を紹介した本は無数にある。スイスで生産される偽造時計の市場には、最終目的地までそれを密輸しようとする犯罪組織の影がちらついていた。時計は小さいため、布に包んでトランクや空のワイン樽に入れてしまえば、大量に輸送できる。なかには、腹をすかせたイヌに縛りつけて密輸することもあった。一八四二年のフランスの税関長の報告によると、国境で税関職員が、「狂乱」状態にある獰猛なイヌの群れに襲われたという。イヌはどうやら、スイス・フランス国境の山岳地帯の向こう側から連れてこられ、えさを抜かれて鞭打たれたのちに、胴に時計を縛りつけられて夜闇のなかへと送り出されたらしい。それぞれ最大一二キログラムもの時計を抱えたイヌたちは、真っ直ぐ国境を越え、えさをくれてかわいがってくれる主人の家へと駆け戻っていったのだろう。「野良」イヌを使ったという話もあるが、虐待的な主人のもとから、数キロメートルもの山岳地帯を横断し、自虐的な伝書バトのように別の虐待的な主人のもとへ向かったというのは、やや信じがたい。私自身が飼っているスタッフォードシャー・ブルテリアの雑種であるアーチーは人懐こく、多少の訓練を受けてはいるが、工房の端から端まで歩くあいだでさえ、気晴らしになるものを何かしら見つけずにはいられないからだ。それはともかく、毎年スイスから輸出された数十万もの時計の大半は、もっと信頼できる方法で運ばれていったと思われる。荷馬車に積んでほとんど踏み慣らされていない山道を行くか、スイスを横断してローヌ川やライン川へ向かう商人に頼んで船で運ぶかである。

それでも、オランダ偽造品にはきわめて重要な価値がある。たいていはロンドン製の真正品より五〇パーセント以上安い値で売られていたそれらの製品は、大量生産された最初の時計でもある。それはつまり、時間を携帯することが超富裕層の専売特許ではなくなった瞬間でもあった。これらの時計は確かに、時計の精度や信頼性に何ら貢献することもなければ、技術や美観に革新をもたらすこともなかったが、安価ではあった。そこに重要なポイントがある。懐中時計が発明されて以来初めて、手ごろな価格で入手できる道が開けたのだ。懐中時計は一八世紀の終わりまでに、より幅広い社会集団のあいだへ徐々に広まっていった。

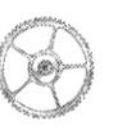

ジョン・ウィルターの時計は、模倣が一八世紀にきわめて重大な社会経済的発展を遂げたことを証明している。一七六〇年代以降の産業革命により、自分の財力を超えたあこがれを抱く新興中流階級が登場した。こうした人々は、劇場や公園、あるいは新たに現れた無料の博物館や美術館などの場で、富裕層と衝突するようになった。また、識字率が向上して印刷生産が増えた結果、新聞を通じて上流階級の生活や所有物を目にするようになった。このような状況が、贅沢品に対する欲望をあおった。だがそういう贅沢品は、いまだ大半の人々の財力では手が届かない。そこで、その悩みを解決する方策として登場したの

が偽造品である。

青く着色した東洋風の陶磁器やメッキされた金属、ダイヤモンドに見えるようカットされて磨き抜かれたスチールなど、偽造を担う一大産業が出現し、急速に拡大を続ける新たな人口集団に向けて偽の贅沢品を生産するようになった。なかでも、一七四二年ごろに発明されたシェフィールド・プレート*は、熱心に社会階層を駆け上がろうとする人々に絶大な人気を誇る商品となった。ジョージ王朝時代のディナーパーティに招待された客は、薄暗いろうそくの灯りのもとで、しかもワインを何杯も飲んだあとでは、自分たちの食べている料理がきわめて高価な純銀製の食器で提供されているのだと、容易にだまされたことだろう。同様にオルモル（塗金された青銅や真鍮の製品を指す）も人気で、その家具を揃えておけば、家を訪れた客に、ここは純金製のオブジェだらけだと思い込ませることもできたかもしれない。つまり、ジョージ王朝時代の実業家たちのおかげで、ほとんどの階層の人々が最新の流行を追えるようになった。ただし、間近からじろじろ見なければの話である。

オランダ偽造品は、この大規模なプロセスの一側面でしかない。一八世紀には懐中時計

*薄い銀板を、それよりはるかに安い銅ベースの金属の上に圧延（あつえん）加工してつくった銀メッキの金属板で、燭台や食卓用品からディナー用食器類一式に至るまで、あらゆるものに利用された。本物らしい幻想を与えるため、製造者のロゴやマークは一般的に、真正品と酷似したデザインを採用していた。

は、目立つようにシャトレーヌ（ウエストバンドに吊るす装飾的なチェーン）に掛けて身に着けるなど、財産や地位を誇示するものだった。一七九七年に当時の首相・財務大臣ウィリアム・ピットが、懐中時計の所有者への課税を導入したのはそのためだ。ピットはその際、懐中時計を所有しているのは贅沢の証であり、所有者が追加の税負担に耐える余裕のあることを証明していると主張して、課税を正当化した[11]（言うまでもないことだが、この課税ははなはだ不人気だった。中流階級は課税に抵抗し、なかには自分の時計が課税対象と判断されるのを防ごうと、手持ちの時計の金ケースをスクラップにして、もっと安価な金属でつくられたケースに取り替える者もいた）。

一世紀前にはほとんどの人の生活が、地域社会が共有する大時計に従っていた。それがもはや、個人が所有する時計がどこにでもあった。時計は絵画にも見られる。たとえば、ウィリアム・ホガースの作品には、据え置き型時計や携帯型時計が頻繁に登場する。ホガースはそれを使って登場人物の遍歴を追い、一つの物語に仕立てあげた。たとえば、有名な連作『娼婦一代記』は、田舎の無垢な少女モル・ハッカバウトが破滅していく姿を描いている。モルが最終的な死へと近づくにつれて（監禁され、やがて性感染症で命を落とす）、版画のなかの時計は次第に一一時へと近づいていく[12]〔一一時を意味する「eleventh hour」は、

「最後の瞬間」をも意味する」。興味深いことに「娼婦」のモルもまた、リピーター機能つきの派手な懐中時計を持っているように見える。

懐中時計が氾濫すると、それに従ってスリや追いはぎも急増した。[13] ジョン・ゲイの『乞食オペラ』（一七二八年）のなかでも、懐中時計がスリの恰好の獲物になっている。時計は泥棒によく狙われたほか、売春などのサービスの代価となることもあれば、ホガースの連作『放蕩一代記』（一七三五年出版）の六枚目に見られるように、賭けの借金の支払いに使われることもよくあった。[14] 中央刑事裁判所の記録によると、宿屋や居酒屋、ジンの屋台が、スリのお気に入りの狩り場だったらしく、窃盗の報告は午後八時から一一時までのあいだにピークに達し（報告の半分近くがこの時間にあたる）、深夜の一二時を過ぎると減り、朝の七時ごろになるとまた上がった（頭痛を抱えながら目を覚ましたときに、時計がなくなっていることに気づくから）という。[15] こうして盗まれた時計は、質屋や中古屋を通じてあっという間にロンドンの地下犯罪組織へ流れ、たちの悪い宝石商がすぐにそれを手に入れた。その仲間には、本当の持ち主に見つからないよう署名やマークを変えてしまう偽装屋もいた。ダニエル・デフォーが一七二二年に発表した小説『モル・フランダーズ』（邦訳は伊沢龍雄、岩波文庫、一九六八年）の主人公で、文学史上もっとも有名なスリと言っても過言ではないモルは、無防備な犠牲者からくすねたと思われる金時計を定期的に使用している。

中央刑事裁判所の記録をさらに見ると、懐中時計の所有者やそれを盗む者が増えただけでなく、市民の時間認識が高まったこともわかる。一八世紀のあいだに、犯罪事件の目撃者が、出来事の具体的な時間を証言するケースが次第に増えていったのだ。たとえば一七七五年、ハムステッドとロンドンのあいだで二重ケースの銀時計を強盗に盗まれたトーマス・ヒリアーは、その事件は「午後九時一五分ごろ」に起き、もみ合った時間は「一分か一分半」ぐらいだったと法廷で証言している。著しく具体的な証言だが、当時は何千ものロンドン市民が事件の経過時間や時刻、日付を伝えるようになっており、ヒリアーもその一例に過ぎない。時間認識はゆっくりとだが着実に高まっていった。[16]

一八世紀の時計と時間の物語には、まったく異なる二つの側面がある。一方では、時計が飛躍的に発展し、マリン・クロノメーターなど、当代最高の教育を受けた科学者たちがみごとな懐中時計をつくりあげるという輝かしい黄金時代があった。だがその一方で、偽物や偽造品が横行するという暗部もあった。とはいえ私見では、それもまた興味深く、重要な意味を持っている。オランダ偽造品は、熟練した時計職人と裕福な後援者との関係を断ち切った。そして、時計を手ごろな価格で入手できるものへと一変させ、のちの企業が文字どおり万人に時計を提供する道を切り開いた。そういう意味で、私にとってオランダ偽造品は、時計史においてハリソンのクロノメーターに劣らない重要な意味を持つ。実際、ごくわずかのエリートしかあるイノベーションにアクセスできないのなら、そのイノベーションは真に世界を変革するものと言えるだろうか？　安価な時計は、時間にアクセスできる人々を増やすことで、貧富の差、貴族と大衆の差を縮めるのに貢献した。つまり、それらの時計は時間を民主化したのである。

だが、ジョン・ウィルターについてはどう考えればいいのだろう？　この人物もまた創作物、すなわち偽物なのか？　私は数年前、一八一七年の庶民院の公聴会の議事録をたまたま拾い読みしていたときに、同時代の人間がジョン・ウィルターについて言及している言葉をついに見つけた。この神話の背後にいる男を知っていたと主張する人物の証言である。数年前から自分につきまとって離れなかったその名前を見つけたとき、しばらく動けなかったことをよく覚えている。私はいったん目を逸らし、深呼吸をしてから、その内容を読み始めた。証言をしたのはヘンリー・クラークという時計職人で、証言のなかでその謎の男を称賛しているが、その男は当時すでに他界していたらしい。謎の男は、ある商人の以下のような依頼を受けて時計をつくっていたという。

［その男は］「ウィルターズ　ロンドン」という偽の署名を入れた時計の製造を始めた。その時計は出来がよくて、その製造者の評判を高めることになっただろうから、時計に本当の名前を入れるべきだったんだ。結局ほかの奴らがすぐに、その時計の外観をまねするようになった。（中略）［だけど］そういう模造品は、日付は適当で、文字盤と針はあるのにそれを動かす歯車がなくて、ホゾ穴も宝石を使っているように見せかけ

ているだけだった。（中略）そんな偽物の時計を最後に見かけたときには、一つ三四シリングで売られていたけど、実際のところあんなものは何の役にも立たない。でも、その時計を偽名で最初につくった職人には、一つ八ギニー〔一六八シリングに相当〕払ってもいいぐらいだった。[17]

こうして私は、ウィルターが本物であると同時に偽物であることを知った。その名前自体は、イングランド製らしく見える商品を望んでいたオランダ商人の創作なのだろうが、確かめるすべはない。だがその商人が最初に依頼した人物が、かなりの腕を持つ本物のイングランドの時計職人だったことは間違いない。その結果「ジョン・ウィルター」は、ブランド的な価値を持つようになった。するとその商人がやがて、ウィルターの時計を大陸で安価に製造すれば、利益を増やせることに気づいたのだろう。そう考えれば、大英博物館にある証拠と完全に一致する。大英博物館には、多数の一般的なオランダ偽造品のなかにわずかながら、ウィルターの署名が入った高品質の時計があったからだ。議事録のなかのこの短い一節は、私がこれまでの調査で説明しきれなかった溝を埋めてくれた。これらの時計は、偽物でも無視すべきではないことを示す最たる例だと言える。それらは、この世界や産業、経済を理解するうえで、計り知れない価値を備えている。私は学者としてそれを研究対象としてきたが、いまではわずかながらそんな時計をコレクションさえしている。そのなかでもいちばんのお気に入りは、やはりあの悪名高きジョン・ウィルターの時計である。

六　革命の時間

心はときに私たちをだまし、失望させる。用心深い人は正しい。神のごとき力を持つブレゲが、私たちに信仰心を与え、そこに善なるものを見出し、常に目を光らせて信仰心を高めてくれたのだから。

――ヴィクトル・ユーゴー『街と森の歌』（一八六五年）

二〇〇六年八月、エルサレムにあるLAメイヤー記念イスラム美術館の芸術監督ラヘル・ハッソンは、テルアヴィヴの時計職人ジオン・ヤコボフからある連絡を受けた。以前盗難されたアンティーク時計の隠し場所が見つかったから、見に来てもらいたいという。ハッソンはそれまでに同様の連絡を何度も受けたことがあったが、いつも虚偽の通報だった。だが今回は違った。

二三年前、同美術館の類いまれな時計コレクションが盗まれた。警察やイスラエルの情報機関はおろか、イスラエル一の名刑事シュムエル・ナフミアスをも困惑させた強盗事件である。一九八三年四月一五日の夜、かけがえのない携帯型時計および据え置き型時計一〇六点（そのなかには三〇〇〇万ドル以上の価値がある逸品もあった）が消えてしまったのだ。大規模な捜索活動が始まったが、いずれの捜査線からもめぼしい結果を得られないまま年月だけが過ぎていき、まるであれらの時計がこの世から消えてしまったかのようだった。

刑事たちはモスクワやスイスといった遠方まで手がかりを追ったが、それらの時計は実際のところ、テルアヴィヴのとある保管施設にあった。盗まれた場所からわずか一時間ほどの場所である。ハッソンは同美術館の理事であるエリ・カハンとともに、弁護士ヒラ・エフロン＝ガバイの事務所へ向かった。その弁護士が匿名の顧客から、時計を返却するよう頼まれたのだという。二人は回収された時計のシリアルナンバーから、それらが盗まれた品々であることを確認した。無傷のものもあれば、損傷したものもある。そのなかからある時計を見つけると、ハッソンの目に涙があふれた。黄ばんだ新聞紙に包まれた「時計界のモナ・リザ」がそこにあったのだ。アブラアム＝ルイ・ブレゲがマリー・アントワネットのためにつくった、かつてないほど精巧で美しい極上の時計である。

やがて警察が事件の追跡調査を行ない、イスラエルの名うての泥棒ナアマン・ディレルへとたどり着いたが、ディレルは病床で妻にこの犯罪を告白したのちに死んだという。警察は、「独自のスタイル」を持つディレルを尋問できなかったことを悔やんだに違いない（一九六七年に第三次中東戦争の戦闘が小休止した際、テルアヴィヴのある銀行の裏に九〇メートル以上に及ぶ溝を掘り、金庫室の爆破を図った例もある）。ディレルはいつも単独で行動した。時計を盗んだときには、油圧ジャッキを使って美術館の柵を無理やりこじ開け、縄ばしごとフックを使って三メートルほど登り、高さわずか四五センチメートルほどの小窓へたどり着くと、「痩せイヌのような」細身の体を生かして、その狭い窓から滑るようになかへ入り、貴重な時計コレクションの大半を持ち逃げした。

だがこれは、およそ二〇〇年前に始まった「王妃の時計」の物語のなかのごく最近の一章に過ぎない。*私が所有する、ジョン・ウィルターの署名が入った質の悪い偽造品がつくられたのと同じ一七八三年、マリー・アントワネットを慕う匿名の人物が、きわめて特別な贈り物の製作を依頼するため、ヨーロッパ一有名な時計職人を探していた。その人物はおそらく、王妃の愛顧を受けたかったのだろう。王妃は当時すでに、ブレゲの時計の熱心な後援者だった。そこでその人物はブレゲに、かつて存在したいかなる時計よりも精巧な時計の製造を依頼した。お金に糸目はつけないから、当時のもっとも先進的で複雑な機械装置をすべて取り入れるだけでなく、機械装置そのものも含め、材料にできるかぎり金(きん)を用いてほしいとの要望である。こうして生まれた時計は、その時代を反映したもの、つまりアンシャン・レジーム期の最良の部分と最悪の部分を象徴するものとなった。

最良の部分とは、ルイ一六世の宮廷の豪奢(ごうしゃ)な趣味である。その結果、何の制約もなく創

*マリー・アントワネットの時計も、シャーロット王妃のためにトーマス・マッジがつくった時計と同じように、「王妃の時計」と言い習わされている。

造力を発揮できた。この時計を比類のないものにするため、ブレゲには無限の予算と必要なだけの時間が与えられた。制約のない小切手帳と日程表を提示された製作者の心が、どれほど浮き立つものかを表現するのは難しい。なにしろ時間的にも予算的にも、自分の技能や創意を限界まで試す、純然たる自由が手に入るのだ。いかに成功を収めた時計職人であれ（当時ブレゲはルイ一六世の王室時計師に任命されていた）、収支ほど悩みの多い問題はない。手づくりの精巧な時計ともなると、購入するのにも製造するのにも、常識外れのお金がかかる。現代の私たちでさえ、ときには六桁に及ぶ金額を要求する場合がある。それでも、諸経費や税金、材料費、外注費を差し引き、その残額を製作に費やした年数で割ってみれば、製作者の生活費をかろうじてまかなえる程度だったということがよくある。

ブレゲは無限の時間的余裕と予算を手に入れたおかげで、これまでの生涯を通じて修得してきたものすべてを一つの製品に注ぎ込むことができた。こうして生まれた時計は、合計二三ものコンプリケーション（時を告げる以外の機能）で構成されている。たとえば、自動でねじを巻き、きめ細かく調整されたワイヤー製のゴングで「時」「四半時（一五分）」「分」単位の現在時刻を知らせ、均時差を表示することができた。また、残りの稼動時間の表示機能（完全にねじを巻けば四八時間連続で作動できた）、ストップウォッチ機能、温度計、マッジ風の永久カレンダーも備えていた。総計八二三の部品が直径六センチメートルの懐中時計のなかに埋め込まれており、いまだに世界でもっとも複雑な五つの時計の一つに数えられている。その工学技術があまりに驚異的（かつ精巧）なので、文字盤やケースをガラス製にしてムーヴメント全体が透けて見えるようにしているほどだ。機械装置が内部で忙しげに動いているのが、外から見えるのである。

一方、最悪の部分とは、ブレゲがお金に糸目をつけない贅を尽くした時計に取り組んでいたころ、庶民は飢えに苦しんでいたということだ。いまだ封建制度に固執していたフランスは農民に課税し（農民は人口の九六パーセントを占めていたが、政治的・経済的な力は一切なかった）、聖職者や貴族だけがその恩恵を受けていた。一七八七年から八九年にかけての時期には、ひどい不作、旱魃、牛の病気に見舞われ、パンの価格が高騰した。その一方で、フランス政府は破産していた。アメリカ独立戦争への高額な支援に、ルイ一六世の宮廷の浪費が重なり、国庫は甚大な損害を被っていた。やがて増税が行なわれると、導火線に火がついた。パリ市民の怒りが爆発し、一七八九年のフランス革命へとつながったのだ。

マリー・アントワネットは結局、あの時計を見ることはできなかった。ブレゲの工房は世界情勢に翻弄され、最終的に時計が完成したのは一八二七年になってからだった。美しくはあったが政治には無関心だった受取人がギロチンの露と消えてから、三四年後のことである。

本当の意味での時計製造の達人というのは、昔もいまもきわめてまれだ。時計職人として有名だったフェルディナン・ベルトゥー（一七二七〜一八〇七年）は、ディドロが編纂した『百科全書』のなかの「時計学」の項目を担当し、時計職人に求められる技能についてこう記している。「時計学（時計製造術）を完全に修得するには、科学理論、手仕事のスキル、デザインの才能の三つが必要になる。だがこの三つは、一人の人間のなかに容易に育めるものではない」。私はベルトゥーが、一人の人間のなかにこれらの資質を統合するのは難しいと認めている点を好ましく思う。クレイグと私は、いつもこんな話をしている。私たちはそれぞれどちらも優れた時計職人だが、二人が一緒になると、途方もなく優れた一人の時計職人になる、と。私たち二人にはそれぞれ、相手を補う力がある。クレイグは絵を描くのがうまく、デザインも感覚的なのだが、私はもっと数学的で、彼の美しい手書きの絵を正確に図面化できる。クレイグは驚くほど手先が器用で、損傷したヒゲゼンマイの修理など、微細な部品を扱うのが得意だが、私は、歯車のスポークやゼンマイ、地板の角を削っては、小さなやすりで磨く仕上げの作業が得意だ。私はまた、歯車を切削する（一つの時計のなかに何百とある歯の配置を決めて切り出していく）作業が好きだ。切削機を何度も何度も繰り返し前後に動かす、反復的で眠気を誘う動作がつきものだが、それも気にならない。クレイグはその作業を単調で退屈だと思っているが、それでもかまわない。なぜならそんな彼も、長さがわずか数ミリメートルしかない微細なテン真を手で回しながら磨き、硬質でつやつやした、鏡のような表面へと仕上げる際には、私よりもはるかに優れた忍耐強さを発揮するからだ。だがブレゲの場合、それらのスキルもそれ以上のスキルも含め、すべてが一人の人間のなかに比類なく統合されている。

時計の世界では、アブラアム＝ルイ・ブレゲにあこがれているという告白が、一種の決まり文句になっている。ブレゲは時計産業の歴史のなかでもっとも偉大な人物であり、もっとも誉れの高い人物だと言っていい。一五歳だった一七六二年にパリで徒弟奉公を始め、一八二三年に死ぬまでに、この仕事に革命をもたらした。法廷弁護士で時計愛好家でもあった（LAメイヤー記念イスラム美術館から盗まれた「王妃の時計」を、ほかの多くの時計とともに一時所有していたこともある）デイヴィッド・ライオネル・サロモンズ卿は、以下のような有名な言葉を遺している。「精密なブレゲの時計を携帯していると、ポケットのなかに天才の頭脳を入れているような気分になる[1]」

ブレゲの並外れた技能や創意の豊かさは、時計史上の伝説と化している。現代に至るまで使用され続けている発明を、あれほど多く生み出した時計職人はほかにいない。たとえばブレゲは、「ペルペチュエル」という史上初めての自動巻き機構を発明した。時計の内部で揺れる錘の動きを利用して主ゼンマイを巻きあげ、着用者の動きを通じて時計に動力を与える仕組みである。また、リピーター機能つきの時計のなかで時や分を告げるワイヤー製のゴングを開発し、従来のベルを使ったときよりも時計をはるかにスリム化した。さらに、それまでの平らな螺旋形のゼンマイの形状を技術的に改良したヒゲゼンマイを生み出した。これはいまだに「ブレゲヒゲゼンマイ」と呼ばれている。平（たいら）ヒゲ〔ヒゲゼンマイの一種で、文字通り平らに巻かれたゼンマイのこと〕のいちばん外側の巻きをその内側よりも少し持ち上げ、その弧をやや狭めれば、等時性（一呼吸ごとの時間の均一性）を大幅に改善でき、結果的に時間計測や精度も向上させられることに気づいたのだ。すでに述べたように、これらの発明はすべて現代の時計にも採用されている。なかにはさらなる進化を遂げた発明もあるが、ブレゲヒゲゼンマイのように、二〇〇年以上にわたりほとんど姿を変えていない発明もある。ブレゲのイノベーションのおかげで、時計のムーヴメントははるかに薄くなった。その結果、まるで丸石のような姿をした、二重ケースの旧式の懐中時計は姿を消した。ブレゲの時計は、そのころ紳士のあいだで流行しつつあった注文仕立てのポケットに収まるほどスリムだった。

皮肉なことに、過剰という単語がぴったりの時代に生きながら、ブレゲは切り詰めたデザインを採用した。そのデザインは抑制されており、目的だけを体現している。ブレゲが使用した、控えめだが優雅でもある時計の針は、いまも「ブレゲ針」と呼ばれている。たいていは明るい青紫色のスチールか金でつくられ、優美なほど長くスリムで、先端近くに穴の開いた円形のデザインが施され［このデザインが「中空のりんご」あるいは「月」を思わせるなどと称される］、小さな矢のような先端が文字盤の時や分を正確に指し示している。ブレゲはまた、「エンジンターン」と呼ばれる様式の彫刻を好んだ。文字盤の貴金属に手彫りするのではなく、手動操作型の「エンジン（機械）」を使って、バラ模様や直線など、複雑な幾何学模様を生み出すのである。私が思うに、これらのエンジンはこれまでに発明されたどの機械よりも美しい。バラ模様を描くエンジンでは、さまざまな形の一連のディスクをゆっくりと回転させ、その動きを利用して、文字盤の表面に模様を刻み込む。*このプロセスは、八角形の車輪をつけた自転車に喩えることができる。それに乗ると、車輪の形に合わせてサドルが上下にがたがた揺れる。バラ模様を描くエンジンでは、このサドルが時計の文字盤にあたる。静止しているカッターに対して文字盤ががたがたとした円形に動くのである。わずかずつカッターの位置を変えては、文字盤を回転させながらカッターで切削する作業を繰り返していけば、規則的な模様が金属板に刻み込まれる。[2] これは注目に値する卓越した機械で、その動きを見ていると催眠作用があるものの、斜子織り状の模様(チェス盤にも似た細かい格子縞)からバラ模様(石を投げ込んだ池の水面に広がるさざ波のように、さまざまな形が中心から放射状に広がる模様)まで、広範にわたる模様を生み出せる。凹凸のある円を描くことができるため、文字盤上の数字を縁どる帯状装飾として利用することもできれば、古い一ポンド硬貨の端にあるようなギザギザで、ケースの側面を縁取ることもできる。これらの模様の効果は、細かいと同時に控えめで、文字盤にほのかな光沢をもたらす。いわば、控えめな贅沢の極みである。だがこの機械はいまや、皆無と言っていいほど希少なものになっている。私は時折この種の作業を専門家に依頼してきたが、たとえこの機械を自分が入手できたとしても、この様式を採用することはまずないだろう。それはあまりにブレゲを連想させ、その領分を侵害しているような気がするからだ。

---

*直線を描くエンジンも同様の原理を利用しているが、円を描くのではなく上下に動く。

ブレゲの時計はまた、魔法のような機械仕掛けがあらわになっている。従来の地板は、ムーヴメントの大半を挟んで（隠して）いる二つの丸い円盤から成るが、それをそのまま使うのではなく、その地板を骸骨（スケルトン）のような無数の棒の組み合わせに置き換え、ムーヴメントの内部をのぞき込めるようにした。主ゼンマイの力を抑える輪列が回り、脱進機がカチカチと動くのを見ることができるのである。[*] また、ブレゲのムーヴメントはいまだ、イエローゴールド〔金・銀・銅を混合させた黄色みの強い金〕でメッキされた真鍮でつくられてはいるが、その装飾には、一般的に使われていた花模様や葉模様の優美な彫刻ではなく、艶消し加工を採用した。光のとらえ方によって虹色に輝くこともあれば、艶を失ってくすむこともある、繻子のような仕上げである。艶消し加工には、酸を塗布したりスティップルブラシを使用したりするなど、さまざまな方法がある。現代の時計職人は、サンドブラスト（ケイ砂の吹きつけ）を利用している（私たちが使っているサンドブラスト装置は歯科医からもらい受けたものだ。歯科医は、歯の型からかすを取り除くのにそれを使用していた）。[†] やがてブレゲのデザインを模倣しようとする偽造者が現れると、ブレゲはほぼ複製が不可能な、文字盤にきわめて小さな秘密の署名を食刻（しょっこく）（エッチング）する方法を開発した。これをきちんと確かめようとすれば、拡大鏡が必要になる。

ブレゲの時計は精密な科学機器だが、こうした奇抜なデザインの多くは何の機能も果たしていない。それらは単なる楽しみのためにのみ存在し、楽しみながら工学機器を、機械仕掛けのアート作品へと高めたのである。

最初にブレゲをこの職業に導いたのは、ブレゲの義父で、パリの時計職人の家庭で生まれ育ったジョゼフ・タテだった。[3] 一七四七年にスイスのヌーシャテルでユグノーの家庭に生まれたブレゲは、五人きょうだいの長子で、唯一の息子だった。わずか一一歳のときに実の父親を失い、その二年後には学校も辞めた。[4] やがて母親が再婚すると、若きブレゲは一七六二年、それまでの多くの職人と同じように、スイスとフランスとの「通過可能な国境」を越え、パリにある義父の家族の時計工房で仕事を習い始めた。

間もなく、マザラン大学の数学の夜間クラスに通うようになると、その教員だったジョゼフ＝フランソワ・マリー神父が、宮廷の人々にブレゲの才能を激賞したため、その新た

＊ちなみに、このムーヴメントのデザインはブレゲの発明ではない。そのデザインは、ブレゲが名声を得る数年前にはすでに世に広まっていた。そのためブレゲ自身も、自分が発明者だと公言したことは一度もない。それにもかかわらず、ブレゲがあまりに革新的で知名度も高かったため、象徴的な意味でそれも「ブレゲの発明」になってしまった。

†歯科医と時計職人のあいだには共通点がけっこうある。どちらもさまざまなペンチを使用し、動きにくい狭い場所で仕事をするのに慣れている。実際、一七世紀から一九世紀までのあいだには、歯科医も兼ねていた時計職人がいた。ただし、あれだけの才能があったブレゲも、歯科には手を出さなかった。

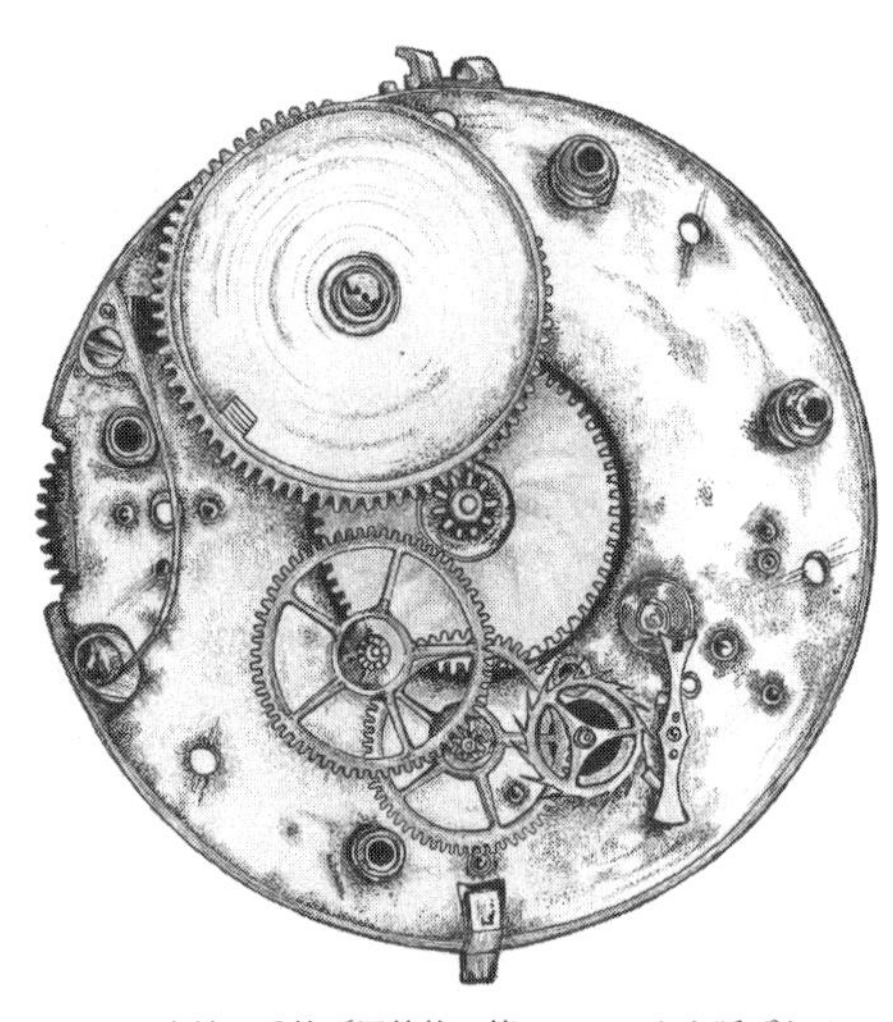

主ゼンマイが入った上端の香箱〔円筒状の箱でバレルとも呼ばれる。それ自体が回転し、歯車としても機能する〕から右下の脱進機へとつながる輪列。

な才能の噂がフランスの国王や王妃にまで届いた。英仏海峡の向こう側にいるジョージ三世同様、フランス国王ルイ一六世もまた、時計の機構に深い関心を抱いていた。こうしてブレゲは一五歳のときに、ヴェルサイユ宮殿の時計職人の親方のもとで徒弟奉公を始めた。

やがて二八歳になると、時計河岸(ケ・ド・ロルロージュ)（Quai de l'Horloge）三九番地の一階に自身の工房を構えた。時計河岸(かし)とは、活気あるパリのシテ島にあった時計製造街である。こうして独立できたのは、パリで尊敬を集めていた裕福な家庭の二二歳の娘で、のちに妻となるセシル・マリー＝ルイーズ・リュイリエから受け取った持参金によるところが大きい。時計職人は一般的に結婚が遅かった。その理由の一端は、徒弟奉公をしているあいだは異性とのいかなる関係も厳格に禁じられていたことにある。そのため、才能ある男性の職人が嫁の持参金を元手に初めて独立開業するというのは、当時としては珍しいことではなかった。二人は同年に結婚して所帯を持つと、工房がある同じ建物で暮らした。

ブレゲの人生には悲劇が頻繁に訪れた。その数年後には、ブレゲの以前の教師で、そのころには親友の一人となっていたジョゼフ＝フランソワ・マリー神父が、不審な状況下で死を遂げた。それから立て続けに、母親のシュザンヌ＝マルグリットと義父のジョゼフを失い、四人の妹の面倒を見なければならなくなった。妻のセシルとのあいだには、一七七六年に生まれた息子アントワーヌのほか幾人かの子宝に恵まれたが、成人になるまで生きていたのはアントワーヌだけだった。さらには妻との暮らしも短命に終わり、セシルも一七八〇年にこの世を去った。二八歳という若さだった。ブレゲはその後、再婚することはなかった。この時期のブレゲの精神状態については、ほとんど何もわからない。当時は、現在よりも死が身近にある時代だった。子どもや若者が両親を失うことも、妻が出産のときに命を落とすことも、珍しいことではなかった。それでも、続けざまに襲い来る死が、ブレゲやその仕事に何の影響も及ぼさなかったとは思えない。おそらくは、時計製造がいい現実逃避の手段となり、仕事に没頭することで精神的問題に対処していたのだろう。時計製造というミクロな世界に没入すると、外界から遮断され、現実を忘れられる効果があることは、私自身も間違いなく経験している。

そんな状況のなかでも、ブレゲの工房は次第に名声を高めていった。「ブレゲをあっという間に成功させ、その人気を一躍高めた」張本人は、マリー・アントワネットだった。彼女はブレゲの二番（ブレゲが時計職人として独立してからつくった二番目の時計）を所有しており、国内でも国外でもブレゲを広く推薦した。その結果ブレゲは、一七八五年には国王ルイ一六世御用達の時計師にまで登り詰めた。マッジを後援していたシャーロット王妃とマリー・アントワネットとは友人であり、顔を合わせたことは一度もなかったが、手紙を頻繁にやり取りしていた。それを考えると、私はこんな想像をしないではいられない。二人が時計への愛情を熱心に語り合っているときに、マリー・アントワネットがブレゲを推薦したことがきっかけで、のちにブレゲがシャーロット王妃とジョージ三世のために時計をつくることになったのではないか、と。マリー・アントワネットはまた、持ち前の気前よさから、ブレゲの時計を身近な人々にあげていた。たとえば、親友だったスウェーデンの伯爵ハンス・アクセル・フォン・フェルセンに、ブレゲの一四番を贈っている。その際には、ケースに青のエナメルで「AF」というイニシャルを入れさせ、さらには自分用にと、ブレゲの四六番の製作を依頼した。これは、その時計に関する記述から判断して、同じイニシャルを持つそろいの時計だったらしいが、この関係は少々怪しい。二人は愛人関係にあり、その時計のペルペチュエル〔フランス語で「永久」を意味する〕が、永久の愛を象徴していたのかもしれない。あの「王妃の時計」を依頼した匿名の人物とは、フォン・フェルセンだったのではないかという指摘もある。

ブレゲの肖像画を見ると、早いうちから生え際が後退しているが、優しげな知性を漂わせた爽やかな顔をしている。ブレゲは宮廷で仕事をしていたにもかかわらず、どう見てもかつらが似合うような男ではなかった。その性格を綴った記事には、穏やかで寛大だったことが強調されている。私はそのなかでも特に、ブレゲが雇い人に優しかったという事実を評価したい。実際、「やる気をなくすな。失敗してもくじけてはいけない」と言って徒弟を励ましていたという。あらゆる時計工房の入り口の上に額装して飾っておきたい言葉である。ブレゲはまた、自分宛ての請求書に書かれた「0」の数字にひげをつけて「9」にすることで、取り引きのある人々に定期的にチップを与えていた。いまでこそチップを与えるのは一般的な礼儀作法だが、アンシャン・レジーム期に敬意の印として下請けに現金を進んで与えることなど、ほとんど前例がなかったに違いない。

ブレゲはときに、演出がうまい一面も見せた。一七九〇年ごろ、時計に組み込める史上初めての緩衝装置を発明した。繊細なテン真のホゾを強打や衝撃から保護するバネ装置である。強打や衝撃はしばしば故障の原因となり、きわめて長い時間のかかる修理が必要になっていたからだ。ブレゲはこの装置を「パラシュート」と呼んだ。言い伝えによると、ブレゲはこの新しい装置の効果を証明するため、当時のオータン司教でのちに初代ベネヴェント大公になるシャルル・モーリス・ド・タレーラン＝ペリゴールの邸宅で開催されたパーティの席で、そこに集まった賓客たちを前に、その装置をテストした。それを見た

＊自動巻き機能、日付表示、リピーター機能があったと言われている。

ある人物の記録にはこうある。ブレゲは「時計を地面に」放り投げたが「少しも壊れているようには見えなかった。すると司教が驚きの声をあげて言った。『この知恵者め。ブレゲはいつも一枚上を行こうとする』」と。[5] ブレゲが床から取り上げた時計がまったく正常に作動しているのを見て、賓客たちは驚愕した。

ブレゲには「国王さえ流行の奴隷にしてしまう力があった」[6]。だが、一八世紀が終わりに近づくにつれ、その関係があだとなった。一七九二年、流血のなかでフランス第一共和政が誕生した。続く数カ月のあいだ、フランスは恐怖政治に支配された。[7] 貴族や聖職者など、旧フランス王国の支配階級に属していたと思われる人々、あるいは支配階級と関係があったと思われる人々は、誰でも検挙され、投獄された。一七九四年までに、一連の虐殺や大量処刑により、無数の男性や女性、子どもの命が奪われた。公式の数字によれば、正規の処刑による死亡者数は一万七〇〇〇人前後だが、のちの歴史学者の推計では、裁判もなく獄中で死んだ人々や逃亡中に死んだ人々も含めた犠牲者の総数は、五万人にのぼる。

ブレゲが開発した緩衝装置「パラシュート」。ブレゲは、ジャン＝ピエール・ブランシャールがそのころ行なっていた実験を知っていたのかもしれない。熱気球から飛び降り、パラシュートを使って軟着陸する実験である。テンプ受けの左側にとりつけられた丸く曲げたバネのおかげで、時計を強打したり落としたりしても、テン真はごくわずかに弾むだけとなる。パラシュートのように衝撃を和らげ、ホゾを損傷から守っているのである。

処刑法としては、この時代の陰惨な象徴とも言えるギロチンがもっとも有名だが、犠牲者の大半は、刀やライフル、ピストル、銃剣で殺された[8]。そのほか、フランスの過密で不潔な監獄のなかで、飢えや病気で死んだ者も大勢いる。マリー・アントワネットは当初、タンプル塔に幽閉されたが、そこでは「シンプルなブレゲの時計」を所望すれば、携帯が認められたという。だがその後、裁判を見越してコンシェルジュリーの牢獄に移送され、「長く苦しむ」ことのないようにと懇願したにもかかわらず、結局は二カ月以上ものあいだ、じめじめした独房での生活を強いられた。そして裁判の末、一七九三年一〇月一六日に反逆罪で処刑された。

恐怖政治時代を生き延びた人々の証言は恐るべきものだ[9]。ある人物の記録には、若い女性が父親の解放と引き換えに、処刑されたばかりの犠牲者の血を無理やり飲まされたとある。また、小石で舗装された中庭を鮮血が流れていたと語る者もいれば、有罪を宣告された者が、手足を切断された仲間の囚人の身体の上を歩かされて刑場に向かったと語る者もいる。処刑は日常的な公共の見世物となり、革命広場(現在のコンコルド広場)のような場所に大勢の見物客が集まった。怖ろしい証言は、フランスから逃亡した人々により広まり、避難先を提供した隣国の宮廷や邸宅で話題になった。ヨーロッパの支配階級は、恐れおののきながら成り行きを見守った。フランス革命により国境を越えて広まった恐怖に、ヨーロッパ全体が震えあがった。

国王と関係のあった者は誰でも命を失うおそれがあった。ブレゲも例外ではない。だが魅力に富んだ性格の持ち主だったブレゲには、どこにでも友人がいた。実際、宮廷となれ合いの関係にあったにもかかわらず、フランス革命を指導した政治理論家で科学者のジャン＝ポール・マラーとも親しい間柄にあった。フランスで動揺が高まり社会が不安定になると、アンシャン・レジームを痛烈に批判していたマラーでさえ、旧王国の財務大臣を攻撃する記事をきっかけに世論の激しい反発を招いた。一七九三年四月には怒り狂った群衆が、制裁を加えようとマラーの家の外に集まった。そんなときに、友人を家から逃亡させる一計を案じたのが、ほかならぬブレゲだった。[10] マラーはそのころ醜い姿になっていた（消耗性の皮膚炎を患っていた）ため、ブレゲはすぐさま、そのしなびた顔を利用することに決めた。ショールやドレスでマラーを老女に扮装させ、片手でその体を支えながら家からこっそり脱け出すと、叫び声をあげる群衆のあいだをかいくぐり、安全な場所まで逃がしてやったという。それから二カ月後、今度はブレゲがギロチンの対象として狙われると、マラーは以前の恩に報い、狙われていることをブレゲに知らせ、スイスへの逃亡を手助けした。当時の権力者とのコネを利用し、毎年恒例のスイスへの出張だと偽って、家族の分も含めた通行証を手に入れてやったのだ。当時ブレゲに残されていた家族は、息子のアントワーヌ（この出張により革命軍への徴兵を免れることができた）と、いまは亡き妻の妹だけだった。[11] ブレゲは結局、その後二度とマラーに会うことはなかった。マラーはその後の一七九三年七月一三日、若きジロンド派支持者のシャルロット・コルデーによりバスタブで刺殺されたからだ。*

この時代には、フランスから近隣諸国へ亡命した人が無数におり、ブレゲもその一人に過ぎない。だがブレゲほど才能にあふれた人物でさえ、亡命生活は楽なものではなかった。食料や物資はいずれも不足していたうえ、難民は歓迎されないことが多かった。それにブレゲは、工具の大半をフランスに残して逃げるほかなかった。これはいかなる時計職人にとっても、きわめて耐えがたいことだ。手持ちの工具は数万点にのぼることもあり、その一つひとつが指紋のように手になじんでいる。それでもブレゲは間もなく、出身地のヌーシャテルからさほど遠くないル・ロクルに、従業員わずか数名のささやかな工房を構えた。世界一有名な時計職人が目の前に競合する工房を構えることに対して、地元の同業者がどう思ったのかは想像に難くない。そのためか、のちにはロンドンへ旅立ち、短期間ではあるがジョージ三世のための仕事をしている。興味深いことに、ブレゲはこの亡命生活のあいだに、生涯最高とも言える技術的な偉業を成し遂げた。工具がなくても、いまだ時計にとりつかれていたブレゲは、新たな機械装置の発明に精魂を傾けた。その一つが、「トゥールビヨン」として知られる装置である。ブレゲはこれを、姿勢差と呼ばれる問題を克服する手段として構想した。姿勢差とは、時計の着用者の動きに伴ってそのなかの機械装置の位置が変わると、重力が機械装置に及ぼす影響も変化することにより生じる精度

＊ジロンド派は革命支持者のなかでは比較的穏健な一派だったが、結局はこの一派もまた、恐怖政治時代に大量処刑の憂き目にあった。

誤差を意味する。この誤差の影響をもっとも強く受けるのが、周期的に振動する繊細なテンプなのだが、テンプは精度にとってもっとも重要な要素でもある。そこでブレゲは、絶えず回転するキャリッジ（かご）のなかにテンプと脱進機全体を収めることで、この問題を解決した。そうすれば重力の影響が一定になり、計時の精度が高まる。これはきわめて重要な発明だったため、イギリス国王ジョージ四世に売却された最初期のモデルの文字盤には、その名称を示すラベルがつけられている。[12] ただし「トゥールビヨン」という言葉は英国王向けに、やや楽しげな「Whirling-about regulator（旋回調速装置）」という英語に翻訳されている。

アンシャン・レジームが解体されるなかで、破壊を免れたものは一つもなかった。時間でさえそうだ。時間はさまざまな意味を含んだ複合概念であり、社会的・政治的・宗教的・文化的な連想に満ちている。共和政政府はグレゴリオ暦（私たちが現在使用している暦）を、かつての権力を象徴するものと見なし、独裁政治を連想させるものとして嫌悪した。こうしてアンシャン・レジーム期の時間が、不幸な人々を犠牲にして有閑階級や富裕層が手に入れていた権力と支配の象徴になると、新たな政府は、計時法そのものを定義し直すことで、新たな時代を切り開こうとした。つまり月、週、日、時はおろか分さえも改めた、新たな暦を採用したのである。

これは、現在から見れば著しく無意味なことに思えるかもしれない。結局のところ、一日が一〇時間に分割されようが二四時間に分割されようが、実質的に過ごす時間に違いはない。だが革命指導者から見れば、これは一からやり直すことを意味した。時間を操作して政治の完全なる再生を目指すこの試みは、ほかの国でも見られる。たとえば、カンボジアではクメール・ルージュが、世界のほかの国々では一九七五年にあたる年を、政権を奪取した年として「0年」と宣言した。ジャマイカの哲学者チャールズ・ウェイド・ミルズは言う。フランス共和政の革命暦に見られる歴史的な時計のリセットは、「非合理的で不公平だったアンシャン・レジームに対する、理性や光、平等の勝利」を反映している、と。[13]

革命とともに、十進化時間と呼ばれるものが採用されて文字どおり時計がリセットされ、一七九二年九月が「共和暦元年」と定められた。[14] この新たな暦は、以前と同じように一年を一二カ月に分割しているが、各月はいずれも同じ三〇日で構成され、残りの五日は、年の終わりを告げる一連の祭りの日とされた。[15] また、一週は一〇日で構成され、三〇日から成る月はそれぞれ三週に分割された。曜日の名称は変更され、月の名称も季節を反映したものに変更された。秋には、現在の一〇月に「ブリュメール(Brumaire)」という月が始まる。これは「もや」や「霧」を意味するフランス語「brume」に由来する。そして一一月には「フリメール(Frimaire)」(「霜」を意味する「frimas」に由来)という月がそれに続く。冬の月は「ニヴォーズ(Nivôse)」「プリュヴィオーズ(Pluviôse)」「ヴァントーズ(Ventôse)」から成り、それぞれ「雪」「雨」「風」に由来する。春には、三月に「発芽」の月である「ジェルミナール（Germinal）」が始まり、次いで「フロレアール（Floréal）」（「花」）と「プレリアール（Prairial）」（「牧草」）がやって来る。季節が夏に替わると、六月の終わりに「メシドール（Messidor）」（「収穫」を意味するラテン語に由来）が始まり、「テルミドール（Thermidor）」（「熱」）と「フリュクティドール（Fructidor）」（「実」）が続く。そして、現在の九月下旬に「ヴァンデミエール（Vendémiaire）」（「ブドウ」）が始まるとともに秋へと戻る。

革命指導者たちは、季節を実在するものと結びつけることで、抑圧的な宗教や迷信から時間を解放しようとした。これまでの暦にまつわる多くの名称は、古代ローマの神々と関係していたが（「March（三月）」は戦の神マルスと、「June（六月）」はユピテルの妻である女神ユノーと関係がある）、新方式では古の神々との関係を一切排除した。それは大衆へ、自然へ、とりわけ農業へと時間を取り戻す、理性に基づいた暦だった。この言葉にどこか聞き覚えがあるとしたら、それは太古の昔の、出来事を基準にした時間に驚くほど似ているからだろう。ただしこの新たな暦では、日数を体系的に分割する点が強調されている。

時間を変更することで、時計の盤面も変わった。新たに導入された十進化時間ではさらに、一日を一〇時間、一時間を一〇〇分、一分を一〇〇秒に分割した。これにより新たな一秒は、現在の標準的な一秒より〇・八六秒速くなった。となると、新たに製作される携帯型時計や据え置き型時計も、この新たな時間方式に従わなければならない。短命に終わったこの時間方式の時代に製作された十進時計は現存しており、そのなかにはブレゲが製作した時計もある。それらは、奇想天外な珍しい姿をしている。その文字盤が奇妙な姿に見える理由に気づくまでに少し時間がかかるとすれば、それは盤面が一二分割ではなく一〇分割されているからだ。

現在ニューヨークのフリック・コレクションに収蔵されているブレゲの十進時計は、十進化された時間にみごとに対応しているだけでなく、神話を排除しようとする共和政フランス政府の意志を反映してもいる。一二分割された現在の時計の針は、時計まわりに動く。これは、太古の昔から北半球で観測されてきた、地球の周囲をまわる太陽の動きを模倣している。だがそれは、コペルニクス(一四七三〜一五四三年)以来知られていた、勘違いに基づく動きでしかない。十進化時間に完全に従った時計は、合理性と事実に基づくものでなければならない。そこでブレゲは、文字盤を二つのリングで構成した。第一のリングは十進化時間の一〇時間を示し、第二のリングは十進化時間の一〇〇分を示す。その時計の針も時計まわりに動くが、十進化時間の一〇分ごとに時間を示すリングが反時計まわりに動き、太陽の周囲を反時計まわりにまわる地球の動きを、機械によって表現している。

だが結果的に見れば、イデオロギーの力よりも習慣の力のほうが強かった。十進時計の命は短かく、一年もしないうちに見捨てられた。十進化時間を採用した暦は、一七九二年に導入されてからわずか一四年後の一八〇六年に廃止され、グレゴリオ暦が再び採用された*。同様に、ブレゲの亡命生活も短期間で終わった。仕事の都合でパリを離れたというつくり話は、それほど長くはもたなかった。革命軍が息子を徴兵しようとしていた時期であればなおさらだ。[16] ブレゲが出張用旅券の有効期限が切れても帰国しないでいると、母国で王党派の裏切り者だと宣告され、時計河岸の工房は接収され、売りに出されてしまった。そのためブレゲは、状況が落ち着いた一七九五年四月にパリへ戻った。そのころになると、フランスの陸軍や海軍の装備品として、あるいは科学研究の必需品として、時計の需要が高まっていたが、市内の同業者の工房はほとんど機能していなかった。これはブレゲにとって、またとない有利な状況だった。ブレゲは謙虚な男だったが、自分の価値をよく知っていた。そこで彼は、時計河岸の工房と家屋の返還を交渉するだけでなく、仕事上の損害を政府が賠償するよう要求さえした。すると驚くべきことに、広い人脈を持つ友人の助けもあり、新政府は家屋を返還し、国費で工房を元どおりに修復してくれた。ほとんど前例のない出来事である。政府が出した唯一の条件は、三カ月以内に仕事を始めることだった。ブレゲは、自分の工房の従業員を兵役から免除することを条件に、これに同意した。[17] こうして取り引きは成立した。

これを機にブレゲは、ヨーロッパ全域に事業を拡大した。この時期のブレゲが創意豊かな発想から生み出したのが、「スースクリプション」（英語で言う「サブスクリプション」）時計である。これは、顧客が二五パーセントの手付金を支払えば、信頼性は高いが余計な飾りのないありふれたデザインの時計をブレゲに依頼できる、という方式を指す。この方式でも、ごく少数しか手に入れられない贅沢品であることに変わりはなかったが、注文品よりは安価だった。また生産側も、手付金により事前に資金を集め、連続的に生産するという比較的安価な方法で、同じ時計を同時に複数生産できた。これにより、これまで以上に幅広い顧客がブレゲの時計を入手しやすくなった。その生産規模は、オランダ偽造品の足元にも及ばなかったが、これはきわめて重要な変化だったと言っていい。歴史上のどの時代を見ても、一度高い名声を得たのちに、これまで以上に高価な製品ではなく安価な製品の生産にとりかかった熟練の時計職人などまずいない。これは、莫大な成功を収めたビジネスモデルとなり、ブレゲは一八世紀末から一九世紀初頭にかけて、およそ七〇〇個のスースクリプション時計を製造・販売することになる。

その主な顧客はいまだエリートだったが、新たに生まれたエリートだった。亡命時代にはジョージ三世の時計を製作したが、いまは銀行家や新たな共和政の役人の時計を製作していた。ただしヨーロッパのほかの国々では、ロシア皇帝アレクサンドル一世など、王族とも取り引きがあった。ロシアの貴族のなかには少数ながらブレゲの熱心な信奉者がおり、アレクサンドル・プーシキンの小説『エヴゲーニイ・オネーギン』〔邦訳は池田健太郎、岩波文庫、二〇〇六年など〕にも、以下のような描写がある。

オネーギンは並木道を

*（189頁）ただし、リットルやメートルといった測定単位は生き延びた。貨幣単位のフランも最近まで存続していたが、二〇〇二年一月一日をもってユーロに替わった。

のんびりとそぞろ歩く
休みを知らないブレゲ時計が
食事の時を告げるまで

ブレゲは時計製造に劣らないほど駆け引きにも長け、友人や愛人だけでなく、不倶戴天(ふぐたいてん)の敵の注文も受けた。これまでも、王室時計師でありながらマラーの友人でもあるという役まわりをうまく演じていたが、そのころにはナポレオンにも、その宿敵であるウェリントン公にも時計を提供した。ナポレオンは、何度も変装してブレゲの工場を訪れるほど、ブレゲの時計に執心していた。一方、初代ウェリントン公のアーサー・ウェルズリーもまた、ブレゲの時計を複数所有しており、少なくともその一つは「モントル・ア・タクト」(ポケットのなかでケースに触れるだけで時間がわかる時計)だった。ということは、アブラアム＝ルイ・ブレゲは、ワーテルローの戦いにおける非公式の計時係だったと言えるかもしれない。

社会階層の最高位の人々とつき合いがあったにもかかわらず、ブレゲ本人の生活は質素で穏やかなものだった。それでもある記録には、老年になっても「若々しい情熱」を抱いていたとある。晩年にはほとんど耳が聞こえなくなったが、快活さを失うことはなかった。[18] 最後の大事業となったマリー・アントワネットの時計は、その当時も仕事の中心を占めていた。一八三二年八月に記された記事によれば、七六歳で死ぬ一カ月前にもいまだ王妃の時計が作業台の上に置かれていたという。ブレゲは最後の最後までその時計に取り組み続けた。だが最終的にそれを完成させたのは、彼の遺志を継いだ息子アントワーヌ＝ルイだった。

ヨーロッパ全域に衝撃をもたらす政治的動乱となったフランス革命について考察することなく、一八世紀を語ることはできない。それと同様に、ブレゲについて考察することなく、携帯型時計の歴史を語ることはできない。ブレゲはそのあからさまな才能と政治的手腕により、絶え間なく流動する時代を生き延びた。それから数世紀にわたり、ブレゲの名声とその比類のない時計は語り継がれ、その名前が文学のなかにまで登場し、登場人物の趣味やスタイル、裕福さを表現するものとして利用されるまでになった。たとえば、アレクサンドル・デュマの『モンテ・クリスト伯』〔邦訳は山内義雄、岩波文庫、一九五六年など〕では二度言及されており、ジュール・ヴェルヌの作品やサッカリーの『虚栄の市』〔邦訳は中島賢二、岩波文庫、二〇〇三年〕にもその名前が登場する。スタンダールは、ブレゲの時計は人体より精巧な作品だと述べ、以下のように綴っている。「ブレゲは二〇年間故障しない時計をつくる。ところが、私たちが一緒に暮らしているこの身体、この哀れな機械は、少なくとも週に一回は故障し、痛みや苦しみをもたらす」。ヴィクトル・ユーゴーはさらにその上を行き、一八六五年に発表した詩集『街と森の歌』のなかで、「神のごとき力を持つブレゲ」とまで述べている。[19] ブレゲを神にまで喩えるのは行き過ぎかもしれないが、ブレゲの時計は間違いなく、精度や実用性の高さ、および神聖な美しさの代名詞となった。

七　時計に合わせて働く

厳めしい部屋には、ただひたすら数量的に時間を示す置き時計があり、棺のふたを叩くような音とともに秒を刻んでいた。

——チャールズ・ディケンズ『ハード・タイムズ』（一八五四年）
〔邦訳は田辺洋子、あぽろん社、二〇〇九年〕

クレイグと私がジュエリー・クォーターに工房を構えたころ、すぐ隣に工場があった。その工場はのちに不動産開発業者（デベロッパー）により取り壊され、いまは住宅兼商業施設になっているが、以前はそこに巨大な建物があった。一九七〇年代のオフィスビルや、もっとモダンな航空機格納庫のようなトタン板の倉庫を間に挟みながら、長年のあいだに不恰好に横に延びて広がっていった、赤レンガづくりの古いヴィクトリア朝様式の建物である。この工場は、バスの座席の製造から、大規模な金属のプレスや成形、精密機械加工に至るまで、何でも請け負っていた。騒音が（耳をつんざくほど）ひどく、絶えずモーターがあげるうなり音のせいで、私たちの工房にまでホワイトノイズが飛び交っていた。私たちもやがてはそんな環境に慣れてしまったため、もはやそんな騒音に気づかなくなっていたほどだ。そのため一日が終わり、工場のすべての機械のスイッチが一斉に切られると、一瞬その静寂に驚かされたものだった。

その工場では、一日の始まり、昼食休憩の始まりと終わり、労働時間の終わりを知らせるのにサイレンが使われていた。朝にはまず、蒸気船の汽笛のようなサイレンの音が工場全体に響きわたり、それに続いて、モーターや重機が作動する深くゆっくりとしたブーンという音が聞こえた。産業革命の時代にもそれ以後の時代にも、工場で時間を知らせる際にはサイレンを使うのが一般的だった。それ以外に、機械の騒音を潜り抜けられる音がなかったからだ。現在では、時計に従ってサイレンを鳴らすという考え方、仕事を一斉に止めて、誰もが道具を置いて仕事場を離れるという共有体験は、やや古風なものに感じられる。いまでは、携帯電話やeメール、ソーシャルメディア、シフト勤務、オンライン会議、フレックスタイムなどがあり、そのように仕事を一斉に休止する企業は少ない。だが、パンデミック後の後期資本主義時代のいま、共同の職場から在宅勤務への転換により労働環境が劇的に変化したように、産業革命の時代には、労働生活に時計の時間が導入されたことで労働環境が一変した。それが、時間をどう使うべきかという考え方を変えることになった。

産業革命以前のイギリスは、主に自然界のリズムに従って労働日や労働内容を決めてい

工業化された都市の景観は工場に支配されていた。

た。[1] 陸で働くにせよ海で働くにせよ、労働は仕事本位で季節的なものだった。日が長い夏のあいだは長時間働き、夜明けが遅くて日暮れが早い冬に失われる時間を、夏の労働で埋め合わせた。自作農は、夏には夜遅くまで収穫に汗を流し、冬になれば短い日を利用して牧畜に専念し、また暖かくなって作物を育てられる時期を待った。小作農（賃借りした土地で働く零細農民）は、作物を育てられない時期には、建物の建築やわらぶきを行ない、嵐で外に出かけられないときには、小児用ベッドや棺をつくった（まさに文字どおり揺りかごから墓場までを共同体で管理していた）。漁師は、天候が悪くて海に出られないときには、網を直したり船を修理したりした。人生は過酷で容赦ないものだった。だがこうした労働生活を通じて、その瞬間に必要なものに目を向けることで、多くの労働を必要とする季節と、より多くの時間を気晴らしや楽しみに割ける季節とが自然に生まれた。ただし、労働日と休日との境目は曖昧だった。いまも農村では、こうした状態が大なり小なり続いている。

ところが、工場に代表される機械化された予測可能な世界が始まると、状況は著しく変わり、それによりイギリスは、一七六〇年ごろからヴィクトリア女王の時代にかけて、産業革命をリードする存在になった。この変化は、賃金労働へ転換されたということではない。封建時代にも「日雇い労働者」は謝礼を受け取っていた。それよりもむしろ、厳格なまでに時間に合わせた労働が新たに始まったということだ[2]。一日の労働時間はもはや、日の出と日没に左右されない。工場の工程が増え、仕事が専門化するにつれ、それらを同期させるには厳密な時間設定が欠かせないものになった。こうして従業員は、一定時間雇われ、生産性に応じて配分される一つの歯車となった。時間厳守が利益となったのである。

一九世紀から二〇世紀半ばまでのいずれかの時代の権力者を思い浮かべてみてほしい。その男（ほぼ確実に「男性」だと思われる）はおそらく、実業家か工場主だろう。あるいは作業場の管理者かもしれない。政治家や労働組合の幹部の可能性もある。黒のスーツをスマートに着こなし、白いYシャツのボタンを襟のところまで留め、シルクハットや山高帽、ハンチング帽をかぶっている。口ひげやあごひげを生やしている場合もあれば、きれいに剃っている場合もあるが、ほぼ確実にベストを着ている。とりわけ裕福であれば、シルク製の柄のついたものだろうが、そうでなければもっと控えめで実用的な、ウール製の重い色合いのものだろう。*おそらくは、ウィンストン・チャーチルやケア・ハーディ〔一九世紀末から二〇世紀初頭にかけて活躍したイギリスの政治家〕、アルバート公〔ヴィクトリア女王の夫〕、エイブラハム・リンカーンのような男性を想像しているのではないだろうか。あるいは、アーサー・コナン・ドイルが書いたシャーロック・ホームズ・シリーズの小説に登場するジョン・ワトソン医師や、ハーパー・リーの小説『アラバマ物語』に登場するアティカス・フィンチなど、架空の人物を思い描いているかもしれない。こうした男性が新たな資産家であれ昔からの資産家であれ、政治的に右派であれ左派であれ、その社会的背景がどうあれ、一般的に彼らのスタイルには共通点がある。次に彼らの写真を見たりその描写を読んだりするときには、そのベストのボタン穴に懐中時計のチェーンが留められている点に注目してほしい（アルバート公はこのように時計を身に着けるのがお気に入りだったため、いまではこのチェーンはアルバート・チェーンと呼ばれている）。工業が発展を続けていたこの時代、懐中時計はその所有者の裕福さや教育レベルの高さの象徴だっただけでなく、計画的に仕事に向き合う姿勢の象徴でもあった。

産業革命の時代には、ピューリタニズムはすでにヨーロッパの主流ではなくなっていたが、ピューリタンに続いて実業家たちもまた、勤勉に働けば救いが得られると主張した。怠けるようささやきかける悪魔を追い払うためだ。実際には労働者の救いではなく生産高

＊ベストは驚くべきことに、うだるように暑い宝石細工工房で重労働の手仕事をしている男性にまで広まっている。

銀製の懐中時計。ベストに留めるアルバート・チェーンがついている。

を求めていたのだが、この両者をしばしば都合よく結びつけたのである。こうして時計に従って働くことに慣れた人々は、田舎の労働者の時間の使い方はいい加減で計画性がないものと考え、次第にそのような仕事の仕方を、非キリスト教的でだらしのないものと見なすようになった。その一方で、「時間の節約」を美徳として、さらには健康に生きる秘訣として推進した。一七五七年には、アイルランドの政治家エドマンド・バークがこう述べている。「過剰な休息や気晴らしは、憂鬱（ゆううつ）や意気消沈、絶望などの致命的な影響をもたらし、しばしば自殺の原因にもなる」が、勤労は「心身の健康に欠かせない」ものだ、と。[3]

歴史学者のE・P・トムスンは有名な論文「時間・労働規律・工業資本主義」のなかで、一八世紀イギリスにおける懐中時計の役割を詩的にこう表現している。「小さな計器がいまや工業の命のリズムを制御している」。時計職人である私は、この表現がことのほか気に入っている。私は、故障しているヒゲゼンマイの長さを調節して時計が正常な速さで作動できるようにするなど、時計を「制御」する仕事をしており、その結果として、時計が所有者それぞれの日常生活を制御することもできるからだ。だが管理者階級は、その時計で、彼らの生活だけでなく従業員の生活まで制御した。

一八五〇年、ダンディー出身の工場労働者ジェイムズ・マイルズは、紡績工場で働く毎日の詳細な記録を書籍に残した。ジェイムズは以前、田園地方で暮らしていたが、父親が殺人の罪で植民地への七年間の流刑を宣告されると、母親やきょうだいと一緒にダンディーに移住した。そしてわずか七歳で工場の仕事につき、母親を大いに安堵させた。というのも、そのころにはすでに家族が飢えに苦しんでいたからだ。著書には、「ほこり、騒音、仕事、蒸気の音、互いに怒鳴り合う声」のなかに飛び込んだ、とある。[4] 近くの工場では、一日の労働時間が一七時間から一九時間に及び、労働者の生産性を最大限まで引き出そうとするあまり、食事の時間もほとんどないありさまだった。「ジャガイモを茹で、かごに入れて各階へ運ぶ女性が雇われており、子どもたちは慌ててそのジャガイモを飲み込んだ。(中略)このように調理された夕食を食べ、午後九時半まで耐えなければならなかった。午後一〇時までになることもよくあった」。労働者を時間どおり工場へ来させるため、現場監督は労働者の住まいに起床係を派遣した。マイルズの著書にはこうある。

「穏やかな眠りが子どもたちの汚れたまぶたを閉ざし、その幼い魂がありがたい忘却に浸る間もなく、朝まわりの職員が戸口を叩いて子どもたちを起こした。子どもたちは、『起きろ。四時だ』という言葉を聞くたびに、自分が工場労働者であること、単調な奴隷制度の無防備な犠牲者であることを思い知らされた」

この人間目覚まし時計とも言うべき「目覚まし屋（knocker-upper）」は、工業都市では見慣れた光景になっていた。* アラームつきの置き時計（当時はきわめて高価だった）を持っていない家庭では、近隣の目覚まし屋に少額の料金を支払い、決まった時間に長い棒や豆鉄砲で寝室の窓を叩いてもらうこともあった。そのような場合、目覚まし屋は、歩いて行ける範囲内にできるだけ多くの顧客を確保しようとしたが、そのためには、あまり強く窓を叩かないよう注意する必要があった。あまりに強く窓を叩けば、その隣人を無料で起こしてしまうことになるからだ。工場が次第にシフト勤務に頼り、労働者を不規則な時間に働かせるようになるにつれ、この仕事の需要は増えていった。[5]

当時の職場ではたいてい、時間を知る方法が意図的に制限されており、雇用主に操作されている場合もあった。工場が自由に操作できる時計を除き、あらゆる置き時計や掛け時計が目に見える場所から排除され、労働者が何時に仕事を始め、どれだけ働いているのかを知っているのは、工場主だけだった。昼食などの指定された休憩時間を短縮し、ところどころで労働時間を数分延長することなどが平気でなされていた。ところが、懐中時計が次第に入手しやすくなるにつれて、労働者にそれを購入されることが、工場主の権威を脅かす問題となった。

一九世紀半ばのある工場労働者の記録にはこうある。「夏は暗くなるまで働いたが、仕事を終えたのが何時なのかはわからなかった。工場主とその息子以外に懐中時計を持っている者がおらず、時間を知る方法がなかった。一人、懐中時計を持っている者がいたが、（中略）その時計も奪われ、工場主の金庫に入れられてしまった。その男がほかの労働者に時間を教えていたからだ[6]」

ジェイムズ・マイルズも同様の状況を伝えている。「実際のところ、規則正しい時間などというものはなかった。工場主と現場管理者が好きなように労働者を操っていた。工場の掛け時計はたいてい、朝は進められ、夜は遅らせてあり、時計は時間を計測する道具ではなく、詐欺や抑圧の口実として利用されていた。みなそれを知っていたが、怖くて誰も口に出せず、懐中時計を携帯することもできなかった。時計の知識があまりにあると思われる者が解雇されるのは、珍しいことではなかったからだ」

時間は社会統制の一手段だった。夜明けから、あるいはもっと早い時刻から労働者に仕事を始めさせることが、労働者階級の不品行を防ぎ、労働者を社会の生産的な一員にする効果的な手段と見なされていた。ある実業家はこう説明している。「貧困層を早起きしなければならない状態にすれば、早い時間に寝なければならなくなる。その結果、深夜にど

＊イギリス北部の一部の町では、一九七〇年代に至るまでこの目覚まし屋が存在していた。

んちゃん騒ぎを起こす心配もなくなる」[7]。また、貧困層を時間統制に慣らすのは、早ければ早いほどよかった。子どもの無秩序な感覚さえ抑え込み、スケジュールに従わせるべきだと考えられた。一七七〇年には、イングランドの聖職者ウィリアム・テンプルがこう主張している。貧しい子どもたちはみな、四歳から救貧院〔ここでは、自立して生活できない者を収容して仕事を与えていた施設（ワークハウス）を指す〕に入れるべきであり、そこに入れば一日二時間の教育も受けられる、と[8]。テンプルはこう信じていた。

生活費を稼いでいるかどうかにかかわらず、〔これらの四歳児を〕何らかの形で、少なくとも一日に一二時間絶えず就業させることには、かなりの効用がある。こうすることで子どもたちは絶え間ない就業に慣れ、ついにはそれが心地よく楽しいものになると期待できるからだ。

四歳児が一〇時間の重労働と二時間の教育を楽しいと思うはずだというのが、周知の事実となっていたのだ。一七七二年には、『現実の不満に対する見解』と題する小冊子として配布された論文のなかで、匿名の著者がこう記している。この「勤勉な習慣」の訓練により、子どもが六歳か七歳になるころには、「労働や疲労に順応するとは言わないまでも、それらに慣れる」ようになる、と[9]。さらにこの著者は、幼い子どもについてさらなる情報を求めている読者に、子どもの「年齢や体力」にもっとも適した仕事の例を紹介している

が、その主たるものは農業か、海での軍務だった。そして、子どもに行なわせるべき適切な仕事として、穴掘り、耕耘(こううん)、生け垣づくり、薪(まき)割り、重量物の運搬を挙げている。六歳の子どもに斧を与えたり、海軍に派遣したりすることのどこに問題がある？

時計産業にも、搾取的な児童労働に頼っていた分野があり、「クライストチャーチ均力車(フュジー)チェーンギャング」として知られていた。[10] ナポレオン戦争の影響で、均力車のチェーン（そのほとんどをスイスから輸入していた）の供給に問題が生じると、イングランド南部沿岸の起業家精神にあふれた時計職人ロバート・ハーヴィー・コックスが、そこに好機を見出した。均力車のチェーンをつくるのはさほど難しくはないが、著しく手間がかかる。このチェーンは、形としては自転車のチェーンに似ているが、馬の毛よりわずかに太い程度のものでしかなく、リンク（輪）を一つひとつ手作業で型抜きし、それをリベットでつないでつくられる。指先の幅ほどのチェーンをつくるだけでも七五個以上のリンクやリベットが必要になるが、均力車のチェーン全体となると手のひらの幅ほどの長さがあり、時計製造に関するある本には「世界最悪の仕事」とある。だがコックスは目ざとくも、これこそ小さな手を持つ子どもにぴったりの仕事だと考えた。そして一七六四年には自宅のそばに「クライストチャーチ・ボーンマス合同救貧院」を開設し、町の貧困層に宿泊施設を提供した。このコックスの工場は、子どもたちが家計の重荷になるのを防ぐという口実のもと、最盛期にはおよそ四〇人から五〇人の子どもを雇っていた（なかには九歳の子どももいた）。その賃金は、一週間で一シリング（現在の価値で三ポンド前後）に満たないこともあり、救貧院に直接支払われた。一日の労働時間は長く、何らかの拡大鏡を使用してはいたようだが、それでもこの仕事は永久的な視力の低下や頭痛の原因となった。コックスの工場が成功すると、ほかの工場があとに続き、それまで南部沿岸の目立たない市場の町に過ぎなかったクライストチャーチはやがて、均力車のチェーンを製造するイギリス有数の街となった。そんな状態が、一九一四年に第一次世界大戦が勃発するまで続いたのである。

時間に厳格な労働環境は、貧困層の労働者に紛れもない実害を及ぼした。しばしば危険な環境や重度に汚染された環境で行なわれる長時間の重労働に、悲惨な貧困が引き起こす病気や栄養不良が重なった結果は重大だった。イギリスの工業生産がもっとも集中していた地域では、平均余命が信じられないほど低下した。一八四一年にイギリス中西部一帯の工業地域で実施された国勢調査によると、ウエスト・ミッドランド州ダドリー教区の平均余命は、わずか一六歳七カ月だった。

日曜日の夜になると憂鬱な気分になる多くの現代人が証明しているように、一週間の労働のリズムは、働いているかどうかにかかわらず人間の時間認識に影響を及ぼす。一九三七年にランカシャー州の町ボルトンで実施された画期的な生活調査「ワークタウン・プロジェクト」の報告書には、こう記されている。労働者は、一週間の労働の終わりを心待ち

にしている一方で、休日の終わりを「思うと不安になる」。「労働者はいつも、定められた期間の終わりを楽しみにしている」が、夏季休暇のときでさえ「時間から（中略）逃れ」られない、と。*

一九五四年には詩人のフィリップ・ラーキンがこんな愚痴を述べている。「私はなぜ自分のなかのヒキガエルを働かせ／自分の人生の上に居座らせなければならないのか」。私もラーキン同様、雇われていることを楽しいと思ったことは一度もない。確かに工場労働者とは違い、私の場合は自分の興味に従える自由があったうえに、仕事についているあいだずっと知的で寛大な同僚に支援してもらえた。それでも憂鬱になるときはあった。というより、他人のために働くことにストレスばかりを感じていた。仕事そのものがさほど疲れるものでも退屈なものでもなかったときでさえ、読み取りにくい職場の規範や妥協と闘っていた。当時は有名なオークション会社に勤めていたのだが、時計コレクターへの接待を求められる場合もあれば、世界的な富裕層が従う暗黙の社会的ルールに従わなければならない場合もあった。だがそれ以上にストレスを感じたのが、誰かのもとで働くという感覚、その誰かが（意識していようがいまいが）私の時間を支配しているという感覚である。

＊調査の大半は大衆酒場で行なわれたが、それによれば労働者は、金曜日と土曜日には酒を飲むペースが速くなるが、これは金曜日が給料日だという事実に起因するだけでなく、余暇時間を最大限まで引き延ばしたいという欲求にも起因しているという。

運営がずさんなうえに目標が絶えず変わり、仕事やそれがもたらす不安に私生活さえも支配されるようになった。自分の時間が自由にならなくなると、やがて限界が来た。

二〇一二年のある朝、私は起きたとたんに泣きだした。体が震え、息をすることも、話すことも、動くこともできない。誰かに心臓を握り潰されているかのようだ。それが初めての不安発作だった。私はそのとき、もう続けられないと悟った。自分は時計業界の異端児であり不適格者なのだと思った。いくら努力しても壊れるだけだった。医者に診断書を書いてもらって仕事を休むと、そんな状態を見かねたクレイグが、もう辞めたほうがいいと言ってくれた。だがそんなクレイグも、私がこれまでの経歴を無駄にすることを望んではおらず、別のアイデアを提案してくれた。クレイグは以前自営業を営んでいたから、ビジネスローンを受けて自分たちの好きなことをするというのも、さほど思いきった提案ではなかったのかもしれない。個人事業主になる。この魅力には抗えなかった。ほかの人には自分の一日を譲り渡すことをやめ、E・P・トムスンの言葉を借りれば、自分の「必要の論理」に従って行動できるのだから。

事業を始めるというのは、労働生活と家庭生活を両立させる私なりの方法だった。この両立が必ずしも簡単でないことは私も認める。零細企業の仕事はみな、その所有者の生活の延長線上にあり、それを私生活と区別するのは不可能と言っていいほど難しい。大切な人と一緒にその仕事をしている場合はなおさらだ。私にとっても、それはこれまでの人生で何よりも難しかったことであり、すべてを失いそうになったことも何度かあった。それでも、他人の気まぐれに身をさらす以上に自分の健康を損なうものはない。ここぞというときには、自分の時間を自分のものにする必要がある。私はそれを学んだ。

時間の制御は、帝国の建設に欠かせない役割を果たした。私たちはいまだに、どの宗教を信仰しているにせよ、何の宗教も信仰していないにせよ、キリスト教の時間割に従って生活している。読者がこれを読んでいる年は、イエス・キリストの誕生を基準に計算されており、AD（「anno domini」の略で「主の年」を意味する）と表記される。[11] 植民地主義者は、植民地の人々にこのキリスト教の時間概念を押しつけ、最初期の修道会が教会の時計の鐘の音で大衆に祈禱（きとう）を呼びかけたように、規則正しく日々を過ごすよう要求した。

一九五〇年代後半、人類学者のエドワード・T・ホールが、さまざまな文化における時間認識の研究を「時間学（chronemics）」と命名した。ホールの研究によれば、西洋諸国（特にアメリカや北欧諸国）は、主に「単時間的（モノクロニック）」な社会であり、一つの作業への集中と直線的なプロセスを特徴とする。時間や締め切りの厳守を重視し、未来志向で、待つことを嫌う。また、個人主義的でもある。一方、アジアやラテンアメリカ、サハラ以南アフリカ、中東は「多時間的（ポリクロニック）」な文化を持ち、複数の作業を並行する傾向があり、作業よりは関係を重視し、現在志向あるいは過去志向（インドや中国、エジプトなど）でさえある。スー族の言語のように、「待つ」という言葉がないところもある。単時間的な社会が多時間的な社会と出会うと、文化の衝突が起きる場合が多い。両者の相違は、あいさつの仕方にさえ現れる。イギリス人やアメリカ人は「やあ、調子はどう?」と言う程度だが、モンゴル人になると、昨晩はよく眠れたか、家族は元気かなどと一〇分間も話し込むことがある。最近ではグローバル化により国ごとの行動の違いが曖昧になり、誰もがスマートフォンを相手に、早口でまくしたてたり素早くタップしたりしながらマルチタスクを行なうようになった。それでも過去数世紀のあいだ、こうした相違が人種のステレオタイプ化や偏見を助長してきたことに疑いの余地はない。

たとえば、アメリカの植民者たちは、ネイティブ・アメリカンを「野蛮」だと見なした。そう判断した主な理由は、彼らの労働や仕事がいまだ自然界と密接に結びついており、西洋の時間体系を採用する意思も能力もないように見えた点にある。「神の意思に背き、労働と自然とを混ぜ合わせることでこの世界を私物化している」というわけだ。[12] これと同じことが世界中で起きた。実際、一九世紀の西洋人は、メキシコの鉱山労働者を「子どものような怠け者」と見なし、「進取（しんしゅ）の精神がない、貯蓄する能力がない、祝日だといって休む日が多すぎる、必要な分だけ報酬がもらえれば週に三日か四日しか働こうとしない、アルコールを貪欲に求めるといった特徴をすべて、生まれつき劣等な証拠と見なした」。[13] だがアルコールの問題を除くと、私たちの多くがワークライフバランスを完全に見失っている現代から見れば、一九世紀メキシコの鉱山労働者は、実際には分別のある人たちだったと言っていい。アフリカや中東、あるいはアイルランドのようにプロテスタントに支配されたカトリック国の人々についても、同じような記録が散見される。

つまりこれは、ヨーロッパの白人男性の時間観であり、支配下に置かれた人々を犠牲にして、都合のいいように時間を分割する方法を定めたに過ぎない。ヨーロッパの時間文化は社会的進化の最前線にあるという考え方は、「ほか」のあらゆるものは発展が「遅れている」という推測をもたらす。これを「時間の他者化」という。国際関係学者のアンドリュー・ホムによれば、そうなると、欧米の時間には「成熟した、大人の、前向きの」価値があると認識される一方で、「ほかの文化は、未熟で、子どもじみた、後ろ向きのものとなる」。この種のステレオタイプ化が、自身の理想に合わせて世界を改革していこうとする西洋植民地主義を支える基盤になった。[14]

新たな工業化時代のルールに労働者が反抗すれば、よくても解雇、最悪の場合は暴力にさらされた。そこには重要なメッセージがある。四歳のころから、たいていはこのうえなく危険かつ想像を絶するほど不愉快な環境のなかで、週に六日、一日に一二時間働くことができないのは、「生まれつき劣等」な人間だからだというメッセージである。言うまでもなく、余暇を愛する裕福な雇用主や企業家には、同じように働こうという気はまるでなかった。[15]

時間は商品であり、所有している時間を売ることもできる。私たちはどんな仕事をするにせよ、時間を取引している。自分の時間の一部を雇用主に売っている（あるいは貸している）。雇用主が対価を支払うことなく私たちの時間を利用しようとすれば、私たちは当然だまされたと考える。だが極端な場合になると、奴隷化という取り決めにより、自由という基本的な人権が奪われることもある。

イギリスで一八二四年に合法化された労働組合は、時間が労働者の権利の中心にあることを理解していた。この組合の闘争が生み出した最初の成果が、一八四七年工場法である。これにより、女性と子どもの労働時間は一日一〇時間が上限とされ、八時間の労働、八時間の余暇、八時間の休息という「三つの八」の要求が受け入れられた（これはアルフレッド大王のロウソク時計を想起させる）。[*] 労働組合運動は次なる成果として、一八五〇年工場法を成立させた。この法律では（最終的にはいまだ工場主の判断次第ではあったが）、土曜日には午後二時にすべての仕事を終えるよう推奨していた。こうして現代の週末という概念が生まれた。

労働者は、それ以前から勝手に休みをとっていた。土曜日と日曜日の夜の不摂生を寝て癒すため、月曜日に仕事を休んでいたのだ。これは、月曜日を日曜日と同じ聖なる曜日と

見なすという意味で、「聖月曜日」と呼ばれた。職人が月曜日から土曜日まで週六日働いていたころからの名残だが、聖月曜日は雇用主の大きな反感を買ったにもかかわらず、一八七〇年代あるいは八〇年代まで続いた。一八四二年には、複数の節酒協会（禁酒ではなく節度ある飲酒を推奨した）の支援を受けたアーリークロージング（早期終業）協会が、毎週土曜日の終業時間を早くすれば、従業員の常習的欠勤が減り、生産性が上がると雇用主に呼びかけた。これは、土曜日の午後を健全な娯楽や「理性的な気晴らし」（田園の散歩や園芸など日光を必要とする趣味）をしながら過ごそうという運動として推進され、レジャー産業の成長を促した。すると、かつては月曜日に来る観衆をあてにしていた劇場や演芸場も、毎週土曜日に開演するようになった。また、当初は労働者が早い時間から酒場へ行くのを防ぐために教会が始めたサッカークラブも、毎週土曜日の午後に試合を行なうようになった。[†]

＊一九三八年有給休暇法では、無給ではない状態で休暇をとることが可能になった。ただし、週四八時間労働が法制化されたのは一九九八年になってからである。

†ヴィクトリア朝時代には団体スポーツが誕生した。ラグビーのルールは一八四五年に、サッカーのルールは一八六三年に正式発表された。列車で旅行できるようになると、クリケットやラグビー、サッカーのローカルチームが遠征試合を行なえるようになり、FAカップ（一八七一年）など、大規模な全国大会の開催も可能になった。また、チームのメンバーだけでなく、観客も旅行できるようになった。競技を見に全国各地から人々がやって来るようになると、エプソムなど、古くからスポーツ会場がある町は来訪者でにぎわった。

鉄道が延びると、日帰り旅行の人気が爆発的に高まった。蒸気機関の登場により移動時間が大幅に短縮されたおかげで、日帰り旅行者も遠くの場所まで、これまでより速くたどり着けるようになり、ピクニックやハイキング、ボート遊び、サーカス観覧旅行などの屋外レジャーが可能になったからだ。ジョージ王朝時代の医師たちが一世紀前に、塩水や新鮮な潮風が心身にもたらす効果を喧伝(けんでん)して以来、健康目的で海辺を訪れるのが流行していたが、ヴィクトリア朝時代になると、休日の浜辺でのどんちゃん騒ぎが人気のピークに達した。一九世紀の終わりには、ブライトンやブラックプールといった都市の臨界地区は、ますます雑多な職業の旅行客で活況を呈した。

だが労働者階級の女性には、「休日」はやって来そうになかった。母親や妻にとっては、一般的な一日一〇時間や一二時間の労働が終わっても、それは単なる始まりでしかなかった。夜になって家に帰れば、そこで家族の世話をする仕事が待っていたからだ。早くも一七三九年には、ハンプシャー州の洗濯婦メアリー・コリアーがこう嘆いている。

——

私たちが家に帰れば
ああ！　そこでまた仕事が始まる

しなければならないことが山ほどある
手が一〇本あるなら、それを全部使えるほどだ
細心の注意を払って子どもたちを寝かせ
帰宅するあなた方のためにすべてを用意する
あなた方は夕食をとると、すぐにベッドに潜り込み
次の日まで体を休める
それなのに、ああ！ 私たちは眠ることもできない
手に負えない子どもたちが泣き叫ぶから……
どの仕事にも私たちの分がある
収穫が始まってから
穀物を刈り取って運び入れるまで
私たちは毎日大変な苦労を強いられ
夢を見る暇もない[16]

「家に関する不運への答え（Answer to Nae luck about the house）」という一八世紀スコットランドのバラッドも同様に、ジョンという男性に関する話を伝えている。ジョンは、楽だと思っていた妻の家事を引き受けてみて初めて、妻が実際には大変な重労働をしていたことに気づく。[17] 家を離れていた妻がやがて戻ってきて、ジョンは大いに安堵する、という内容

である。

女性は一日の賃金労働に加え、さらにしなければならない仕事があったというだけではない（ヴィクトリア朝時代の労働者階級の女性の多くは、出産したあともなるべく早く仕事に復帰させられた）。家庭での仕事は、正規の職場のように、結果志向の直線的なパターンには従っていない。私たちの大半が十分承知しているように、洗濯や調理、掃除といった家事は、シシュポスの作業のように決して終わりがない〔シシュポスはギリシャ神話の登場人物で、神々を欺いた罰として巨大な岩を山頂まで押し上げる仕事を命じられたが、その岩は山頂近くまで押し上げられるたびに転がり落ち、この苦行が永遠に繰り返された〕。食事を用意し、食べ、後片づけをすると、また次の食事を用意する時間になる。

現在でさえ育児の仕事は、資本主義的な生産性の概念の妨げになる。親が家庭で仕事をしている場合には、心理療法士のナオミ・スタドレンの言う「即座に中断可能」な状態に順応しなければならない。どんなことであれ、何かを終えようとする目標が、子どもの騒々しい要求により必ず妨げられることになるからだ。[18] 育児の仕事はまた、食事の時間、おやすみの時間、抱っこの時間（のちにはゲームの時間にまつわる口論）を、知らないうちに積み重ねながら続いていく。すると、時間は最初、数歩ごとに立ち止まっては歩道脇の壁に群がるアリを見る幼児のペースでゆっくりと進んでいくのだが、それが次第に速くなっていき、気づいたときにはもう、子どもは不機嫌なティーンエイジャーになっている。

年齢を重ねるにつれて時間の進み方が速くなるように感じられるのはなぜなのか？　幼

い子どもはどんどん変わっていくのに、それを見ている親にさほど変化はない。* これについては、次のような考え方がある。私たちは珍しいものをより鮮明に覚え、「ゆっくり」とした時間としてそれを経験する傾向がある。そして本能的に、記憶が鮮明かどうかで、それが最近の出来事だったかどうかを判断する。これは、一九八七年に心理学者のノーマン・ブラッドベリーが提唱した「記憶の明瞭性」と呼ばれる仮説である。実際、記憶がぼんやりしたものであれば、それはずいぶんまえのことだと思え、人生を変えるような魅力的な記憶(子どもの誕生など)であれば、いつも昨日起きたことのように思えるものだ。[19]

イギリスの工業化時代が進展する一方で、時間どおりに稼働する工場を支えていた産業は衰退の渦中にあった。時計製造産業は、あれほどの栄華を誇った黄金時代から一転して、みごとに工業化に失敗した数少ないイギリスの産業の一つとなった。経済的な凋落は一九世紀の初めから始まった。フランス革命やその後のナポレオン戦争(一八〇三~一五年)に加え、オランダ偽造品との競争に巻き込まれながらもイギリスの時計職人が生産方法を近

---

*ドイツのフライブルク心理学・精神衛生境界領域研究所およびスイスのジュネーヴ大学の最新の研究によれば、子どもを持つ親は実際に、親ではない人よりも時間が速く進んでいるように感じるという。

代化できなかったことが重なり、時計製造産業は壊滅的な打撃を受けた。こうして、一八世紀には世界的な中心地だったイギリスの時計産業は、一八一七年には破滅の瀬戸際にまで追い込まれた。

何千もの時計職人が職を失い、貧困に直面した。[20] 一八一七年、時計職人名誉組合の救済基金を主催したある人物の記録によれば、以前ロンドンで時計職人として働いていた人物の家を訪れたところ、家族は悲惨な状態にあったという。

> 身を覆うぼろ布もなく、子どもたちは靴も靴下も履いておらず、パンも足りていない。（中略）彼には妻と五人の子どもがいる。その妻と子どもたちは、一月だというのに火の気のない部屋にいる。床に敷いてベッド代わりにするものが、部屋の隅に丸められている。布にくるんだわらの束にシーツはなく、あとは薄い木綿の覆いがあるだけ。それで七人全員が寝るのだという。[21]

戦争と不況の時代には、贅沢品を扱う仕事はいずれも被害を受ける。一八一七年にある商人が議会で証言したように、贅沢な時計は「苦しい時代には真っ先に処分され、その時代が去っても、もう一度身に着けようとはなかなか思わないもの」なのだ。時計職人名誉組合が一八三〇年代に残した報告書には、オランダ偽造品のような安価で親しみやすい大陸の時計が、宝飾品店にも、雑貨店にも、婦人帽子店にも、婦人服の仕立屋にも、香料店にも、「フランス玩具店」にも普通に見られ、「通りでも呼び売りされて」いた、とある。

大陸の時計との競争のせいで、時計職人の賃金は減少する一方だった。一九世紀半ばには、ランカシャー州プレスコットで働く徒弟の生活は「地獄も同然」で、日雇いの切削職人は「貧乏の扉を叩く人（poverty knockers）」というありがたくないあだ名で呼ばれていた。[22]イギリスの時計職人は、スイスやフランスの時計職人とは違い、生産を拡大してもっと安価な時計を製造することを頑として拒否した。高品質の時計を製作し、世界一精巧な計器の製作者と見なされることに慣れていたこれら誇り高き熟練職人たちは、手間を省いて低品質の製品をつくるのを嫌った。工場での生産に反発し、女性を雇うことにさえ抵抗した。

ところが、アメリカではそんな反発や抵抗はなかった。時計の生産を始めるのは遅かったが、スイスのエタブリサージュ方式を機械化して採用すると、生産は加速した。やがて、アメリカでの時計産業の先駆者であるアーロン・ラフキン・デニソンにより一八五〇年に設立されたウォルサム・ウォッチ・カンパニーなどの時計製造会社が、規格化されたエボーシュを機械で大量に生産する仕組みを完成させた。このエボーシュは、いわば出来合いのケーキミックスのようなものだった。必要なものはほぼ揃っているため、あとは最後に多少手を加え、オーブンで焼きさえすればいい。

かつては、エタブリサージュ方式の時計でさえ手で組み立てられていたため、一つひとつの製品のあいだに自然発生的なさまざまな相違があった。だが、一九世紀になるとアメリカの時計製造産業が、機械を使用して大量生産と規格化を組み合わせることで、発展の足がかりをつかんだ。一九世紀の後半には、地域ごとのスキルや国ごとの金属価格の相違を最大限に利用して、時計の部品、文字盤、ケースを別々の場所で生産するようになった。また、史上初めて部品交換が可能になり、時計を修理する際に私のような職人がテン真を新たにつくって古いテン真と交換する必要はなくなり、部品のカタログから交換したいものを注文するだけでよくなった。これにより組み立ても、購入も、メンテナンスも安価になった。

一八九六年には、ニューヨークの通信販売会社インガーソル・ウォッチ・カンパニーが、かつてなかったほど安価な懐中時計を発表した。その販売価格はわずか一ドル（アメリカの平均的な労働者の一日の賃金程度）である。*「ヤンキー」と呼ばれたこの時計により、使用人や工場労働者、鉄道員から農民、カウボーイ、露店商、果ては子どもまで、あらゆる職種の人々が突如として、好きなときに正確な時間を知れるようになった。それから二〇年のあいだに、インガーソルはこの懐中時計を四〇〇〇万個販売した。当時のアメリカの人口の半数を優に超える個数である。その標語には、「ドルを一躍有名にした時計！」とあった。†

インガーソルの時計は、技術的には大したものではないが、それでも驚くべき時計だった。余計な飾りは一切なく、安いニッケルメッキのケースは銀らしい外観を装い、押し固めた紙に印刷された文字盤は白いエナメルを模している。ただし、ムーヴメントはごてごてとしていて繊細さに欠ける。部品の一部は生産を迅速化するため型抜きされ、がたついた端や丸まった端がそのまま残されている。全体的に、かろうじて機能しているようにしか見えないが、それでも機能はする。それが大成功を収めた。そのうえインガーソルは「ヤンキー」に一年保証をつけ、「完璧」に作動しなくなった時計は無料で修理・交換することを約束した。私はこの時計を何度か扱ったことがあるが、驚くべきことに、いまだにほぼ修理可能である。分解して掃除することもできれば、摩耗したり損傷したりした部品を修復することもできる。現代の安物は、動かなくなればごみ箱行きだ。それなのにこの時計は、わずか一ドルしかしないのに、いまも当時のほかの機械式時計とまったく同じようにメンテナンスできる。

イギリスの時計産業は、オランダ偽造品によりかなりの損害を受けたが、それでもまだ存続はしていた。だが、絶大な規模を備え、完璧に組織化されたアメリカの大量生産品が出まわると、それがとどめの一撃となった。一八七八年には、ある「ロンドンの一流時計職人」がこう予言していたという。「アメリカが数百万人向けに普通の時計を製造するのであれば、イギリスの時計職人はもはや、数百人向けに貴族的な時計をつくっていくしかない

＊当時のイングランド製のもっとも安価な時計は、「ヤンキー」と同じようにあまり正確ではなかったが、それでもおよそ一二・五〇ドルはした。

†第二四代アメリカ大統領セオドア・ルーズヴェルトは、一九一〇年にアフリカを訪問した際に、自分のことを「インガーソルが生まれた国から来た男」だと誇らしげに述べたという。

なくなるだろう」[23]。この予言はそのまま的中した。ただし、わずかに存続していたイギリスの時計産業がのちに受ける被害までは予想できなかったようだ。一八七〇年代および八〇年代には、アメリカに追いつく最後の試みとして、規格化された時計のムーヴメントを大量に生産する機械をアメリカから輸入した。だがもはや遅すぎた。一九世紀の終わりになると、かつて栄えた時計職人のコミュニティは、わずかな工房を残すまでに衰退した。イギリスで商業規模の生産を最後まで続けていたのは、一八五一年に時計製造部門を立ち上げたスミスだったが、そこも一九八〇年には生産を中止した。現在のイギリスには、伝統的な方法で時計を一から製作できる知識や能力のある時計職人は、もはや数十人しか残っていない。クレイグと私はそのなかの二人だ。私たちイギリスの時計職人がいま一年間に製作している時計の個数は、全部合わせても一〇〇個に遠く及ばない。

八　冒険に連れ添う時計

「私はノーという返事を受け入れなかった」
――ベッシー・コールマン、パイロット（一九二〇年代）

「あなたにはできない」と言われることが嫌いな人がいる。私もその一人だ。私が時計製作の研修で、それまで誰も手がけなかったバージ式時計に取り組んだのも、私には難しすぎると指導教授から思われていたからにほかならない。最終学年のときには、普通の据え置き型の時計ではなく、トンボの形をしたペンダント時計をつくった。二〇一一年、生きている時計職人のなかでは世界一有名なジョージ・ダニエルズに会う機会があった。そのときジョージは、私がなぜ時計を製作しないでオークション会社で働いているのかを知りたがった。もっともな質問だった。きみはいつか自分の時計をつくりたいと思っているのかとジョージが尋ねるので、私はそうだと答えた。するとジョージは大きな声で笑い、いつかその時計を見られる日を楽しみにしていると告げた。ジョージの期待に応えるまでに、一〇年以上の月日がかかった。残念ながら、いまの私の仕事を見せようにも、ジョージはもうこの世にいない〔二〇一一年一〇月二一日死去〕。

この性格は幼いころにまでさかのぼる。私が初めて小説を読んだのも、同じような挑戦を受けたからだった。意地の悪い先生(スペルミスをしただけで戸棚に閉じ込めたり、同級生の面前で課題のプリントを破ったりするタイプ)が、ジュール・ヴェルヌの『八十日間世界一周』〔邦訳は鈴木啓二、岩波文庫、二〇〇一年など〕はとても長いうえに難しいから、私にはとても読めないと言ったのだ。私は当時八歳で、そのころはまだ小説より科学書のほうが好きだったのだが、勇気と冒険に満ちたその物語には興味を引かれた。皮肉なことに、一八七二年に出版された『八十日間世界一周』もまた、賭けの物語だった。八〇日間で地球を一周できるという(当時としては)信じられないアイデアを実現できるかどうか、という賭けである。主人公のフィリアス・フォッグは、そんなことは不可能だと主張する人たちをあっと言わせるために全財産を賭ける(費やす)覚悟を決めると、信頼のおける執事パスパルトゥー(曾祖父の時計を使って必死に日程を守ろうとする)を連れ、疑い深い刑事フィックスに追われながら、船や列車、ラクダ、そりなどを使って世界を旅する。

フィリアス・フォッグの賭けは、実際にはそれほど突飛なものではない。一九世紀後半の世界はいくつかの点で、一九世紀初めの世界よりもかなり狭くなっていた。一八〇四年にリチャード・トレヴィシックが初めて蒸気機関車を発明して以来、鉄道が西洋諸国に広まり、人間や商品をある場所から別の場所へ、かつてないほど速く運べるようになった。

これにより、少なくとも時間的に見れば、アメリカの広大な土地さえ縮まった。[1] 一九世紀の初めには、たとえばニューヨークからニューオーリンズまで一通の手紙を届けるのに、四週間もの時間がかかり、その返信が戻ってくるまでに、さらに四週間もの時間がかかった。ところが一八五〇年代になると、鉄道のおかげで、この全行程の所要時間がわずか二週間になった。[2] また、蒸気船の改良、さらには海上交通路や運河の開通により、船旅の時間も縮まった。イングランドからオーストラリアまでの船旅は、それまで四カ月かかっていたが、一九〇〇年にはそれが三五日から四〇日になった。さらに、一八四四年にサミュエル・モールスが電信を発明し、一八五四年にアントニオ・メウッチが、あるいは一八七三年にアレクサンダー・グラハム・ベルが、電話を発明した（ベルがメウッチの設計図の一部を盗用したことを示唆する証拠があるため、誰の主張を信じるかによって発明者が異なる）。これらの到来により、数カ月や数週間どころかほんの一瞬で、世界中に散らばる友人や家族と連絡をとることが可能になった。

ライト兄弟が一九〇三年に初めて空を飛び、飛行技術が驚くべき発展を遂げると、移動時間はさらに短縮された。一九〇九年にはルイ・ブレリオが、わずか三六分三〇秒で英仏海峡を横断した（これも賭けをもとに行なわれ、ブレリオはデイリー・メール紙から報奨金一〇〇〇ポンドをもらった）。当時は無限の可能性に満ちた時代だった。さまざまな種類の冒険家が現れ（当時は冒険家がたくさんいたように思う）、かつては不可能だった探検も、いまやまったく実現可能になったことを証明しようとした。未知の神秘や、最初にたどり着く名誉、不可能を達成するスリルに魅了され、男も女も地球の最果ての地を目指した。だが時計がなければ、こうした目覚ましい偉業を成し遂げることは誰にもできなかったに違いない。

人間が徒歩や馬で世界を旅していた時代には、東や西に移動するにつれて正午の時間が変わるという事実に気づく人はほとんどいなかった。ところが、蒸気機関車の登場により午前中に国を横断することが可能になると、イギリスのような小さな島国においてさえ、面倒な問題が誰の目にも明らかになった。たとえば、あなたがロンドンから列車に乗って、木曜日の午後二時にブリストル駅で、いつも時間をきちんと守るいとこと会う約束をしたとしよう。あなたはロンドン市役所の時計を見て、自分の懐中時計が正しいことを確認してから、列車に乗り込む。やがてブリストル駅に着き、再びポケットから時計を引っ張り出してみると、申し分なく正常に作動している。二時ちょうどだ。それなのに、いとこの姿はない。一〇分後にいとこは現れたが、慌てている様子はなく、謝罪の言葉もない。そのときあなたは、ブリストルの穀物取引所の時計を見て、その理由を理解する。ブリストルの時間は、ロンドンより一一分遅れているのだ。*[3] 一九世紀半ばまでは、太陽がもっとも高い位置にある時間が正午になるように、各地の時間が調整されていた。

移動の速度が増すにつれ、こうしたわずかな時間のずれが大きな影響を及ぼし、危険をもたらす可能性さえあることが問題視されるようになった。当時は多くの列車が単線で運行していた。そのため、合意した時間にずれがあれば、反対方向へ向かう列車同士が衝突してしまうおそれがある。この問題を解決するため、イギリスの鉄道では一八四七年一二月一日に国内標準時が導入され、一八八〇年に法制化された。

国の面積が大きくなれば、地方時がいくつも存在する問題もそれだけ大きくなる。アメリカほど広大な国になると、太陽の位置を基準に計算した地方時が、数時間も異なる場所もある。一八八三年に鉄道時間が採用されるまで、アメリカには三〇〇を超える地方時間帯〔時間帯は同じ標準時を使う地域全体のことで、タイムゾーンともいう〕があった。新たな標準時が導入されると、都市ではすぐに受け入れられたが、地方時と国内標準時とのあいだに大きな差がある地方の人々は、時間の変更を嫌がった。反抗的な地方のなかには、数十年にわたり国内標準時の採用を拒否したところもある。そのため一九一八年までのアメリカでは、時刻観測を二重に行なうのが一般的だった。時刻観測の「地方選択制（ローカルオプション）」が正式に廃止されたのは、一九六七年になってからである。[4]

次なる課題は、世界的な標準時だった。一八八四年一一月二二日、ワシントンDCで開催された国際会議で、グリニッジ標準時システム（GMT）の採用が決まった。これは、地球を二四の時間帯に分割するもので、それぞれの時間帯が、経度では一五度分、時間で

＊ブリストルは、イギリスに標準時が導入された五年後の一八五二年に、標準時へと移行した。

1938年に運行を開始した蒸気機関車「マラード」は、同年に時速203キロメートルという驚異的な速度を記録し、蒸気機関車の世界最速記録を更新した。この記録はいまも破られていない。

は一時間分に相当する。この標準時の本初子午線が通る場所として、ロンドンのグリニッジが選ばれた理由はいくつもある。まず、そこには当時もいまも、天文学や時計学の研究の世界有数の拠点となっている王立天文台がある。また、ここを基準にすれば、子午線から見て地球の反対側にあたる日付変更線が、太平洋上を通過することになる。同一の国の住民が二つの異なる日付に分かれて暮らすことのないように日付変更線を設定しようとするなら、この太平洋上しかない。こうして旅行者はいまや、さまざまな国の時間帯に合わせて自分の時計を調節することを習慣化する必要に迫られることになった。これは、『八十日間世界一周』のオチにも使われている。パスパルトゥーは月や星はあてにならないと主張し、ロンドン時間に合わせた曾祖父の時計の時刻を修正することを頑なに拒否する。旅の途中で二度、自分の時計がぴったり合っていることを確認できたときには、その正しさが証明されたと大喜びする。ところが実際にロンドンに戻ってきてみると、この世界一周旅行に八一日間かかっていたことを知って、フォッグとパスパルトゥーはがっかりする。しかしそのとき、二人は東向きに世界を一周していたことに気づく。グリニッジ標準時のおかげで、西から東へ日付変更線を横切れば、日付が一日戻る。つまり彼らは賭けに勝ったのだ。

ジュール・ヴェルヌのこの物語は、ほかにも正確な点がある。一九世紀後半の旅行者は、もはや多額の金銭を払わなくても、一八世紀の精巧なクロノメーター並みに役立つ時計を手に入れることができた。インガーソルがあの「ヤンキー」を発表するちょうど一年前の一八九五年、ジョシュア・スローカムという人物が、単独で世界を一周した最初の人間になろうと旅に出た。その際、自分が元々持っていたクロノメーターは家に置いていくことにした。そのクロノメーターは修理をする必要があったのだが、修理には一五ドルかかると言われ、それほどの額を出す価値はないと判断したのだ。倹約を旨としていたスローカムは、その代わりにノヴァスコシア州のヤーマスで安い時計を買い、それを旅に持っていくことにした。スローカムの記述によれば、それはこんな時計だった。「有名なブリキ製の置き時計だ。旅のあいだはずっとその時計しか使わなかった。定価は一ドル半だったが、文字盤が割れていたから一ドルに値引きしてくれた」。そして、不満げにこうも述べている。「航海に関するはやりの考え方によれば、それ「マリン・クロノメーター」がなければ航路がわからないと言われている」[5]。だがスローカムは、三年を海原で過ごし、七万四〇〇〇キロメートル以上の旅をして、意気揚々と戻ってきた。たった一ドルのブリキ製の時計が、航海のあいだずっと誠実な仕事をしてくれたのだ。

ノッティンガムシャー州のある静かな村に、探検史に名を残す重要な時計がある。アプトン・ホールのなかにある計時博物館には、数世紀にわたり製作され、あらゆる種類の人々から寄付された数千点もの時計が収蔵されている。ふぞろいの棚に収められた珍しい時計の数々を眺めていると、私たちと時計との親密な関係について、計画的に展示されたコレクションを見るよりもはるかに興味深い知見が得られる。並外れた価値のある希少なクロノメーターや縦長時計のそばに、一九四〇年代に大量生産されたメタメック社製の電気式枕時計〔枕元に置く時計〕がある。その明るいオレンジ色、真珠のような光沢のあるレトロな茶色、カモの卵のようなアクリル樹脂の青色といった鮮やかな色調を見ていると、子どものころに祖父母の家を訪れたときのことを思い出す。

この博物館の展示室のガラス棚のなかに、気取っていないどころかぼろぼろにさえ見える、二〇世紀初頭のアラーム機能つき懐中時計がある。そのガンメタル色の黒っぽいスチール製のケースには、あばたのように赤茶色の古いさびが点々とついている。文字盤を保護する風防は失われ、時針も分針も、小さな秒針もない。唯一残った針は、およそ一一時二〇分に鳴るよう設定されたアラームの時刻を示している。白いエナメルの文字盤は、まだ比較的つやつやしている。ガラス状エナメルは脆く、ぶつけたり落としたりしたときに割れやすいのに、曇ることも色あせることも一切なく、過酷な状況に置かれていたにもかかわらず鮮やかな光沢を保っている。同様に黒いアラビア数字も、エナメルを焼きつけられた当時と変わらないほど鮮明だ。ただし、分目盛りの上に点々と置かれ、各時間を示していた蛍光塗料は、かつてはぼんやりと緑色の光を放っていたのだろうが、いまは曇って茶色にくすんでいる。[6] 時計上部の輪には、アルバート・チェーンではなく、擦り切れたブーツのひもが結びつけられており、その反対側の端にはさびた安全ピンがついている。この時計のムーヴメントは、一九一二年三月二九日木曜日の直後から作動していない。それは、この時計の所有者だったロバート・ファルコン・スコット隊長が、最後に日誌を書いた日付だ。その後、スコットや残りの隊員たちは南極の悪天候に屈し、避難所になったであろうキャンプ地まであとわずか二〇キロメートルのところで命を落とした。

この懐中時計は一般的に、スコット隊長やその隊員たちがあまりに長い時間眠り過ぎて凍死してしまうのを防ぐのに欠かせない道具だったと言われている。私は本書を執筆するための調査をしていたときに、極地探検家のモリー・ヒューズと話をする機会に恵まれた。モリーは、スコットと同じ季節に南極を探検したことがあった。彼女の話によると、南極の夏は一日中太陽が出ているため、テントのなかであれば、肌着で眠れるほど暖かく、濡れた服も乾かせる（ただし彼女の衣類は、スコットが着ていたニットのジャンパーやギャバジン〔目の詰まった緻密で丈夫な服地〕のコートよりはるかに進歩している）。だから、寒さに注意するよりもむしろ、時間の経過を追うのを忘れ、うっかり自分の力を使い過ぎてしまわないよう注意したほうがいい。なぜなら、一日の終わりを示す日没がないからだ。私たちは自分で思っている以上に、太陽を利用して日々の生活を制御している。私たちの体内時計は、明るくなれば起床を、暗くなれば就寝を促すようにできている。暗くなるという天体現象がなければ、一日が終わってキャンプを張る時間が来たことを、脳が身体に伝えられなくなる。モリーによれば、あの南極探検でもっとも危険だったのは、いきなり二週間も続く嵐に巻き込まれたことではなく、それにより失った時間を取り戻そうと、毎日あまりに長い距離を歩いたことだという。疲労のあまりきちんとキャンプを張ることもできないまま、南極の激しい風にさらされて眠っていたら、致命的な結果になっていたかもしれない。

スコットの日誌は、一九一二年一一月に彼の遺体が発見されたときに、あの時計とともに回収された。私はその日誌を徹底的に調べ、睡眠時間を制限して凍死を防ぐために時計を使ったという記録を探してみたが、そんな内容は一切記されていなかった。しかしその一方で、探検隊の日々の生活が過剰とも思えるほど厳しく管理されていた証拠が頻繁に見つかった。その緻密な日誌には、ほとんどあらゆる出来事の時間が詳細に記されている。朝起きた時間、朝食の用意を始めた時間、全隊員が食事を終えるまでにかかった時間などである。つまり、スコットもまたモリー・ヒューズと同じように、二四時間太陽が出ている環境では時間感覚を失うおそれがあることに留意している。可能なかぎり隊員の時間に一定の枠組みを与え、移動の時間や食事を厳密に管理している。となると、一日の移動を終えてキャンプを張る時間、夕食をとる時間、寝ている隊員たちを起こして朝食の準備をする時間をベルで知らせるために、アラーム機能つきの懐中時計を使っていたのかもしれない。スコットは毎週日曜日には礼拝さえ予定に組み込み、その前の三〇分間を使ってその週の讃美歌を選び、礼拝で行なう講話の準備までしている。[7] 生と死の狭間で未知の領域を探検していたこれらの探検家が腰を下ろし、絵を見ながら「南極の飛鳥」に関する愉快な話を聞いている姿を想像するのは難しいかもしれない。だが、こうした活動は士気を高めるだけでなく、通常の生活リズムとの時間的な結びつきを再構築し、何もない真っ白な広がりのなかで正常な感覚を取り戻す役目も果たしていたのだろう。[8]

スコットの時計を手に持つと、謙虚な気分になった。そのほかの点ではごく普通の時計のなかに、彼の全人生、希望、野心、恐怖、さらには故国に残してきた家族さえもが、何らかの形で詰まっているような気がする。この小さな機械は、スコットとともに未知の領域に挑み、最後の最後まで彼に忠誠を尽くした。その時計を見ているだけで、心のなかに鮮やかな映像や音が浮かんでくる。その時計がたどり着いた場所、見たもの、スコットのポケットにおとなしく収まっていたあいだに盗み聞きした会話などだ。このタイプの機械式時計を機能させるには、ねじを巻く必要がある。ねじを巻く人がいなくなったために、時計はやがて止まり、その所有者とともに沈黙した。この時計はまた、自然の猛威にもさらされた。冷気でオイルが凝固し、ケースから入り込んだ湿気で鉄製の部品が徐々にさびつき、輪列が次第に動かなくなった。この博物館はその時計を修復しないことにしたらしいが、私はそれを正しい判断だったと思う。スコット隊長の忠実なる道連れを、南極がもたらした眠りから覚ますのは、どこか失礼な気がするのだ。

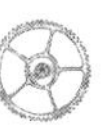

一九世紀の終わりから二〇世紀の初めにかけて、時計は人間の活動に欠かせない盟友となり、それに伴って時計の身に着け方も変わった。一九世紀も後半になると、イギリスが海外で展開しているさまざまな軍事作戦に参加していた兵士たちから、懐中時計を手首に巻きつけておくと便利だという話が伝わってきた。こうすれば、戦闘の真っ最中にポケットを手探りしなくてもすぐに、簡単に時間がわかるのだという。この手首に巻きつける時計は、「恋人の時計」から進化したのかもしれない。当時の若い女性は、戦争に行く恋人に時計を贈った。受け取った男性はこの時計を壊さないように、「リストレット」〔アクセサリーであるブレスレット（腕輪）にちなんだ呼称だと思われる〕と呼ばれる革製のストラップをつくり、そこにしっかりと時計を固定して手首に巻きつけていたのだ。そのころインド北部に駐屯していたイギリス兵の写真を見ると、一八八五年の第三次英緬（えいめん）（イギリス・ビルマ）戦争の時代には、兵士たちがこのリストレットを使って時計を身に着けていたことが

懐中時計を収めるカップ型の覆いを備えた革製のストラップ。懐中時計を固定して手首に巻きつけられる。

わかる。これは、きわめて重要な進歩だった。私見ではこれが、私たちがよく知る大衆向けの商業用腕時計（リストウォッチ）の誕生を告げた。

即席につくったものが流行し始めると、すぐに企業がそれを商品化した。一九〇二年にはマッピン&ウェッブ社が「キャンペーン（軍事作戦）」という時計を発表した。「オメガ」ブランドのムーヴメントを内蔵した懐中時計を、革製のカップ型ストラップに収めた製品である。その広告にはこうある。「小型でコンパクトな時計。ほこりや湿気を完全に防ぐ酸化スチール製のケースを使用。いかなる環境にも耐える高い信頼性。表示のとおり二ポンド五シリングのみ。前線への配達は関税・配送料ともに無料」。この場合の前線とは、一八九九年から一九〇二年までイギリスとボーア諸共和国とのあいだで行なわれた第二次ボーア戦争を指す。この戦争の時代は、イギリス軍が行なった焦土戦術や捕虜の非人間的な扱いにより、イギリス史のなかでもっとも恥ずべき時代とのレッテルを貼る人も多いが、オメガ社は喜ばしげに、キャンペーンは「命を救える」ことを証明したと報じている。*[9]

故国では、このリストレットが別種の活動に流用された。一八九〇年代に流行したサイクリングである。当時のニューヨーク・トリビューン紙の記事には、サイクリングは人間にとって「ナポレオンのあらゆる勝利や敗北、あるいは二度のポエニ戦争を(中略)合わせたよりも」重要だとある。[10] 一八九三年には、ロンドンの小売商ヘンリー・ウッドが広告を出し、「時計を携帯したまま自転車に乗っても傷つかず、常に手元で時間を確認できる」のは「自転車乗り専用のリストレットだけ」だと売り込んだ。[11] 一九〇一年には別の広告で、「旅行者にも、自転車乗りにも、兵士にも」うってつけだと紹介している。[12] 自転車に乗る人にリストレットを売り込んだのは、これまでもブレスレットタイプの時計を身に着けていた女性たちが、男性並みにサイクリングに熱中していたからでもあった。先の広告にも、フリルのついたカフス(折り返しのある袖口)から見える女性の優美な手首に、時計をつけたイラストが掲載されている。

手がふさがっているときに時計を見る必要があったのは、自転車に乗る人だけではなかった。最初期のパイロットにとって、正確な時計は命を守るためになくてはならないものだった。かつての船長にはクロノメーターが欠かせなかったが、それよりもはるかに重要だったのは間違いない。パイロットは航行のためだけでなく、燃料消費や対気速度、揚力の計算にも時計を使ったからだ。初めてのパイロット専用時計（「パイロットウォッチ」）は、一九〇四年にブラジルの飛行士アルベルト・サントス＝デュモンのためにルイ・カルティエが設計した「サントス」だったと言われている。これは、飛行機の操縦桿を握っていなければならないときに、ポケットをまさぐって時計を探す無駄な時間があまりに多すぎる、とのサントスの苦情を受けてつくられた。カルティエはこのために、異例となる四角形のケースや、くっきりと読みやすい黒のローマ数字が並ぶ文字盤など、頑丈で、男性的で、申し分なく時間をすぐ読める時計を設計した。サントス＝デュモンのためにつくられたこの時計は、一九一一年に商業生産が始まり、一世紀以上経ったいまも生産を続けている。

スイスの時計会社ロンジンも、カルティエ同様すぐに腕時計へと重心を移した。かつての航海では経度の計測が課題になったように、パイロットの要求に見合った時計を開発することが、当時の課題になっていたからだ。アメリア・イアハートは、二度の大西洋横断の際に、ロンジンのクロノグラフを身に着けていた。アメリカの最初期の飛行士エリノア・スミスは、一九二〇年代後半から三〇年代にかけて、ロンジンの時計を頼りに、単独

---

*イギリス軍が運営していた捕虜収容所にはおよそ一五万人の難民が監禁され、一万五〇〇〇人以上の現地アフリカ人とおよそ二万八〇〇〇人のボーア人が死亡した。その四分の三は子どもだったという。

航続時間や速度、高度飛行に関する無数の記録を打ち立てた。実際、彼女の写真を確認するとほぼ確実に、その手首にロンジンの時計が見える。スミスは一六歳のとき、パイロットの資格を取得した世界最年少の人物となった。その直後、ニューヨーク市の四つの橋の下を潜り抜ける飛行に成功して名をあげた。彼女がその難題に挑んだのは、同じ離れ業に挑戦して失敗したパイロットが、彼女には無理だと発言したことがきっかけだった。ニューヨーク・タイムズ紙は、彼女も失敗すると確信し、死亡記事まで準備していたという。ところが彼女はそれから八〇年も生き、九八歳という高齢でこの世を去った。私と彼女とは気が合うのではないかと思う。

飛行にはさまざまな危険がつきもので、たとえば、目に見える指標がなくなると、自分の位置を確認するのが難しくなる。ときには、指標となるものが時間しかないという場合もある。飛行の偉大な先駆者の一人、フィリップ・ヴァン・ホーン・ウィームズはこう述べている。

空中で迷うのは恥ずべきことではない。どれほど優れたパイロットであろうとそれは起こる。重要なのは、迷っている時間、位置がわからない時間を、人間に可能なかぎり最小限に留めることだ。

チャールズ・リンドバーグは、二五歳のときにスピリット・オブ・セントルイス号でニューヨークからパリまで、世界初の大西洋無着陸横断を成功させるとすぐに、ウィームズのもとで天測航行の技術を学んだ。その後二人は共同で、ロンジンの「時角時計（アワーアングルウォッチ）」を開発した。腕時計史上初めて、目盛りのついた回転式のベゼル（文字盤を保護する風防の周りにとりつけられた輪状の部品）を採用した製品である。これにより、グリニッジ子午線に対する太陽の角度（時角）を計測できるようになった。「時角」がこの時計の名称になったのはそのためだ。この時計はあらゆる点で、初期のパイロットのニーズに合わせてつくられており、かさばるフライトジャケットの上からでも身に着けられるようにベルトが異常に長く、パイロットグローブを着けたまま時計のねじを巻けるように特大のリューズがとりつけられている。

登山家のコンラッド・アンカーは、一九九九年五月にエヴェレスト山に登った。だがその目的は、山頂に到達することではない。ある謎を解決しようとしていたのだ。山頂から七〇〇メートルほど下、海抜八一五七メートルのところで、アンカーはその答えを見つけた。

——私は何かが気になり、立ち止まると振り返った。そこには、白い一画があった。雪ではない。くすんでいて、大理石のように光を吸収する色だ。近寄ってみると、それは最初期のイギリスの登山家の遺体だった。山腹で凍死していたのだ。[13]

遺体は男性だった。右脚は折れ、両手は横に広げられている。服は劣化し、むき出しになった背中の皮膚が、日にさらされて乳白色になっている。風雪のため傷んでぼろぼろになったギャバジンのジャケットに、赤い糸でこう刺繍されたタグがあった。[14]「G・リー・マロリー」

七五年前の一九二四年、ジョージ・マロリーとそのペアとなったアンドリュー・アーヴィンは、世界初のエヴェレスト登頂を試み、山頂付近で行方不明になった。アンカーがこの発見をする瞬間まで、マロリーの運命は登山の世界における大いなる謎だった。マロリーが山頂に行く途中で死んだのか、山頂から帰ってくる途中で死んだのかは、いまもまだわかっていない。

マロリーの遺体は動かすのが難しく、いまも一世紀前に滑落したままの場所にあるが、多くの私物が回収され、ロンドンの王立地理学会に保管されている。そのなかに、壊れた高度計、ゴーグル、ナイフ、マッチ箱などと一緒に、銀時計がある。その時計は、ある時点で止まったらしい。針はさびついて塵(ちり)と化し、明るい白のガラス状エナメルの文字盤についた黄土色の影しか残っていない。それは時計が動きを止めた時間を示しているのだろうが、どの影をどの針と判断するかによって、五時七分ごろとも一時二五分ごろとも読める。文字盤に並ぶアラビア数字の黒い輪郭にはいまだ、放射性の蛍光塗料がわずかに含まれている。そのおかげでマロリーは、夜間でも光が遮られるほどの吹雪のなかでも、時間を容易に知ることができたに違いない。

意外なことに、その時計はマロリーの手首にではなく、ポケットのなかにあった。それなのに、繊細な文字盤や針を守る風防の痕跡が一切ない。推測するに、風防はマロリーがまだ生きていたころになくなり、時計がそれ以上壊れることのないように、彼がジャケットのポケットにしまったのかもしれない。これは、時計学的には十分納得のできる推測である。最新式の時計に見られるような、ケースと風防とのあいだに摩擦接合〔摩擦熱を利用した接合法〕を生み出すプラスチック製ガスケット〔固定用のシール材〕も、紫外線で硬化する特殊な接着剤もなかった時代、時計の風防は一般的に、熱膨張を利用してとりつけられていた。ベゼル〔風防を固定するケース最上部のリング〕に熱を加えると、わずかに膨張する。その隙に、ベゼルの輪のなかに、それよりも温度の低い風防をはめ込む。やがてベゼルが冷えて室温まで戻ると、収縮して風防に密着し、しっかりと固定されるのである。だがこうしてとりつけられた風防は、温度の極端な変化にきわめて弱い。それでもマロリーの時計は、世界最高峰の山頂近くで七五年も過ごした鉄を含む金属製品にしては、驚くほど良好な状態で残っていた。それは、こうした時計の実用的な設計と頑丈な製造品質とを証明していると言える。

私も二〇一一年にエヴェレストに行ったことがある。と言っても、山頂ではなくベースキャンプまでだ。それは言うまでもなく、畏怖の念を覚えるような経験だった。あれほど巨大な山を目の前にして、自分のことをちっぽけな存在だと思わないでいられるだろうか？　あの高さのせいで何をするにも時間がかかり、まるで糖蜜のなかを動いているような気分になる。そのとき私は、もっと上まで行く登山者にとって、時間がなぜそんなに重要なのかを理解した。酸素濃度が低く、きわめてゆっくりとしか動けないため、登山者はたいてい夜明け前に起きて行動しなければならない。氷が解け始めて雪崩の危険が高まる前に、荷物をまとめて、なるべく前進しておくためだ。

私はその登山の途中、山腹に抱かれるようにつくられたナムチェバザールという村に入った（ネパールでは、大半のものが山腹につくられているように見える）。そこは、エヴェレストの山頂に向かう人々が文明らしきものを経験できる最後の場所だ。通りには、ここまで来る途中で持ち物をなくしたり壊したりしてしまった登山者に、菓子や水、登山用具を売る露店がぎっしり並んでいた記憶がある。中国から輸入した、ガイド役のシェルパたちの言う「ノース・フェイク（北の偽造品）」〔アウトドア・ブランドの「ノースフェイス」とかけている〕もあり、ここが中国国境付近であることに気づかされる。そんな品々を見ていると、そのなかに混じって、骨董市で見かけそうな年代物があった。さびついた鉄製のアイゼン〔登山靴につけるツメ〕、木製の柄のついたピッケルなど、一九二〇年代や三〇年代の探検家が使っていたような代物だ。さらには、眼鏡や財布など、もっと小さな身のまわりのものまである。私はシェルパに、これらの品物はどこから来たのかと尋ねてみた。話によれば、数年前にネパール政府が、登山者の出すごみが大量にエヴェレスト山の山腹に散らばっていることを知り、散乱している廃棄物を回収するようシェルパに指示した。当初はごみの重さに応じて報酬が支払われていたが、その金額が瞬く間に高額になったため、政府は日給制という安あがりの方法に切り替えた。そこでシェルパは、少なくなった報酬を埋め合わせるため、副業として、見つけたもののなかからお金になりそうなものを売ることにしたのだという。確かに、それらの品物の元々の持ち主は死んでいる可能性が高く、その人たちの物語を知ることはおそらく永遠にない。だが私は、こう思わずにはいられなかった。マロリーの時計がここで売られていたとしたら?

ネパール側からエヴェレストにアタックすると、チュクラ・ラレ(Chukla Lare)という記念碑があるところを通過する。タルチョ〔お経が印刷された祈禱旗〕や石の塚があり、登山者はここで歩を休め、この山で命を失った人々に思いを馳せる。エヴェレスト山には一〇〇を超える遺体があると推定され、回収するのは重くて危険なため、その場に放置されたままになっている。登山家たちは、この山で死んだ場合、ここに取り残されて山の一部になる可能性が十分にあることを受け入れているのだ。

マロリーの時計は、以前のスコットの時計と同じように、いまの時間やいまいる場所を知るのに欠かせない道具だったに違いない。だが、これらの時計が、何もしなくても正確に動くと思い込んではいけない。この種の時計は一般的に、連続して作動する時間が三〇時間ほどしかなく、定期的に手でねじを巻く必要がある。マロリーは、どんな天候であろうと、どれほど疲労し、どれほどやるべき雑事があろうと、毎日忘れることなく、時計のねじを巻く必要があった。それを忘れたら、時計は止まる。マロリーのような探検家が生き残るために、まず最初に、あるいは最後に必ずしなければならないのは、時計を生かしておくことだった。

現代の探検家は、ほかの人々と同じように、時計が動くのを当たり前のことと思っているかもしれない。従来の時計を使うにせよ、パソコンや携帯電話を使うにせよ、時間は知りたいときに常にそばにあるものと確信している。だが、二〇世紀初頭に冒険に挑戦した人々にとっては、そうではなかった。世界は縮まったかもしれない。だが彼らは、旅立ったとたん社会から切り離された。この広大で孤独な惑星のどこにいるのかを確認する方法は、時計しかなかった。自分の分別と時計だけが頼りだったのだ。

九　加速する時間

彼らは塹壕(ざんごう)を離れ、その上に出る
時は手首の上で空虚に忙しげに刻々と過ぎ
落ち着きのない目と取っ組み合う拳とともに
希望は泥のなかでもがき苦しむ

――ジークフリード・サスーン『攻撃(アタック)』(一九一八年)

一九〇五年五月のある日、二六歳の特許局員が、スイスのベルン中心部を通って職場から帰宅していたときに、ツィットグロッゲという有名な中世の時計塔の鐘が時を告げるのを耳にした。そして、その時計の凝ったつくりの大きな文字盤を見上げた際にふと、不思議な考えにとらわれた。路面電車に乗ってツィットグロッゲから光の速さで離れていったら、どうなるだろう? 自分の時計(一九〇〇年ごろにスイスでつくられた銀製の懐中時計)はいつものとおり時を刻み続けるだろうが、時計塔を振り返って見たら、時が止まっているよ

うに見えるはずだ。

数カ月後、アルベルト・アインシュタインという名のその特許局員は、ドイツの学術誌『物理学紀要』に「運動物体の電気力学」という論文を発表した。それはやがて、時間やこの世界、宇宙に関する私たちの考え方を根本的に変えることになる。アインシュタインの相対性理論によれば、時間はアイザック・ニュートンが数世紀前に主張していたような、絶対的かつ不変的に時を刻む時計などではなく、空間や重力、あるいは個人的な経験により延びたり歪んだりすることもある柔軟な次元なのだという。そして、重力が増すにつれて時間の進み方が遅くなるように見えること、観察者の移動速度によって同じように時間が歪められることを証明してみせた。[*] 巨大な物体の近くにいたり、高速で移動していたりすれば、時間の進み方は遅くなる。ということは、超高層ビルの最上階にいる人の時計は、地上階にいる人の時計よりも速く進み、動いている車のなかにいる人の時計は、停まっている車のなかにいる人の時計よりも遅く進むという驚くべき結果になる。こういったことは、私がつくっている類いの時計にはさほど影響を及ぼさないかもしれないが、GPSシステムの場合はそれを考慮する必要がある。なぜならそのシステムは、地球のはるか上空をものすごい速度で周回している衛星のなかにあるからだ。アインシュタインは、時空間は相対的なものだと述べ、こう要約している。「時間や空間は、私たちが考えるときに用いる様式であって、私たちが生きる条件ではない」。それどころかさらに、過去・現在・未来という基本概念は幻想でしかないとさえ主張した。[†]

アインシュタインが時間論に関する革新的な成果を生み出した時代には、時計の開発スピードがかつてないほど高まりつつあった。アインシュタインが相対性理論を発展させていたころ、そこから六〇キロメートル余り離れたヌーシャテル湖の反対側では、もう一人の意欲的な若者が独自の構想を練っていた。ハンス・ウィルスドルフというその若者は、スイスの時計製造の中心地、ラ・ショー＝ド＝フォンにある輸出会社の通訳兼事務員として仕事を始めたが、二四歳になった一九〇三年にイングランドに移住した。そして、エドワード朝時代のロンドンにおけるジュエリー産業の中心地だった、ハットン・ガーデンに身を落ち着けた。かつてロンドンにおける時計製造の中心地だったクラーケンウェルから

＊ちなみに、相対性というテーマそのものは新しいものではない。それをアインシュタインが徹底的に探究し、論理的に説明した点が革新的だったのである。それ以前にも、ガリレオやローレンツといった物理学者が、相対論的力学の実験を行なっていた。古くはポリネシアの船乗りたちが、船は静止した物体であり、その下の世界が動いているのだと想定する考え方を採用していた。

†アインシュタインは、友人の技師ミケーレ・ベッソに宛てた手紙のなかで、こう述べている。「確信を抱いている物理学者から見れば、過去・現在・未来の区別は幻想でしかない。ただし、かなりしつこい幻想ではある」

すぐのところである。ウィルスドルフは当時、新種の時計事業を始める計画を立てていた。それは、のちに時計史に偉大な足跡を残すことになる計画だった。ボーア戦争に従軍した兵士たちが、手首に懐中時計を巻きつけていたという記事を読んで、これこそが未来の紳士時計になると確信したのだ。相対性理論とは何の関係もないのではないか、と読者は思うかもしれない。だが一九〇五年当時、懐中時計は四世紀近くにわたり無敵の状態で君臨していた。ニュートンの重力理論よりもはるかに長い期間である。

目の前にあるのが一八世紀の時計だった場合、それが男性のものだったのか女性のものだったのかを判別するのは実に難しい。だが続く一九世紀には、男女の相違が目立つようになる。女性はますます、感情的に不安定で弱い存在という型にはめられるようになり、女性用の時計もそれに応じて繊細になった。懐中時計は、「フォブウォッチ」〔「フォブ」はズボンの上部についた時計を入れる小さなポケットを指す〕と呼ばれるほど小型化され、短い装飾的なチェーンにつけたり、ブローチのようにピンで留めたりされるようになった。小さな時計をブレスレットやカフスにとりつけるのも大流行した。これらのバングルタイプの腕時計（バングルウォッチ）〔バングルはブレスレットの一種で留め具がないもの〕は、機能的な時計であると同時に宝飾品でもあった。実際、おおむね金色で、鮮やかな色のエナメルや真珠、あるいはダイヤモンドやサファイヤ、ルビー、エメラルドといった宝石で飾られている。一九世紀には、腕時計は女性のものだったのだ。

私がこれまで修復したなかでもお気に入りの時計は、そういった種類のものだ。一八三〇年ごろの製品で、愛らしく温かみのある金色をしている。二〇世紀半ば以前につくられた時計や宝飾品でしか見られない色合いだ（当時は合金に使われる銅の量が多かった）。文字盤は、金色の蛇をかたどった幅広のバングルに心地よく収まっており、光沢のある白と漆黒のエナメルで装飾され、光り輝く赤と緑のガーネットの目がついている。それを見たとき、私はそれを戦士のカフスだと思った。ワンダーウーマン〔DCコミックスに登場するスーパーヒーロー〕が一九世紀の意匠を凝らした舞踏会に出席しなければならないとしたら、そんな女性にぴったりだ。近所の店に出かけるときに、気軽に身につけるようなものではない。実用的ではないのだ。

リストレットに固定された時計は、戦地の男性には役に立ったかもしれない。だが二〇世紀初頭の民間の男性は、それを男らしくないと見なした。新聞の風刺漫画家はこの流行をからかった。リストレットをつけている男性は、「女々しい」とばかにされるおそれがあったのだ。男らしい男性は懐中時計をポケットに入れていた。カウボーイでさえそうだ。そのため、リーヴァイ・ストラウスが一八七三年に代表的なジーンズ「501」を発表する際にも、その前面右側に懐中時計を収める小さなポケットをつけた。これは、現代のジーンズにまで残る奇妙な特徴となっている。一九〇〇年のある記事によると、スイスからアメリカへ腕時計が試験的に発送されたが、「アメリカでは売れない」という理由で返品されてしまったという。[1] 一九一五年当時アメリカの新聞に連載されていた漫画『マット・アンド・ジェフ』にも、こんな話がある。マットがジェフに、新たに買った腕時計を見せる。するとジェフはばかにして言う。「ちょっと待ってろ。いま化粧用のパフを取ってきてやるから」[2]。それでも先見の明のあったウィルスドルフは、ある直感を抱いていた。正しい売り込み方をすれば男性も腕時計に夢中になり、腕時計が未来の決定的な時計になる、と。

ウィルスドルフの人生の始まりは、決して安逸なものではなかった。一二歳で孤児になると、コーブルクの寄宿学校に入れられた。だがそのおかげで、わずかな遺産と独立心に富んだ性格を手に入れた。最初のラ・ショー＝ド＝フォンの仕事で少しばかりお金を貯めたが、自分のアイデアを実行に移すには、投資家の手を借りる必要がある。すると、自分の事務弁護士〔法廷に立つ弁護士とは異なる事務手続き専門の弁護士〕だった男が、アルフレッド・デイヴィスというイングランド人を紹介してくれた。ウィルスドルフはすぐさま、自分のアイデアのすばらしさを訴えてデイヴィスを説得した。スイスの製造業者から時計のムーヴメントを大量に買い、あらかじめつくられたケースにそれを組み込んで、イングランドの市場に供給する、というアイデアである。

一九〇五年、ウィルスドルフとデイヴィスは、スイスのビール（ビエンヌ）という街のレープベルク地区にジャン・エグラーが所有していた工場から、ムーヴメントの輸入を始めた。ムーヴメントは船でイギリスまで運ばれ、ケースに収められた。ケースのほうは、スイスでつくられたものもあれば、デニソンのような会社でつくられたものもある（デニソンは、前述〔「七 時計に合わせて働く」〕の「ウォルサム」ブランドで有名なアーロン・ラフキン・デニソンが創設した会社で、イギリスのバーミンガムに工場を持っていた）。出来上がった時計は「ウィルスドルフ＆デイヴィス」というブランド名で販売され、ケースの内側に「W＆D」というイニシャルを入れていた。ただし、ムーヴメントには「レープベルク」と刻印されている。全体的なデザインは、エヴェレスト遠征にジョージ・マロリーが持っていった時計と同じように、実用的なものだった。

ウィルスドルフ＆デイヴィスの時計のケースを製造していたデニソンは、バーミンガム固有のスキルを求めて、アメリカからバーミンガムへ移転していた。バーミンガムは、金銀細工の世界的な中心地だったからだ。二〇世紀初頭には、ジュエリー・クォーターおよびその周辺で、およそ三万人もの専門の職人がこの仕事に従事していた。デニソンは、そのスキルを活用したおかげで、時計のケースを量産する世界有数の工場を設立することができた。二〇世紀初めには、現在の私の工房から歩いて行ける場所にあったデニソン・ウォッチケース・カンパニーはアメリカ全域に輸出を展開し、ウォルサムやエルジン、インガーソルといった時計メーカーのケースを生産する一方で、ロンジンやオメガ、ジャガー・ルクルトといったスイスの大手メーカーのケースも手がけていた。そのなかに、ウィルスドルフ＆デイヴィスも加わったのである。

デニソンはその後、イギリスの時計産業と同じ運命をたどって段階的に生産を縮小し、一九六七年には工場を閉鎖した。クレイグと私は数年前、かつてイギリスの時計産業で名声を博したこの企業の痕跡が残っていないか探してみようと、一九八〇年代に撮影された工場の写真数枚と昔の地図を頼りに、工場があったと思われる場所へ向かった。ところがそこは、ただアスファルトが広がっているだけで何もなかった。かつての工場は、国民保健サービス局の駐車場になっていたのだ。だが、がっかりして家に帰ろうとしたそのとき、駐車場のいちばん奥の草地に、古いレンガ壁があるのを見つけた。私たちがそこへ近づくと、目に見えないスピーカーから、パチパチという音とともに朗々たる声が響き渡った。「あなたがたは監視されています。すぐにそこから離れなさい！　あなたがたは監視されています。すぐにそこから離れなさい！」。私たちは暗黙の了解により、その声を無視した。私はクレイグに片足を持ち上げてもらい、壁の向こう側をのぞき込んだ。工場の主たる部分は跡形もなくなっていたが、ツタに覆われた崩れかけた壁のそばに、緑色の工業用圧延機（あつえん）のさびた残骸があった。以前はそれを、パイ生地を押し伸ばす麵棒のように使い、金属板を薄く加工していたのだろう。その奥には、工場の一画が残っていた。小さな部屋が一つだけある。ずいぶん前にガラスがなくなった四角い金属製の窓枠越しに、雑草の茂った暗い作業場が少しだけ見えた。

ウィルスドルフ&デイヴィスは、ヨーロッパに暗雲が垂れ込めてきても、かろうじて操業を続けていた。やがて第一次世界大戦が勃発すると、イギリスでは反ドイツ感情が一気に高まった。一九一四年には外国人制限法が成立し、イングランドのドイツ人は警察への届け出が義務づけられ、八キロメートル以上の移動も禁じられた。ドイツ人が経営する会社は閉鎖された。反ドイツ暴動が起き、ドイツ人の家が攻撃された。そんな状況のなか、各企業はドイツとの関係を避けようと必死になった。スイスを拠点とするメーカー、シュタウファー・サン&カンパニーのロンドン小売店は、やむなくこんな広告を出している。「この小売店で提供されている時計ブレスレットはすべてイギリス製です。シュタウファー社はドイツ製のブレスレットを一切仕入れていません」。ウィルスドルフ自身はと言えば、イギリス人女性(アルフレッド・デイヴィスの妹)と結婚し、イギリスびいきの自分に誇りを抱いていたが、自分の著しくドイツ的な名前が商売に悪い影響を及ぼすのではないかと危惧していた。そこでウィルスドルフ&デイヴィスは、一九〇八年に登録済みだった新しい社名を、一九一五年から正式に採用することにした。その社名とは、ロレックス・ウォッチ・カンパニーである。[3]

クレイグと私が工房を構えたときには（ウィルスドルフやデイヴィスとは違い）野心的な考えなどまったくなかった。私たちは一万五〇〇〇ポンドの小口融資を受けたが、一部屋だけの小さな工房を借り、古い机を二台（時計製造専用の作業台はあまりに高価だったので、台をつくってその上に年代物の事務机を置き、使いやすい高さにした）と、絶対に欠かせない手工具をいくつか、そして洗浄機と歩度測定器*（いまでも使っている！）を買ったら、それだけで全額なくなってしまった。こうして資金が受け取ったとたんに消えてしまったため、最初の数年間は、自分たちの時間に対して料金を請求するにはどうすればいいのかという難題を前に、並大抵ではない苦労を強いられた（時間にかかわる仕事をしている私たちにとっては皮肉な話だ）。これは、創造的な仕事をしている人には共通の課題である。最初の一八カ月間は貧困ライン以下の生活を強いられ、オークションサイトで定期的に何かを売っては家賃を支払った。最初の冬には暖房を入れる金銭的余裕さえなく、壁の内側にも氷が張っていた。寒さが厳しい夜には、帽子や手袋まで身に着け、飼いネコを抱いて寝た。寒さに凍え、チーズと安売りのパスタだけを食べながら、週に六〇時間も七〇時間も仕事をするエネルギーを引きずり出す経験など、もう二度としたくない。私たちが定期的な収入を得られるようになるまでに、七年の月日がかかった。

クレイグは以前の職場で、ごく初期のロレックス・レープベルクに夢中になった。私たちが独立してからも、その時計への取り組みに対する彼の評判は衰えず、熱心な顧客がクレイグを探し出して仕事を依頼するほどだった。ごく初期のロレックスは、「精度のロレックス」という時計の正確さを強調する広告を展開し、「精度に関する二五の世界記録」を獲得していることを自慢していたものだが、クレイグがこの時計に惹かれたのはそのためではない。実際、クレイグの経験では、レープベルクのムーヴメントは特に高品質というわけではなかった。詳しく調べてみると、部品の端はがたがただ。この設計上の不備により、部品が部品を摩耗させてしまい、次第に緩んでしまった軸受けの代わりに、新たな交換部品をあつらえなければならないことがよくあった。大半のムーヴメントは、宝石軸受けを使っている部分が一五カ所しかなく、一部の軸受けが不必要な摩擦にさらされている一方で、巻き真〔リューズとムーヴメントをつないでいる芯棒のこと。ゼンマイの巻き上げや時刻合わせに欠かせない部品〕のいい加減な設計のせいで地板が摩耗を起こしていた。ときには、数十年にわたりほかの修復師にぞんざいに扱われ、テン真のような重要な要素が、つくりや調整のまずい部品に置き換えられていることもある。初期のロレックス・レープベルクを見ていると、のちに交換されたテン輪が正しく設置・調整されていなかったり、ヒゲゼ

＊歩度測定器は、脱進機が時を刻む音を聞き取り、グラフを描くことで、機械装置の動作速度が速いか遅いかを教えてくれる。

ンマイが不適切だったりすることがよくあるが、これはどちらも計時に重大な問題を引き起こす。だがこのロレックスには当初から、抗いがたい美的魅力があった。完璧にはほど遠いとはいえ、素敵な頑丈さがある。クレイグはそれをトラクターに喩えた。紛れもないロマンをたたえたトラクターである。

「必要は発明の母」というが、戦争も発明のきっかけになる。戦争は常に、科学や技術の分野で集中的な投資や革新が行なわれる時代を生み出す。装備を向上させれば、戦場では大いに有利になるからだ。だが戦争は、意外な発明、予期せぬ問題の解決策も生み出す。第一次世界大戦は、レーニンがそれを「強力な加速装置」と呼んだように、血液銀行やステンレス・スチール、戦車やドローンを生み出す一方で、商業用の腕時計をも生み出した。

ただし、戦争が加速しなかったものもある。その一つが相対性理論である。戦争によりヨーロッパの科学界の共同研究は停止した。そのため、相対性理論が正しいことを確認したのは、イギリスの科学者アーサー・エディントンだけだった（一九一九年）。ところが戦

1920年ごろのロレックス・レープベルクのムーヴメント。クレイグはこれを描くときも、これらの時計に取り組むときと同じように楽しんでいた。

争は別の面で、相対性理論を完璧に実現してみせた。戦争は数多くの戦線で同時に行なわれた。それにより、昼と夜、季節といった従来の時間サイクルが、果てしなく破壊が続く塹壕戦により粉々に引き裂かれた。技術的な進歩により、通信がますます時間のかからないものになる一方で、戦争経験により、空間的にも時間的にも広大な溝が生まれた。空間的には、緩衝地帯の一方の側と他方の側、あるいは前線と銃後とのあいだに、時間的には、無邪気な戦前の時代とそれに続く悪夢の時代とのあいだにである。ある意味では、戦争そのものが、現実化された相対性理論だった。そこで時間と空間が破壊され、目まぐるしい速度でつくり直された。

それでも時計は、戦争遂行においてきわめて重要な役割を演じた。西部戦線における戦闘は、塹壕戦と同時攻撃を特徴としていた。ソンムの戦いで採用された「移動弾幕射撃」のような戦術では、部隊が敵のもとへ近づけるように、正確なスケジュールに従って持続的な砲撃を行なうため、時間の管理がきわめて重要となる。ただし、戦場では爆撃が轟き渡り、命令する声をかき消してしまうので、叫び声ではなく指定の時刻が合図となった。複数の部隊が電信で連絡をとり合って、決められた時間に動くのである。だが、塹壕をはいまわっているときに懐中時計をまさぐることなどほぼできない。そのため各兵士は、腕時計を身に着けていた。それほど腕時計の需要が高まると、もはや第二次ボーア戦争のころのように、懐中時計を手首に巻きつけるのではなく、時計そのものが最初から腕時計として設計されるようになった。「トレンチウォッチ（塹壕時計）」と呼ばれるようになったこの時計には、ワイヤー製のラグ（腕時計の本体にベルトを固定する部位のことで、ケースの上下についている）がとりつけられており、時計を直接手首に固定できるようになっていた。戦闘中に壊れやすい風防を守るため、「爆弾片（シュラプネル）ガード」を装着することもできた。

ボーア戦争時代の兵士たちは、自分で時計を調達しなければならなかった。だがもはや軍がまとめて時計を購入し、軍服やライフル、銃剣と一緒に、装備品として兵士に支給するようになった。また陸軍や海軍の店舗に行けば、安価に時計を購入できた。腕時計は歴史的に女性のものだったという根強い偏見には、広告で対抗した。一九一四年の広告にはこうある。「前線や海上で戦っている『男性』に、ウォルサムの腕時計は正確な時間を伝えます。乱暴な着用にも耐え、きわめて困難な環境でも正確に時を刻むよう特別設計されています」。当時の裕福な将校は、それだけ金銭的な余裕があったため、高級な時計をよく購入していた。現在でも金色のトレンチウォッチは、「オフィサーズ・トレンチウォッチ（将校の塹壕時計）」と呼ばれている。

初期のトレンチウォッチは、ほとんどがスイス製だった。スイスの時計メーカーが、アメリカの機械生産設備を導入して生産を強化していたからだ。当然ながら真っ先にそのビジネスに参入したのは、インターナショナル・ウォッチ・カンパニー（ＩＷＣ）やオメガ、ロンジン、そしてもちろんロレックスといったブランドだった。これらのトレンチウォッチはシンプルかつ機能的で、ケースは水きりに使う石のような形状をしており、たいていはニッケルか真鍮でつくられていた。それが大量に生産され、所有者とともにきわめて過酷な環境へと向かった(それは敵対国との戦場だったかもしれないし、猛烈な気候の最果ての地だったかもしれない)。クレイグがかつて修理した一九一六年製のロレックス・レープベルクは、顧客の祖父が、湾岸戦争に従事した人物から購入したものだった。それが私たち二人のもとへ来たときには変色し、傷や凹みがあり、ベゼルも風防もなくなっていた。それでもこの時計は、緩衝装置や防水加工もないというのに、所有者とともに砂漠での戦闘を経験し、それから数十年間も毎日着用されていた。設計されたときの目的は十分に果たしたと言える。

夜間の塹壕の暗闇のなか、兵士たちは時計のぼうっと輝く光を頼りに時刻を読んだ。トレンチウォッチの文字盤は一般的にエナメル製(明るい白が多い)で、時刻を示す数字には、光を放つラジウム塗料が使われていた。さらには、針の胴の部分や先端部分に、透かし彫りのような隙間がつくられ、そこにもまた、暗闇でもぼんやり輝く塗料が塗り込まれていた。一八九八年、先駆的な物理学者だったマリー・キュリーが、夫のピエールとともに、ウラニウムを豊富に含む放射性の鉱物、閃(せん)ウラン鉱からラジウムを発見すると、それは瞬く間に、スーパー元素だと世間でもてはやされるようになった。それによりがんの治療が成功したおかげで、花粉症から便秘まで、あらゆる病気に効く物質だと喧伝されたのだ。*

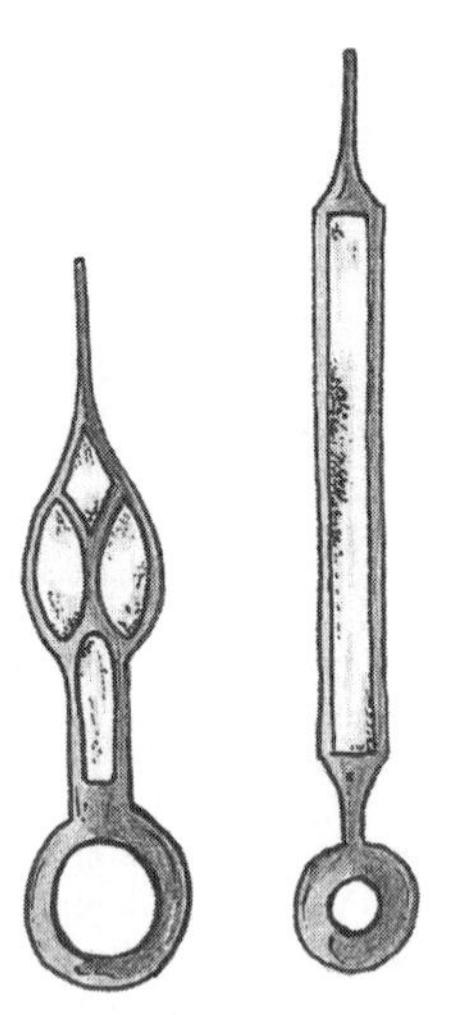

透かし彫りのような隙間を設けた時計の針。その隙間を蛍光塗料で満たした。

一方、時計産業は、ラジウムの崩壊プロセスに何よりも強い関心を示した。ラジウムを蛍光物質（放射線発光性の化学物質）と混ぜ合わせると、それに対するラジウムの作用により、ぼんやりとした薄い緑色の蛍光発光を示す。そこから、時計の文字盤や科学機器にラジウム塗料を使用するのが一気に流行した。一九二六年には、アメリカのウェストクロックス社だけで、年間一五〇万個もの夜光時計（ルミナスウォッチ）が生産された[4]。案の定、暗闇でも光る時計やその文字盤、航空計器、銃の照準器、船のコンパスには、莫大な需要があった。アメリカが第一次世界大戦に参戦した翌年の一九一八年末には、アメリカ軍兵士の六人に一人が夜光時計を所有していたという[5]。

文字盤の工場がスイスやイギリスに現れ、アメリカ全土にも広がると、そこで数多くの若い女性が雇われ、何千万もの夜光時計の文字盤に数字を手描きする作業を担当した†。当時、ラジウム塗料を塗るのは、名誉あるあこがれの仕事であり、その塗り手は熟練の職人だと見なされていた。実際、文字盤に数字がきちんと描かれているかどうかを暗い部屋で一つひとつ確認するなど、厳密な品質管理が行なわれており[6]、あまりにミスが多ければ解雇された。その一方で、きちんと仕事ができる女性は尊重され、塗り手の賃金は、この時代の女性の仕事にしては異例なほど高かった。雇用主たちは、女性の小さな手がこの手の込んだ細かい仕事によく適しているため、女性が適任だと思っていたようだ。あるいは、女性は男性より使い捨てにできると思っていたのかもしれない。実際、ラジウム関連の男性労働者は、体を保護する鉛のエプロンを与えられていたが、女性の労働者には与えられなかった。それでも女性たちは、この仕事を喜んで引き受けた。給与ではなく出来高払いだったため、毎日文字盤に数字を描けば描くほど稼ぎが増すからだ。なかには、平均的な工場労働者の三倍も稼ぎ、父親より多くの現金を家に持ち帰る女性もいた。現代の価値に換算すれば、平均的な女性で週に三七〇ドル、仕事が速い人であれば年間最大四万ドルも

*(259頁) 二〇世紀初頭になると、この新元素の光を放つ性質を収益に結びつけようとする工場が世界中に現れた。やがてラジウムは健康製品として市場に出まわり、ラジウムを強化したバターや牛乳といった食料品から、歯磨き粉(「歯が光り輝くほどきれいに!」)や化粧品まで、あらゆるものに使用されることになった。衣類に浸み込ませたり、女性用肌着や男性用の股間サポーターに織り込んだりすることさえあったという。どういう関連づけがあったのか、家庭でラジウム入りスプレーを使えば害虫駆除効果があると謳われたこともある。ラジウムは多大な収益を生むビジネスとなり、売り込む側の企業は、否定的な報道をやめさせようと躍起になった。

†アメリカにおけるこの仕事やその悲惨な結果については、ケイト・ムーアのみごとな暴露本『The Radium Girls(ラジウム・ガールズ)』に詳しい〔邦訳は山口菜穂子・杉本裕代・松永典子、堀之内出版、二〇二四年一二月刊行予定〕。

稼ぐことができた。[7] 工場の多くは貧しい労働者が生活する地区に建設されていたが、これらの賃金により生活は一変し、女性が家族を支え、将来のために貯金することも可能になった。求人広告では一九歳以上の女性を募集していたが、取り締まりは緩く、もっと若い女性が職を得ることもあった。一一歳の女性が働いていた例もある。[8]

放射線発光性塗料には、「アンダーク（暗くない）」や「ルナ（月の女神）」といった魅力的な製品名がつけられていたが、一般的には「リキッドサンシャイン（液体日光）」と呼ばれていた。[9] 塗り手たちは、わずかばかりのラジウムの粉末、少量の水、および接着剤となるアラビアゴムを使い、るつぼで独自の塗料を調合していた。[10] それを塗る際には、スイスではガラス棒を使い、フランスでは一方の端にコットンの塊がついた棒を使った。そのほか、尖らせた木材や金属針を使っていた国もある。一方アメリカでは、驚くほど細いラクダの毛の筆を使い、幅がわずか一ミリメートルほどの線を描いた。[11] その筆はきわめて繊細で、すぐに穂先が広がってしまう。そのため、「リップ・ポインティング」と呼ばれる方法が採用されていた。これは、以前陶磁器に絵を描く仕事をしていた女性たちが導入した方法で、「舐める（リップ）、浸す（ディップ）、塗る（ペイント）」という工程で行なわれた。塗り手が唇を使って筆の穂先を尖らせ、それをラジウム塗料に浸し、文字盤に塗るのである。[12] ラジウム塗料はどこでも同じように危険だったが、アメリカではこの工程が災いして、致命的な結果をもたらした。

当初、ラジウムの安全性に対する懸念はまったくなかった。むしろ反対に、ラジウムは健康にいいのだと塗り手たちは信じ込まされていた。ラジウムは高価な美顔用クリームや化粧品にも使われている健康製品なのだ、と。塗り手たちは、筆の穂先を整えるときにラジウムを摂取していたばかりか、工場の空気に充満しているラジウムの粉末を浴びてもいた。夕暮れどきに帰宅すると、ぼんやりと不気味な緑色に光っている姿が見えたらしく、地元の住民によれば幽霊のようだったという。だが全体的に見れば、工場は喜ばしい場所であり、そこで働いている女性たちは、前線で戦う兵士を助けるこの仕事ができて光栄だと思っていた。塗り手のなかには、戦場にいる兵士に秘密のメッセージを送る遊びをしていた女性もいた。時計のケースの裏側に自分の名前と住所を刻み込んで、その時計の持ち主となった兵士が手紙をくれるかどうかを試したのである。[13] 実際に手紙が来ることもあったらしい。

だが工場の経営陣は、ラジウムが使用されたごく初期のころから、危険が潜んでいることを知っていた。この塗料の発明家であるサビン・アーノルド・フォン・ソチョッキーは、長期にわたり放射線に被曝したために死亡した。ソチョッキーと一緒に研究していたキュリー夫妻も、そのころにはすでにラジウムやけどの痕（あと）だらけだった。ソチョッキー自身も生前、ラジウムにより左の人差し指を深くむしばまれ、しまいにはその先端を切断してしまったという。[14] 確かに、ラジウムにはがん細胞を破壊する力があるが、健全な組織とがん性腫瘍とを区別する能力はなく、行く手にあるすべての細胞を破壊する。工場の管理者や会社の幹部たちは（この急成長しているビジネスから莫大な利益が生まれるのをいいことに）、塗り手が摂取するラジウムは身体に有害な影響を及ぼすほどの量ではないと自分に言い聞かせていた。だが、塗り手の女性のなかには、一つの数字を描くごとにほかの人の二倍筆の穂先を舐める人もいる。また仕事が速い人は、一日に最大二五〇個もの文字盤を完成させる。こうして摂取するラジウムの量が積み重なっていく。すると身体は、ラジウムをカルシウムと間違えて（ラジウムはカルシウムと同じ化学的性質を持っている）骨へと送る。ラジウムはそこで、骨を徐々にむしばんでいく。ゆっくりと、時限爆弾のように。[15]

この累積的な被曝により、犠牲者の骨はぼろぼろになった。塗り手の症状の大半は、歯から始まった。歯が痛むようになり、やがてぐらぐらするようになり、最終的には取れるか、抜かなければならなくなる。歯茎に空いた穴が治ることはめったになく、潰瘍や感染症を起こし、骨まで見えるようになる。症状がさらに進行すると、あごの骨の壊死が始まり、骨が断片へと割れていく。ここまで侵された女性は、あごの骨の塊を口から引っ張り出すことができたという。

敗血症や出血のリスクを免れたとしても、ラジウムはさらに骨格をめちゃくちゃに荒らす。骨にスポンジのような穴を開けてハチの巣状にしてしまうため、いずれは骨が折れるか崩れる。それには、耐えがたいほどの痛みが伴う。こうして一〇代、二〇代、三〇代の若い女性が肢体不自由になった。がんも破壊的な影響をもたらす。被曝した数年後には、希少ながんである肉腫が現れる（多くは骨から発生する）。それなのに医師は（ラジウム塗料の文字盤を製造していた当の会社が雇っていた医師も）、塗り手に見られるこの問題は女性の神経やホルモン、ヒステリーに原因があると繰り返して、彼女たちの不安を和らげていた。試験により、これらの女性が文字どおり被曝していることが明らかになっていたにもかかわらずである。[16] 最初の死亡者であるニュージャージー州のモリー・マッジアが、一九二二年九月に二四歳で死んだときも、当初は梅毒が原因だと診断された。だが実際には、一人暮らしをしている若い独身の女性だったという事実以外に確たる根拠はなかった。

私は以前、古い軍用時計の包みが、空港の保安検査で搬入を差し止められたという話を聞いたことがある。製造から何十年もたっているのに、いまだに放射性物質と見なされているのだ。とはいえ、一つの時計の文字盤に使われているラジウムは微量なので、普通ごみとして処分できる。多くの時計修復師の工房にある棚の引き出しにはいまもまだ、ラジウム塗料を塗った古い文字盤や、ラジウム塗料を満たした「新古品」*の針のついたムーヴメントがいっぱい詰まっている。クレイグには、年代物のラジウム塗料を、現代の安全な塗料で再現する才能がある。ハンブロール社の模型塗料を混ぜて色を合わせるとともに、細かい砂を使って、焼きたてのマフィンのように文字盤の表面から膨れ上がっている元の塗料の重厚な質感を再現するのである。ラジウムと言えば、こんな話もある。かつて私がオークションで古い工具をたくさん買い込んだ際に、そのなかに紛れ込むように、白い粉の入った小さなガラス瓶があった。古びて茶色くなったラベルに、「ラジウム」とインク

＊「新古品」とは、未使用に終わった売れ残り品を指す。オークションサイトで「タグつき新品」として売られているものに近い（ただしこちらは、一〇〇年前のタグつき商品だが）。

で手書きされている。『不思議の国のアリス』に、「私を飲んで（ドリンクミー）」と書かれた体が縮む薬が登場するが、それよりもはるかに不吉だ。私は恐るおそるグーグルで「放射性物質の安全な処分の仕方」を検索した。そのうち何らかの警報が鳴り、防護服に身を包んで武装した警官が工房の扉から突入してくるのではないかと半ばびくびくしながら。

　私は結局、その粉をオイルのなかに入れて空気中への飛散を防ぐと、それ以上何も考えないことにした。私の場合はそれですんだが、ラジウム塗料を塗っていたあの女性たちは悲惨な人生を送った。一九二〇年代が終わるまでに五〇人以上が死亡したが、結果的にどれだけの女性が被害を受けたのかはわからない。彼女たちは第一次世界大戦に計り知れない貢献を果たしたが、それにには法外な代償が伴った。

　とはいえ、この女性たちの悲劇的な死が、まったく無駄に終わったというわけではない。生き残った女性も生き残れなかった女性も含め、彼女たちの多くは、自身や家族の同意を得て、二〇世紀後半の放射線被曝の研究に協力した。それが一つのきっかけとなって、放射性降下物（フォールアウト）が食物連鎖に影響を及ぼす地域での核実験が禁止された。彼女たちは、ますます発展する核の時代に起こりうる未来を示す、最初期の事例となったのだ。

第一次世界大戦が終了するころには、腕時計を持っていない男性は珍しい存在になった。多くの男性は腕時計を、勇敢さの証と見なすようになっていたのだ。続く数年のあいだに、トレンチウォッチをもとに、新時代の腕時計のデザインやイノベーションが生まれた。時計メーカーは、新たなデザインやスタイルを無数に生み出した。そのなかには、当時到来したアール・デコ運動の影響を受けた、空気力学に基づく優雅な細長い長方形のケースもあった。四辺が外側にカーブした正方形の腕時計も（私には膨らんだクッションのような形に見える）、人気を博した。元のトレンチウォッチは、ワイヤー製のラグをはんだづけした小型の懐中時計という感じだったが、新たな時計では、ラグがケースと一体化しており、張り出した肩がベルトの端を抱いているかのようだった。

戦後に冶金（やきん）学や材質科学（マテリアルサイエンス）が発展すると、金メッキなどの技術が進歩し、金を「圧延」したり金を「かぶせ」たりしてケースをつくる技法は廃れた。これにより必要な金の量が減ると、「金時計（ゴールドウォッチ）」というステータスシンボルが、幅広い人々の手に届くものとなった。また、設備が向上して堅い金属の加工・成形が容易になり、ケースの基材にも、ステンレス・スチールなど、これまで以上に優れた素材が導入された。ステンレス・スチールのケースには、クロームやニッケルに見られた、ひどいアレルギー反応を起こす問題がまったくなかった。

自動巻き機構も改良され、効率的かつ安価に製造できるようになった。この機構は、その中心で回転する錘を使用しており、着用者が手首を動かすだけで、ねじを巻くことができる。錘の動きは、サッカーのサポーターが試合を見ながらガラガラ鳴らす、あの騒々しい木製の器具の動きに似ている。回転する錘が一連の歯車を回転させ、それが香箱（こうばこ）（バレル）のなかの主ゼンマイを巻きあげる。そのおかげで、いざというときに時計を見たら止まっていた、ということもなくなった。

コンプリケーションも、数が増えるとともに安価になった。たとえば、時計としての機能を維持しながらストップウォッチとしても機能するだけでなく、ブザーを鳴らして朝に自分を起こしてくれるアラーム機能も備えた腕時計が現れた。こうして腕時計の人気が着実に高まると、その利益をさらなる開発に注ぎ込めるようになり、ムーヴメントの質や精度がさらに向上した。

クレイグも私も、時計製造の技術を学び始めたころにとりわけ魅力を感じたのが、この革新的な戦間期の時代だった。それが、私たち二人の最初の共通の趣味となったのだ。この時代には、驚くべき奇抜なデザインがたくさん生まれた。そのなかには、大成功を収めたものもないわけではないが、多くは失敗に終わった。そんなものを喜んで修理するのはマゾヒストしかいない、と思えるような代物ばかりである。私自身、七〇年か八〇年、あるいは一〇〇年着用したわけでもない新品だというのに、ほとんど機能しないこの時代の時計を見たことがある。たとえば自動巻き機構は、現在使用されているきわめて効率的な仕組みにたどり着くまでに、さまざまな改良を経験してきた。長方形のケースのなかで繊細なムーヴメント全体を上下に揺らす、「ウィグワグ」というローラー式の時計もあれば、着用者が手首を動かすと関節式のラグが曲がって自動巻き機構を作動させる、「オートリスト」という時計もあった。私たちのコレクションのなかにもこのオートリストがあり、試しに着けてみたが、ねじを半分ほど巻くのにさえ、公共の場ではあまりふさわしくないほど勢いよく手首を動かさなければならない。これらの時計はみな、持てる創造力を試し、発明を続けようとする人間にありがちな衝動や、わくわくさせる最新の革新的技術を所有したいという人間の欲求を体現している。

ロレックスは、ほかのどのブランドにも増してこの発展の波に乗った。一九一九年、ウィルスドルフとデイヴィスは、ロレックスの本社をスイスに移転させた。イギリス政府が戦後、空になった国庫を満たす取り組みの一環として、輸入される時計ケースに重税を課したからだ。それでも、一九三一年まではロンドンにもオフィスを構えていたが、その直後、イギリス政府が金本位制から離脱すると金の価格が急落したため、オフィスを畳んで、拠点を完全にスイスのジュネーヴに移した。それまでの数年間に、ロレックスの時計は質を大幅に向上させていた。だがロレックスが確固たる地位を築けた背景には、ウィルスドルフの天才的なマーケティング手法があった。彼が一九〇八年に考えついた「ロレックス」という名前には、どこか豪奢な響きがある。「プリンス」、「プリンセス」、「オイス

ター」、およびのちの「ロイヤル」といったモデルの名称、さらには「チューダー」という姉妹ブランドの名称もまた、その響きがもたらす連想を強化している。また、ウィルスドルフの話によれば、五つの先端がある王冠というロレックスのロゴは、人間の手の五本の指にヒントを得ており、ロレックスのあらゆる時計を生み出す手細工に敬意を表しているのだという。このロゴはいまも、これまでに製造されたロレックスのあらゆる時計のリューズに刻印されている。こうした連想がすべて重なり、ロレックスの時計からは控えめながらも、贅沢や地位、富裕といったイメージがあふれ出ている。

ウィルスドルフはまた、宣伝の機会にも飛びついた。一九二七年には、ロレックス初の防水仕様の時計「オイスター」を開発した(ちなみにこの名称は、ケースが牡蠣(オイスター)の殻のように固く閉じていることに由来する)。その際には、店舗でそれを発売し、新聞や雑誌に広告を掲載しただけでなく、海外にも発送した。すると、メルセデス・グライツがそれを首に巻いて英仏海峡を泳いで横断し、その偉業を成し遂げた初めてのイギリス人女性となった。オイスターは、彼女とともに一〇時間以上水に浸かっていたが、その後調べてみると完璧に機能していた。グライツはその後、ロレックスの最初の宣伝大使となり、その知名度によりブランドの認知度を高め、ブランドの完全性や信頼性を保証した。現在ではよく時計の広告に著名人やスポーツ選手が使われるが、ロレックスはこの慣例の先駆者だったのだ。

ロレックスの時計はこれをきっかけに、他に類を見ないほど、着用者の大胆不敵な業績と結びつけられるようになった。一九三三年には、ロレックスの時計を着けたイギリス空軍のパイロットが、史上初めてエヴェレスト上空を飛行した。その際には「時計が飛ぶ（Time flies）」〔一般的には「光陰矢の如し」を意味する「Time flies」を別の意味で使っている〕という見出しの広告が掲載された。一九三五年には、オイスターを着けたマルコム・キャンベル卿が、伝説的なレーシングカー「キャンベル＝レイルトン・ブルーバード」に乗り、およそ時速四三八キロメートルでデイトナビーチを疾走した。彼が樹立した最速記録の一つである。一九五〇年代には、「エクスプローラー」というモデルがエドマンド・ヒラリーとともにエヴェレスト初登頂に成功し、世界最高峰の頂上に到達した初めての時計だと宣伝された（のちにヒラリーが述べたところによれば、山頂に着いたときにはスミスの時計を着けていたという）。最近はロレックスと言えば、テニスのウィンブルドン選手権や馬術競技、ゴルフのマスターズ・トーナメント、F1世界選手権（フォーミュラ1）を思い浮かべるかもしれない。そのほか、世界中の芸術祭のスポンサーも務めている。そのためいまでは、ロレックスという名前を聞いたことがないという人や、あの象徴的な王冠のロゴを知らないという人を見つけるのが難しいほどだ。私が思うにロレックスは、時計そのものよりもブランド名を広めた最初の時計メーカーだった。

戦間期の数年間は、五〇〇年に及ぶ時計の歴史のなかでもっとも速く時計が進化した時代だった。そのイノベーションのペースはいまも続いている。一九三九年に第二次世界大戦が勃発するころには、時計は二〇年前に比べて、戦争という過酷な悪条件にもはるかに適応できるようになっていた。パイロットには、夜間でも読み取りやすく、かさばるフライトジャケットの上からでも着用できる、懐中時計サイズの巨大な腕時計が支給された。海から敵基地を急襲したり、敵船の船殻（せんこく）の外側に吸着型機雷を敷設したりする海軍の潜水工作員（フロッグマン）には、ダイバー専用の時計（ダイバーズウォッチ）が提供された。これら強力な性能を誇る腕時計は、耐衝撃性にも耐水性にも優れ、磁場から時計を守るシェルを組み込むこともできた。初期のパイロットが空中で現在地を計測できるよう設計された目盛りつきベゼルも、戦闘機のパイロットのあいだでますます利用されるようになった。

第一次世界大戦のときには、中立国スイスの存在が時計産業にはありがたかった。スイスでは、前線への兵士動員のために時計メーカーの労働者の五〇パーセントが失われることもなければ、経済全体が生産量の減少および戦争努力への出資という二重の打撃を受けることもなかった。当時のスイスのメーカーは、世界中の軍隊に完成品の時計を供給するだけでなく、ありとあらゆるブランド名で、組み立てればすぐに小売できるムーヴメントやケース、文字盤の一式を輸出していた。ところが第二次世界大戦のときには、こうした交易が難しくなった。フランスがドイツの占領下に置かれ、スイスが連合国との交易から切り離されてしまったからだ。スイスが枢軸国に完全に囲まれると、同国の時計メーカーは苦境に陥った。枢軸国とは取り引きしたくないが、生き延びなければならない。ロレックスは戦争初期に、イタリア海軍のフロッグマンが使う時計のムーヴメントを、同国の企業パネライに供給していたが、それも、イギリスという主要市場の喪失を補えるほどではなかった。

結局ロレックスは、ほかの時計メーカーと同じように、イギリスと交戦状態にない国（スペインやポルトガルなど）の旗を掲げた船や飛行機、あるいは中立国を使い、イギリスへ時計の輸出を始めた。イギリスでは、これらの時計に対する需要が大いに高まっていた。とりわけそれを望んでいたのが、空軍のパイロットたちである。一九三九年にアレックス・ヘンショウがロレックスを着け、史上初めてロンドンからケープタウンまでの飛行に成功して以来、ロレックスの時計は彼らの必需品も同然となっていたからだ。ウィルスドルフは、連合国での販売を維持するためなら何でもした。戦争捕虜となったイギリス人将校に、没収された時計の代わりに自社の時計を提供したというのは有名な話だ*。将校たちから発注を受けると、戦争が終結したら代金を受け取るという了解のもと、国際赤十字を通じて発送したのである。この紳士協定は、将校たちの士気を高めた。彼らが生き延びることを前提としたこの取り引きから、連合国の勝利によってこの戦争が終わるのだというウィルスドルフの確信が伝わってきたからだ。オフラークⅦ－Ｂというドイツの捕虜収容

＊戦争捕虜収容所では、軍が支給した時計はたいてい没収された。コンパスなど、脱走に利用できる性能があるのではないかと疑われたからだ。

所では、イギリス人捕虜から三〇〇〇個以上の時計の発注があったという。

ベルリンから南東へ一六〇キロメートルほどのところにある収容所、スタラグ・ルフトⅢにいた空軍大尉ジェラルド・イメソンは、ロレックス3525を注文した。牡蠣の殻のように固く閉じた防水仕様のケースと、ラジウム塗料を塗った針と文字盤を備えた、最高級モデルのオイスター・クロノグラフだ。イメソンはこの時計を使い、「ハリー」という愛称で呼ばれていた一〇〇メートル以上もある地下トンネルを潜り抜けた。*大胆な脱走計画の一環として、捕虜たちが力を合わせて掘ったトンネルである。イメソンは、この脱走計画に参加した二〇〇人の捕虜の一人だった。ほかの捕虜たちがトンネルを掘っているあいだは「ペンギン」と呼ばれる役割を演じ、トンネル掘削により出た土砂を、ぶかぶかのコートの下に隠して運び、収容所の地面にばらまいて捨てる作業を延々と繰り返した。

脱走決行の日の夜、イメソンは自分の高級時計を使い、看守が収容所内を巡回する頻度や、脱走者一人ひとりがトンネルを潜り抜けるまでにかかる時間、一時間のあいだに逃げられる人数などを計算したのかもしれない（実際のところ、一時間で逃げられる人数は一〇人だった）。午前一時にはトンネルの一部が崩落し、脱出のペースが遅れた。四時五五分には、七七番目の脱走者が看守に見つかった。先にトンネルを潜り抜けていた捕虜たちは、必死に走った。その後の捜索により七三人が拘束され、そのうちの五〇人は、ヒトラーの命令により見せしめのため処刑された。安全な場所にまでたどり着けたのは三人だけだったが、イメソンはそのなかにいなかった。イメソンは収容所に連れ戻され、ほかの収容所に移さ

れたのち、一九四五年に解放された。その後も死ぬまで、ロレックス3525を大切にしたという。[†]

第二次世界大戦が終わるころには、ロレックスは確固たる地位を築いていたが、イギリスはおろかヨーロッパの大半が不況に陥ろうとしていた。そこでロレックスはアメリカ市場に焦点を絞り、賢明なマーケティング戦略と新たなデザインで、ウォルサムやハミルトンといったアメリカ国内の時計ブランドと競争する道を選び、それに成功した。成功の鍵は、当時世界最大の広告代理店だったJ・ウォルター・トンプソンと手を組んだことにあった。この関係は、それから数十年間続いた。

広告のおかげで、ウィルスドルフの時計は単なる計時装置ではなく、物語の語り手になった。時計は、エクストリームスポーツが見せる大胆さ、究極の計時が生み出す精度、裕福の極みがもたらす贅沢と結びつけられ、自分がどういう人間なのか、自分がどういう

＊脱走用トンネルは「ハリー」のほか、さらに二つあった。「トム」はドイツ軍に発見されて爆破された。「ディック」は、地上に出られるはずだった場所に建物がつくられたため、放棄された。
†この驚異的な脱走劇は、映画『大脱走』のヒントになった。

人間になりたいのかを明らかにするツールとなった。現代のマーケティング用語に、近寄りがたさや豪華さといった印象を与えながらも大衆市場を対象としている商品を指す、「マスティージ（masstige）」という言葉がある。「mass produced（大量生産）」と「prestige（威信）」とを結びつけた造語である。私が思うに、そんな戦略を生み出したウィルスドルフは天才だった。

ハンス・ウィルスドルフとアルベルト・アインシュタインは、まったく異なる経歴を歩んだ。一方は機転の利くビジネスマンになり、もう一方は聡明な理論家になった。それでも二人には、意外な共通点がたくさんある。二人はわずか二歳違いでドイツに生まれた。そして二人ともスイスに移住し、そこで最初は事務員として働いた。だが、この特筆すべき二人の関係において私がもっとも興味を引かれるのは、この二人のどちらもが、人間と時間との関係を変えたという点である。アインシュタインは、数世紀にわたり受け入れられてきた時間の性質に関する考え方をひっくり返した。ウィルスドルフは、数世紀にわたり受け継がれてきた時計の可能性に関する思い込みを覆した。私たちはいまも、二人の遺産とともに生きている。

一〇　人間と機械

「私たちはいつも現在から遠ざかっている」

——H・G・ウェルズ『タイム・マシン』（一八九五年）
〔邦訳は池央耿、光文社古典新訳文庫、二〇一三年など〕

一九四〇年六月九日の正午になろうとするころ、三人の乗員を乗せたブリストル社製ブレニムMkⅣ軽爆撃機L９３２３が、基地へと向かっていた。この機は、フランス北部のソンム河畔にあるポワ＝ド＝ピカルディの近くで、ドイツの装甲部隊を爆撃する任務を成功させたばかりだった。その少し前には、迅速に前進してくるドイツ軍により海岸へ追い詰められていた連合国軍が、ダンケルクから海を隔てたイギリスへの撤退を完了させていた。L９３２３は、その後のエアリアル作戦に参加した。敵の進軍をできるかぎり遅らせ、撤退の機を逃した仲間の部隊に、英仏海峡を越えて逃げる猶予を与える作戦である。

ところがL９３２３は、帰還中にノルマンディ上空を飛行していた際に、敵軍から高射砲（フラック）の砲撃を浴びた。操縦を担当していた二五歳の空軍中尉チャールズ・パウエル・ボンフォードは、そのとき被弾して即死した。機上偵察員を務めていた軍曹ロバート・アンソニー・バウマンは、死んだ戦友の遺体を押しのけて中央の操縦桿を握った。それまで飛行機を操縦したことはなかったが、このまま地上まで自由落下していけば、砲手を務めていた空軍少尉フランシス・エドワード・フレインも自分も、衝撃で死ぬに違いないことはわかりきっていた。ロバートは、爆撃機が高度を下げていくなか操縦桿と必死に格闘し、何とか落下速度を緩め、地面との致命的な衝突を避けることには成功した。それでも地上に落下したときの衝撃は激しく、機首がコックピットにめり込み、ロバートは操縦装置とのあいだに挟まれて身動きできなくなってしまった。フランシスがすぐに救助しようとしたが、どうにもならない。すると間もなく、漏れ出た燃料が引火し、爆発した勢いでフランシスは機から吹き飛ばされた。ロバートは炎のなかで死亡した。

それからしばらくのあいだ、フランシスの消息はわからなかった。飛行記録によれば生き残っていたようなので、戦争捕虜として捕らえられた可能性もあるが、フランシスが収容されたという記録は一切ない。やがて明らかになった真相は、はるかに意外なものだった。

フランシスは途方に暮れていた。あまりにひどく負傷したため動けず、敵が近くにいるかどうかもわからない。吹き飛ばされたまま地面に寝そべっていると、やがて行軍する軍（ぐん）靴（か）の音が近づいてきた。間もなく声が聞こえたが、そのスコットランドなまりに気づいたときに、彼がどれほど安堵したかは想像にかたくない。それは、第五一（スコットランド北部ハイランド県）歩兵師団だった。この地域に残っていた最後の大規模な連合国軍であり、やはり海岸へ逃げ延びてきたのだ。兵士たちはフランシスを救助すると、枕代わりにそのフライトジャケットを畳んで慎重に頭の下に押し込み、担架に乗せて二日がかりでサン＝ヴァレリ＝アン＝コーの病院まで運んだ。師団もそこで救助を待った。「ダンケルクの奇跡」から数日後には、連合国の人員と負傷兵およそ二〇万人から成る最後の部隊が、安全な場所まで船で移送された。フランシスもそのなかにいた。港が敵の砲火を受ける前に出発した最後の船に乗っていたという。ちなみに、その船長を務めたのは、自然学者としても高く評価されていたイギリス海軍将校ピーター・スコット卿だった。あの南極探検家ロバート・ファルコン・スコットの唯一の子どもである。

だが、フランシスを救助した第五一歩兵師団は、それほど幸運ではなかった。彼らを回収しに船を戻す計画はあったのだが、厚い霧のためにそれも不可能になった。六月一二日の夜が明けるころ、残った兵士たちは、自分たちを救いに戻ってくる船はもう一隻もないことを知った。敵に包囲され、疲労困憊（こんぱい）していた彼らは、その日の朝に降伏した。

フランシスのこの信じられないような物語が明らかになったのは、彼自身がその話を息子に詳細に伝え、その息子がそれを私に教えてくれたからだ。私自身も、フランシスの物語のなかでささやかな役割を演じているというわけだ。

ところで、フランシスがけがの治療を受けたフランスの病院では、こんなことがあった。

頭の下に畳み込まれていたぼろぼろのフライトジャケットを看護師が引き出し、ベッド脇に掛けようとしてそれを広げると、金属質のガチャンという音がして、小さな銀色の何かが床に落ちた。看護師がしゃがんで拾い上げてみると、フランシスの時計だった。それもまた、墜落時の衝撃に耐えて何とか生き延びたのだ。金属の塊がケースからはみ出し、ベルトが切れ、爆撃の間隔を計るために使った回転ベゼルはずいぶん前になくなってしまっていたが、時計もその所有者も何とか命は取り止めた。戦闘により傷ついてはいたが、死に至ることはなかったのだ。

そしていまここに、私の目の前の作業台にそれがある。フランシスはこの時計を戦後も保管し続け、やがて息子に託した。その息子が、クッションつきの封筒に入れて、それを私のところへ持ってきたのだ。かつては脂肪分いっぱいのミルクのような豊かな象牙色をしていた文字盤には、緑青（ろくしょう）のような暗い染みがついている。私はそれを「きつね染み(foxing)」と呼んでいる。古びた年代物の本のページに現れる黄色の染みを連想させるからだ。これは時計産業の公式用語ではないが、古時計も古書も愛している私には納得のいく表現である。文字盤の一二時の文字の下には、かつて記されていた「MOVADO（モヴァード）」というブランド名の名残りがある。

モヴァードは、ロレックスと同じ一九〇五年にラ・ショー＝ド＝フォンに設立されたスイスの会社だ。当時一九歳でこの会社を創業したアシール・ディテシェイムは、一八八七年にポーランドの眼科医L・L・ザメンホフが考案した国際的な人工言語エスペラントの可能性に期待を寄せていたのだろう。モヴァードはエスペラント語で「いつも動いている」を意味する。リンドバーグにも教えた航空の専門家フィリップ・ヴァン・ホーン・ウィームズにちなんで「ウィームズ」と呼ばれたこのモデルは、*経度を計測できる可動式のベゼルを備えていたため、戦争勃発時にイギリス空軍のパイロットや航空士に支給された。わずか二五〇〇個しかつくられておらず、いまこれを目の前にして、どれだけがまだ残っているのかと思わずにはいられない。

珍しいことに、フランシスの時計に記された「MOVADO」の文字は、きわめて入念に、ほぼ完璧にかき消されている。まるで、ピン先で削り取ったかのようだ。残っているのは、中央の「V」の文字だけである。なぜ文字盤にそんな傷があるのか、それはどういう意味なのか、フランシスは息子に伝えなかった。おそらくは、自分の手でその修正を行ない、「勝利(victory)」の「V」を残したのだろう。理由はどうあれ、それはこの小さな時計の歴史の重要な一部なので、そのままにしておくことにしよう。私のなすべき仕事は、フランシスの子孫がこれからもこの時計を身に着け、その物語を忘れないでいられるように、時計を元どおりに作動させることだ。

*これは実際には、ウィームズ少佐がチャールズ・リンドバーグと一緒に開発したロンジン社の時計の一モデルだった。ロンジンは、戦時需要に生産が追いつかなくなると、モヴァードなど、ほかの数多くの会社にそのデザインをライセンス供与していた。

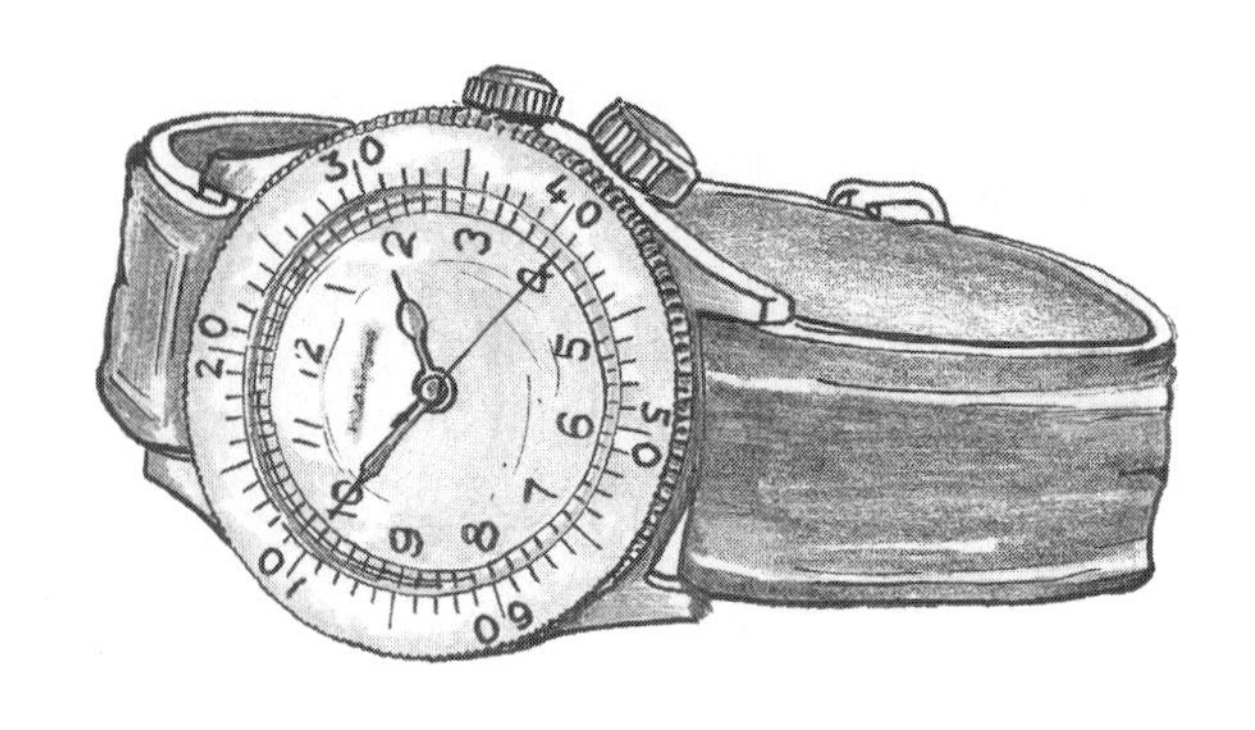

空軍少尉フランシス・エドワード・フレインが所有していたモヴァード社のウィームズ（修復後）。私たち二人はこのような時計を修復する場合、のちに時計を以前の状態に戻してほしいと依頼された場合に備え、修復した部分を元に戻せるよう配慮している。交換したベゼルは取り外しができ、ケースからはみ出した塊や凹みには一切手をつけていない。

どの時計にも物語があるが、二〇世紀の時計には、それ以前の時計よりもはるかに親近感がわく。私たちは、公文書館にある書物や手紙からよりも、所有者やその親族から直接、時計の物語を学ぶ。第二次世界大戦時の時計には、標準仕様の支給品であれ大切にしていた購入品であれ、所有者の経験が浸み込んでいる。そのすべてが戦闘を体験したわけではない。なかには、軍に大勢いた管理職が使用するためにつくられた時計もある。軍が支給した時計には一般的に、特定の印が文字盤に印刷されていたりケースの裏側に刻まれたりしており、その参照番号（リファレンスナンバー）やコードにより、どの年に、どの国で、どの軍種に支給されたものかがわかる。たとえば、イギリス軍の時計には、ブロードアロー（太い矢じり）のマークがある。これは、三つの線がつながった形が、砂地に残った鳥の足跡のように見えることから、俗に「カラスの足」と呼ばれている。また、コードにもさまざまな種類がある。「AM」は、それが「航空省(Air Ministry)」に支給されたことを示している。「ATP」は「陸軍支給時計(Army Time Piece)」の略称であり、「W. W. W.」は「防水仕様の腕時計(waterproof wristwatch)」を意味する(正確には「Watches, Wristlet, Waterproof[時計、リストレット、防水仕様]」の略である)。また、「R. C. A. F.」は「カナダ空軍(Royal Canadian Air Force)」に支給された時計を意味するなど、国ごとに独自の方式がある。軍が支給する時計にマークやコードをつけるこの実用的なアプローチにより、一般的には(例外は常にあるが)、時計の同定や年代の判別が容易になる。

私は、一九三〇年代や四〇年代にナチス軍に支給された時計も見たことがある。海軍の時計には鉤十字とワシを組み合わせた紋章が、空軍の時計には「F. L.」というパイロット番号が、陸軍の時計には「ドイツ帝国陸軍(Deutsches Heer)」の略称である「D. H.」という財産標章がくっきりと刻まれている。そんな時計がたまに私たちの工房にやって来ると、私はすぐにそれをクレイグに渡す。これらの時計に対する彼の姿勢は、私よりも客観的だ。クレイグはそれを見て、このナチス軍の時計は売れ残り品だったのかもしれないとか、大して重要ではない若い事務員に支給されたものかもしれないとか、連合国軍の捕虜収容所に入れられた兵士がたばこ数本と交換したものかもしれない、などと指摘する。だがその一方でこれらの時計は、その正確な出所がわからないかぎり、無数の虐殺を目撃してきた可能性もある。私は、それについてはあまり深く考えないようにしている。一方のクレイグは、それらを単なる生命のない物体だとしか見なしていない。所有者や製造者が何をしたとしても、それを理由に生命のない物体を責めることはできない。

金属やエナメル、ガラスでできた生命のない物体には罪はないかもしれないが、それを収集しているコレクターの意図については、疑問を呈してもいいのではないかと思う。確かに、それらの時計を歴史的な品だとしか思っていない人もいれば、二〇世紀の軍事史全般に関心を抱き、あらゆる交戦国の備品を幅広く収集している人もいる。しかし他方で、人類の歴史における最悪の側面を美化しようとするナチスの記念品市場も存在する。それが、オークションの会社や業者に尽きることのないジレンマをもたらす。つい最近も、ヒトラーのものとされる一九三三年フーバー社製の腕時計が競売に出された。するとユダヤ人指導者三〇人が、競売に抗議する書簡をオークション会社に提出したが、その時計は初日に一一〇万ドルで落札された。購入したのは、ヨーロッパのあるユダヤ人だったと思われる。同様の論争は二〇二一年にもあった。一九八九年六月の天安門事件の虐殺に参加した兵士を称えて、中国政府が兵士に支給した時計が、イギリスで競売に付されたのだ。文字盤には、緑色の軍服とヘルメットを身に着けた兵士の姿の下に、以下のような一文がある。「89・6　反乱の鎮圧を記念して」。だがその鎮圧により、三〇〇人から三〇〇〇人の市民が殺害された（政府が公式に発表した数字を採用するか、外部の観測筋の数字を採用するかによって異なる）。オークション会社は当初、これは「国際的に関心の高い物品」ではあるが、それを販売するからといって支持を表明しているわけではなく、現所有者は人民解放軍とは何の関係もない、という方針をとっていた[1]。ところが、オークション会社のソーシャルメディアやウェブサイトを通じて、匿名の売り手が殺害の脅迫を受けると、やがてその競売は撤回されたという。それでも、モノというのは、過去を決して忘れないようにするうえで重要な役割を果たす。それでも、過去の暗い時代の遺物に私たちはどう対処すべきなのか？　公開するにせよ保管庫に入れておくにせよ、博物館で保管するべきなのか？　破壊してしまうべきなのか？　それらが公開市場に出てしまえば、それらがどこに行くのか、どう使われるのかを知るすべはなくなる。これらの問いに簡単には答えられない。

私に言わせれば、どの時計にも、それを身に着けた人の痕跡が残っている。ナチスが「東方への再定住」と称してユダヤ人を駆り集めたときには、多くの人が単に移住させられるだけだと思っていた。家財道具をまとめる時間もなく、手荷物の重量も制限されていたため、ユダヤ人たちは携帯できるいちばん高価な財産を持っていった。だが、彼らの行き着いた先は強制収容所だった。そこに着くと、お金や衣服、眼鏡、義肢などとともに、時計が真っ先に没収された。最終的に収容所が解放されたときには、山積みになった何千もの時計が発見されたという。これらの時計は、個別に見れば、決して語り継がれることのない物語を秘めているだけだが、全体として見れば、人類史上もっとも恥ずべき時代を目撃した存在だと言える。

アメリカ軍が広島に原爆を落としたあとに回収された時計はいま、広島平和記念資料館の痛切な展示物となっている。一九四五年八月六日の朝、四トンの原子爆弾「リトルボーイ」が炸裂し、八万人が一瞬にして死に至った〔その年の一二月末までに一四万人が死亡したと考えられている〕。この爆弾は、音速よりも速い圧力波を生み出した。のちに確認されたところによれば、その爆風に巻き込まれた時計はどれも、爆発した時間である八時一五分を指して永久に止まっていたという。

腕時計は二つの世界大戦の期間ずっと、戦闘に従事する男女、収容される男女、スパイ活動を行なう男女、逃亡する男女とともにあった。すると時計メーカーは、戦後になってもこの英雄的な遺産を利用し続けるようになった。男性たちが帰国して日常生活に戻ったあとでさえ、勇敢な偉業や苦難に満ちた功績が時計の販売に利用された。もはや現代の男性に求められるものは戦闘ではなく芝刈りになったというのに、そんな男性たちを対象に、どんな過酷な状況下でも信頼性を失わない時計の販売が推進された。

時計は、計時技術や精度を競い合った。ケースの防水技術が進歩し、ダイバーズウォッチはますます深くまで降下できるようになった。一九六〇年には、ロレックスの究極のダイバーズウォッチ「ディープ・シー・スペシャル」が、深海潜水艇トリエステの外側にくくりつけられ、マリアナ海溝を水深一万九一一メートルもの深みにまで降下したが、まったく正常な状態で水面に戻ってきた（ただし人間がいくら努力しても、そこまで深くは潜れない。

現在のスキューバダイビングの世界最深記録は「わずか」三三二・三五メートルである)。一九六五年には、オメガのクロノグラフ「スピードマスター」が、バズ・オルドリンとニール・アームストロングの手首に装着されて月に到達した。宇宙で経験しうる温度の極端な差異、圧力の変化、衝撃、振動、音響ノイズにさらす機能検証を事前に行なった結果、ほかのいかなる時計よりもいい成績を収めたからだ。それに対して女性向けの時計は、機能性よりも装飾性がいっそう重視され、優美さが増し、文字盤はどんどん小型化されていった。戦時中は女性の役割が広がったというのに、これらの時計はほぼ間違いなく、戦前の古い考え方を想起させた。女性はやはり家庭に戻り、一日のあいだでもっとも重要な夫の帰宅時間に合わせて食事を準備するべきだ、と。

現在、機能性の高い時計やスポーツウォッチはいまだ、時計産業におけるもっとも人気の高い部門である。私たちは、時計が耐えられるような状況下に置かれても耐えられないかもしれないが、少なくとも身近な人に時計を無傷で残すことはできる。

広島や長崎に大惨事をもたらした科学は、第二次世界大戦後に新たな方向性を見出した。それが、人間と時計との関係を永久に変えることになった。早くも一九三〇年代には、コロンビア大学の物理学教授イジドール・ラービが、原子時計に関する研究を始めていた。

これは、原子構造の理論を発展させたデンマークの物理学者ニールス・ボーアの研究に基づいている。* それによれば、電子は原子核のまわりを著しい規則性をもって回っているが、そこにエネルギーを加えれば、電子はより高次の軌道に飛び移る。逆に、電子が低次の軌道に飛び移るときには、特定の振動数のエネルギーを放出する。時計の計時は一般的に、振り子であれテン輪とヒゲゼンマイであれ、周期振動するものを利用しているが、原子が放出するエネルギーの振動数は、かつて存在したいかなるものよりも正確で安定している。ラービはそれを利用して、一九四五年に世界初の原子時計をつくりあげた。するとすぐに、コロラド州のアメリカ国立標準技術研究所やロンドンのイギリス国立物理学研究所で、セシウム原子を利用したさらなる発明がそれに続いた。一九六七年には国際度量衡総会で、セシウム一三三原子の振動九一億九二六三万一七七〇回を一秒とすることが改めて合意された。この原子時(じ)のおかげで、続く数年のあいだにGPSやインターネット、宇宙探査が可能になった。

原子時は飛躍的な進歩ではあったが、いまのところはまだ、トラック並みの大きさの機械にしか収納できず、世界各地の科学機関にしまい込まれたままだった。だが、一般大衆が利用できる時間にも、科学的・技術的発展があった。一九二〇年代以来、揺れる振り子や主ゼンマイではなく、電気的なインパルス（電気信号）を動力とする据え置き型の電子時計が存在していたが、戦後になるとスイスやアメリカの発明家が、その技術を腕時計に応用しようと競い合った。こうして一九五七年にはハミルトンが、世界初の電池式腕時計

「ベンチュラ」を市場に送り出した。三角形の文字盤や、アール・デコ風の段のあるゴールドケースが特徴的な、見てすぐにそれとわかる製品である。それを着けたエルヴィス・プレスリーが映画『ブルー・ハワイ』に登場すると、誰もがそれを欲しがった。だがベンチュラは発売を急ぐあまり、電池の寿命が短いという欠点を抱えていた。そのため、売れた時計の多くがたちまち小売店に戻ってきたが、その修理スタッフは、新たな技術に対応するための訓練を受けていなかった。ハミルトンがベンチュラの当初の問題を解決したころには、競合他社が遅れを取り戻していた。たとえば、一九六〇年にはアメリカの会社ブローバが、革新的な時計「アキュトロン（Accutron）」を発表している。この名称は、「accuracy（精度）」と「electronic（電子）」それぞれの単語の一部を合成したものだ。

アキュトロンは、小さな電池を動力とし、単一のトランジスタを持つ電子回路により作動する音叉（おんさ）の振動を利用していた。音叉は発振（はっしん）回路〔電気的に繰り返し振動を発生する電子回路〕の助けを借りて、一秒にちょうど三六〇回、一貫した振動数で振動する。それが時計の計時を制御するのである（ブローバによれば、一日の誤差はプラスマイナス二秒の範囲内だという）。これによりテンプは時代遅れなものになった。アキュトロンは見た目も音も、未来から届いた製品のようだった。そのなかでも目玉商品となったモデル「アキュトロン・ス

＊一九四〇年代には、ボーアもラービもマンハッタン計画に参加し、原子爆弾の開発に貢献することになる。

ペースビュー」は文字盤がなく、風防越しにムーヴメントの電子回路まで透けて見えた。鮮やかなターコイズグリーンの基盤に二つの銅線コイルが固定され、音叉に磁場を供給するとともに、三〇〇の歯を持つ小さなインデックスホイールがさまざまな歯車を回転させ、針の回転を生み出す輪列を作動させる。ただし、小さな音叉は絶えずブーンという音を生み出し、それが時計から驚くほど大きく響いた(アキュトロンの広告では、逆にこれをセールスポイントにしようとした。「新たな精度の音が聞こえるか? それはアキュトロンの静かな鼻歌だ」[2])。私は以前、ベッド脇のテーブルにこのアキュトロンを置いて寝たことがあるが、それはまるで、コップのなかに閉じ込めたとても騒々しいハチと同じ部屋にいるような感覚だった。それでもアキュトロン・スペースビューのデザインは、最新の小型電子機器を高らかに賛美するものだった。文字盤をなくしたあのデザインは、ムーヴメントをのぞき込む窓であるばかりか、未来を垣間見る窓でもあった。

だが、従来の機械式時計を決定的に覆す時計は、日本で生まれた。一九六九年のクリスマスの日、日本の時計メーカーのセイコーが「アストロン」という時計を発表した。史上初めて商業生産されたクオーツ時計(水晶時計)である。佐々木和成が生み出したこの新たな時計では、音叉の代わりに圧電気を利用している。一八八〇年にピエール・キュリーとジャック・キュリーが発見した、水晶を使って機械エネルギーを電気エネルギーに変換する方法である。水晶は圧力にさらされると(圧電気を意味する単語「piezoelectricity」は、ギリシャ語で「圧力をかける」を意味する「piezin」に由来する)、小さな電気パルスを発する。これを利用すれば、著しく安定した振動数を生み出せる。それにより、機械式時計の脱進機と同じ機能を担う磁石製のローターの回転を制御することを思いついたのである。当時の同等の機械式時計は、一時間の振動数が一万八〇〇〇回ほどだったが、加工された水晶振動子〔水晶の圧電効果を利用し、一定の周波数を生み出す素子〕は、一秒間に何百万回もの振動を生み出せる。そのため最新のクオーツ時計は、機械式時計の一〇〇倍も正確だと喧伝された。

アストロンは安くはなかった。当初は一〇〇個だけ生産され、四五万円で販売された（現在の価値でおよそ一万ポンドに相当）。だが、そのような状態も長くは続かなかった。技術開発への莫大な投資、生産の合理化、自動化の推進などにより、クオーツ時計のムーヴメントにかかる費用は日増しに低下していった。現在では、完璧に機能するクオーツ時計のムーヴメントがわずか数ポンドで購入できる。

スイスの時計産業は、このスピードに驚嘆した。アストロンが発売されたころ、スイスの時計メーカーの共同事業体（コンソーシアム）もまた、数年前から独自のクオーツ式ムーヴメントの開発に取り組んでいた（アメリカの時計メーカーも同様である）。だがスイスの時計産業は、戦後の国際的な固定為替相場に保護され、変革や再編の機会を逃していた。そのためいまだ細分化されたままで、ジョン・ウィルターの時代に有利な状況をもたらしたあの工場と変わらない小さな製造所が、ジュラ山脈沿いの町や村に点在しているだけだった。クオーツの技術には、従来の機械工学よりも電子技術など、まったく異なるスキルが必要になる。スイスやアメリカに比べ、日本や香港はそれを利用できる有利な立場にあった。

クオーツ革命が極東の地で始まり、そこで最速のペースで発展したのは、何ら驚くべきことではない。大成功を収めたキヤノンやパナソニック、三菱などに見られるように、日本や香港はすでに、広く電子機器の分野で世界をリードする存在として頭角を現しており、そこから独自の時計メーカーを発展させたに過ぎない。香港は、安価な時計やほかの企業向けの時計部品の生産で評価を高め、日本はシチズンやセイコー、カシオなどのブランドを生み出した。こうして時計は史上初めて完全な機械生産となり、生産を支援する熟練職人をもはや必要としなくなった。一九七七年にはセイコーが、収益という点では世界最大の時計メーカーとなった。

一方、スイスの時計産業は崖っぷちをふらついていた。スイスの時計メーカーは、一世紀前のイギリスの時計職人と同じように、機械的に優れていることに価値を認める思考にとらわれ、時代とともに歩むことができなかった。そのため新技術への投資が遅れがちになり、次第に海外から輸入される部品に頼らざるを得なくなった。これにスイスフランの高騰が重なった結果、スイス製の時計は低価格市場から締め出された。こうして一九八〇年代初めには、スイスの時計産業は壊滅的な衰えを見せ、余剰人員が大量に解雇されるとともに何百もの企業が倒産し、古くからの時計製造業界は不況に見舞われた[3]。

さらに、これだけでは不十分と言わんばかりに、「クオーツ危機」（業界ではそう呼ばれるようになっていた）に続き、もう一つの脅威が襲いかかった。デジタル時計である。

子どものころ、カシオのG‐SHOCKシリーズの一モデル「BABY‐G」を持っていた同級生のヴィクトリアをうらやましく思ったことは、いまも覚えている。中学校一年生のとき、私のクラスの生徒は、おそらくは親睦を深めるため、アウトワード・バウンド〔アウトドア活動のための短期スクール〕センターに連れていかれた。そこでの最初の夜には、「洞窟探検」のような経験をさせられた。と言っても実際には、一一、二歳の女子三〇人が、その建物の屋根裏のスペースの端にぎゅうぎゅうに詰め込まれただけだ。そこは真っ暗で身動きがとれず、さまざまな障害物でいっぱいだった。私たちはその暗闇のなかで、モグラのように屋根裏を一周しなければならなかったのだが、ヴィクトリアのデジタル時計BABY‐Gが放つ不気味な緑色の光がなければ、とてもそんなことはできなかったに違いない。ライトアップされたディスプレイを一度タッチすれば、あとはその光に従って暗闇のなかを進んでいけばよかった。ボタンを押せば光るところが、私の好奇心をくすぐった。私も自分のが欲しいとどれだけ思ったことだろう！　だがあいにく、私の両親のつましい収入で買えるものではなく、私は待つしかなかった。

ヴィクトリアのデジタル時計を支えるテクノロジーの一部がNASAの研究から生まれたと思うと、信じられないような気分になる。世界初のデジタル時計はアメリカ製だった。

一九七二年に発売された「ハミルトンパルサー」である。これは、NASAで開発されたLED技術を採用していた。広告には以下のような言葉がある。「究極の信頼性。可動部品は一つもない。テンプ、歯車、モーター、ゼンマイ、音叉、針、巻き真やリューズがないから、動かなくなることも摩耗することも一切ない！」[4]。だがパルサーは、それ以前のベンチュラやアキュトロン同様、やはり極東生まれの製品の価格に対抗できなかった。日本のセイコーが一九七三年に、カシオが一九七四年に発表した液晶ディスプレイの時計が、パルサーを圧倒したのだ。

「可動部品が一つもない」というと、私にとっては最悪なのではないかと思われるかもしれないが、私はそれでもデジタル時計を心から愛している。実際、カシオの時計も収集しており、以前からずっと、工房で働くにはその時計が最適だと思っている。私には、常に正反対のものに惹かれる傾向があるのかもしれない（イヌもネコも同じぐらい好きだし、私が子どものころに初めて買ったアルバムは、ホルストの『惑星』とシンディ・ローパーの『グレイテスト・ヒッツ』だった）。確かに、伝統的な時計製造の技術を実践・研究し、何世紀も昔のスキルを駆使するのを楽しんではいるが、カシオのプラスチックのような弾力性も大好きだ。そこには、アパートの屋上から落としても壊れない時計を身に着けているという絶大な安心感がある（そう広告で謳っているが、試したことはない）。計り知れないほどの正確さときめ細やかさを駆使して、高品質の機械式時計をもう一度作動させる仕事をしているのであれば、なおさらだ。

カシオの時計は、私の愛情など必要としていない。だから私は、鋭利な金属の削りくずでプラスチックの表面を引っかいたり、フライス盤〔刃物を回転させて金属などを切削する機械〕に時計をぶつけたりしても平気でいられる。修理する必要もない。いつも動いているからだ。電池交換が必要になっても、簡単にできる。いつか動かなくなり、新しい電池を入れてもうんともすんとも言わなくなったとしても、絶望する必要はない。そもそもわずか三〇ポンドで買ったものなのだ。

スイスの時計産業は、一人の人物により救済されたと言っていい。その人物とは、ニコラス・ハイエックである。レバノン系スイス人の企業家だったハイエックは、クオーツ危機で倒産に追い込まれた二つの時計メーカーの整理を銀行から依頼された。だがハイエックが思うに、会社を完全に廃業しなくても、大規模な再編を行なえば生き残る道はあった。スイスの時計産業を救うには、迅速な進化を促し、競争相手のクオーツ技術を拒否するのではなく採用し、小売価格を下げ、市場に斬新な商品を提供する必要がある。そこでハイエックは、プラスチックや樹脂といった安価な素材を使い、大胆

セイコーが1970年代後半に発表したデジタル・クロノグラフ。

でファッショナブルなテクニカラーのデザインを幅広く揃えた、手ごろな価格のクオーツ時計を生産するというアイデアを提示し、この新たなブランドを「スウォッチ」と命名した。

スウォッチはたちまちファッション市場を席巻し、アナログ時計を復活させる立役者となった。一九八五年にはロサンゼルス・タイムズ紙に、「この市場でもっともホットなニューファッションアイテム」との記事が掲載されたほどだ。[5] スウォッチの時計は、魅力的でありながら安価だった。当時スウォッチUSAの製品開発部長だったシェリル・チャンは、それを「チープ・シック（安くて洒落てる）」と表現している。するとそれを機に、大衆が時計全般を購入・使用するスタイルががらりと変わった。アメリカにおけるライバル企業アーミトロンのマーケティング部長だったラニー・マヨットが、こう述べている。「いまの人は時計をいくつも持っている。（中略）数年前までは、卒業を記念して時計を一つ買い、それを子どもに譲り渡していったものだ。（中略）古くてつまらない伸縮バンドの時計ではなく、楽しい気分にさせてくれる時計を持って何が悪い？」

五〇〇年前には携帯型時計は、個人が手に入れられるきわめて高価な贅沢品の一つだった。それがいまでは、地元のデパートで、ありとあらゆる色の時計を購入できる。流行が変わったら？　それを捨てて新しい時計を買えばいい。スウォッチの時計は、人間と携帯可能な時間との関係を変えた。ところが皮肉なことに、それは機械式時計を救うことにもなった。スウォッチがこうして莫大な成功を収めると、ハイエックはその収益を利用して、弱体化した歴史ある時計ブランドを次々と買い取り、そこに新たな資本を注入した。その結果、いまではスウォッチ・グループは、世界最大級の規模を誇る高級ブランドのコングロマリットとして、オメガやロンジン、ティソ、ブレゲといった有名ブランドを所有するまでになった。安価ながら楽しい気分にさせてくれる時計が、スイスの機械式時計産業を忘却の淵から救ったのだ。

残念ながら、アメリカの企業やそのグローバルな海外拠点には、このような救世主が現れなかった。かつてスコットランドのダンディーに、アメリカに本社を置くタイメックスの工場があったが、そこで一九九三年にストライキが発生した。これは、クオーツ危機が引き起こした悪名高い出来事の一つで、ピケラインをめぐる暴力の応酬は、一九八四年の鉱山労働者のストライキ以来最悪の事件だったと言われている。一九七〇年代に生産のピークを迎えたタイメックスは、ダンディーにおける主要な雇用主として、当時は七〇〇〇人もの住民を雇用していた。だが閉鎖されるころには、その数がわずか七〇人にまで減少していた。[6] 一九九三年に起きた騒動は、解雇の提案、賃金の凍結、福利厚生費の削減をめぐる紛争に端を発している。いずれも、極東の企業との競争がもたらした結果である。そのころになると、香港は年間五億九二〇〇万個もの時計を輸出しており、[7] わずか二五日で大量の一括注文に応じる能力を有していた。[8] ダンディーのタイメックスは、これに対抗できなかったのだ。組合労働者たちは、従業員や賃金の削減よりも、断固としてストライキを支持する決議を下した。だが交渉は決裂し、ストライキに参加した労働者は工場から締め出され、ストライキに参加しなかったために参加者たちから「スト破り」と呼ばれていた労働者が、その代わりとして工場に迎え入れられた。あるストライキ参加者はこう述べている。「コーラやコーヒーの缶を車に投げつけるとか、いろいろな破壊行為があった。(中略)おれはいつも、車の後部座席につるはしを置いていた」[9]。タイメックスの労働者の大半が女性だったため、このストライキは政治色を帯びた。ある女性の組み立てライン労働者が、スコッツマン紙の取材に応じてこう語っている。自分たちは「子ヒツジからライオンに」変わった。「とてもちっぽけな存在に過ぎなかった女性たちが突然、これまで見たことのないものになった。(中略)女性たちは生きるために闘っていた。大半は私と同じように、まだ若い少女だったころからそこで働いてきたのだから」

結局、六カ月に及ぶ暴動の末に工場は永久に閉鎖され、この街の雇用主としての役割を担った四七年間に幕を閉じた。タイメックスのブランドは広く知れ渡り、いまでも世界各地に支店があるが(いまでは生産の大半がスイスと極東で行なわれている)、この閉鎖は現地に大きな影響を及ぼした。二〇一九年にBBCで、「スコットランド最後の凄惨なストライキ」と題するドキュメンタリー番組が制作されたが、それを見れば、街の雇用主を失った傷はいまもなお癒えていないことがわかる。

時計職人にとって二〇世紀最大の変化とは、職人から機械への移行が迅速に、ときには全面的に行なわれたことだ。クオーツ危機や価格競争、予算の削減により、一九七〇年代から九〇年代までのあいだに、熟練職人のスキルを活かせる余地がほとんどなくなった。人間は機械よりもコストがかかる。それなら機械で時計をつくったほうがいい。こうした考え方は、時計のメンテナンス方法にまで影響を与えた。インガーソルの「ヤンキー」は、わずか一ドルの時計だったが、それでもメンテナンスや修理が可能だった。ところが一九八〇年代になると、ケースを開けられない密閉された時計が次第に増えた。* これはつまり、その時計が動きを止めてしまえば、捨てて別の時計を買う以外の選択肢がない、ということだ。いまのスウォッチの大半は、同様の構造をしている。

多くの時計はもはや、いつまでも動くことを期待されなくなった。プラスチックは金属よりも軟(やわ)らかく、はるかに速く摩耗するうえに、時計の微細な機構のなかに入り込み、さらに時計の寿命を縮める。それでも、機械式のムーヴメントなら時計職人の手で修理できるが、電池式の時計のなかにあるような回路基板は修理できない。また、機械装置がケースと融合している場合が多く、それを無理やり開けると、グリッター爆弾〔開けるとラメが飛び散る仕掛けの容器〕のように部品がばらばらになってしまう。したがって、一つの部品が作動しなくなれば、時計全体がだめになる。続く数十年のあいだに、この計画的陳腐化

＊私も試してみたが、最終的にはケースを壊さざるを得なかった。

〔製品の寿命を意図的に短くすること〕は、車やコンピューター、ソフトウェアの設計にも採用されるようになった。

これは、私たちの職業の長い歴史のなかにはない、とても辛い時代だった。クレイグと私は、クオーツ危機以前の時代に魅せられてこの仕事をしている。そのいちばんの理由は、その時代が、人間と機械が調和して働いていた時代だったからだ。機械は、時計の生産、効率、精度を向上させたが、それでもまだ、人間による操作を必要としていた。一九四〇年代のフライス盤には、熟練した人間の存在が不可欠だった。誰かがそれを調整し、確認して、手で操作しなければならない。作業のスピードを上げ、みごとなほど正確に仕事をしてくれるが、機械だけに任せることはできない。それに対して、現代のコンピューター数値制御（CNC）は、調整して設計プログラムを入力しさえすれば、人間の代わりにすべての作業をこなし、あらゆる部品をほぼ完成に近い状態にまで加工してくれる。従業員が寝ている夜のあいだずっと稼働させたままにしておくこともでき、翌朝従業員が工場に戻ってくるころにはもう作業が完了している。

伝統的な時計職人から見れば現実離れした話である。私たち二人が使っている工具や機械はどれも古い。ごくささいな融資額（新品のスイス製旋盤の価格の半分ほどの額）でこの仕事を始めた私たちには、まずは、必要な作業に合わせて調整・復元できる古い機器を購入する以外の選択肢はなかった。それでも、こうした機械で仕事をするのが、この仕事の醍醐(だいご)味(み)の一つでもある。これらの機械について知るようになると、それぞれに独自の個性があることに気づく。だから私たちは、機械に名前をつけている。旋盤のヘルガのそばには、妹のハイディがいる。一九五〇年代に東ドイツで製造された八ミリ旋盤である。この二つは、ブルガリアから同じ箱に入れられて届いた。ヘルガは、本（皮肉にも『時計職人とその旋盤（*The Watchmaker and His Lathe*）』という本だった）の表紙の写真を参考にして、歯車切削用の旋盤にカスタマイズしてあり、時計内部の歯車やカナの一つひとつの歯を切り出す。一方のハイディは、硬化スチールの切削刃を使って小さな軸を削り出す。また、ピラードリルにはジョージという名がついている。一九六〇年代にイギリスの企業アイディール・マシン・ツール＆エンジニアリング（ＩＭＥ）が製造した機械で、直径わずか〇・一ミリメートルの穴も開けられる。その隣には、アルバートというフライス盤がある。こちらは一九〇〇年ごろにドイツの会社ヴォルフ・ヤーンが製造したもので、ドリルと似た働きをするが、加工物を固定する台が左右に動くため、金属にくぼみや長い溝をつくることができる。そのほかに、友人の工房の床に置いてあったがらくた箱のなかから拝借した機械が二つある。一つは、一九四〇年代にドイツの会社ロルヒが製造した旋盤である。わが工房でいちばん小さなこの旋盤には、マウスという名前をつけた。これは、この機械の故郷の言葉でも「ネズミ」を意味する。もう一つは、シュピッツマウス（「トガリネズミ」）と命名した。こちらはアップライティングツール〔整直用の工具〕で、さまざまな金属板に開けた小さな穴を揃えるのに使う。私たちがこれらの機械を必要としているように、これらの機械もまた私たちの手を必要としている。だから私たちは、これらの機械を同僚と見なしている。
クレイグと私が研修を受けていたころ、私の作品集に向けて修復する時計が足りなくなると、クレイグはいつも自分の「ムーヴメント箱」を好きに物色させてくれた。満面の笑みを浮かべながら、古い時計やムーヴメントが何百と詰まったファミリー・サークル社のビスケット缶を見せてくれたのだが、その中身のほとんどが、二〇世紀前半のものだった。大半の研修生は、主要時計ブランドの数あるサービスセンターのどこかで仕事を見つけようと、現代式のメンテナンスに精力を注いでいたが、私たち二人はと言えば、たいていは部品やケースや裏ぶたがなく、ブランド名もなく金銭的価値もない、一九二〇年代や三〇年代の時計に取り組んでいた。講師を務めていたオメガの元従業員ポール・サールビーが、失望しながらこう尋ねたほどだ。「どうして古いくずにばかり取り組んでいるんだ?」

私たちに言わせれば、その魅力は、人間の手の痕跡があるという点にある。確かにこれらの時計は、生産が徐々に自動化されつつある時代につくられた。それでも当時の機械は、現代の機械に比べるとまるで正確ではなく、部品のなかには人間の手で仕上げなければならないものもあった。調節やとりつけも手で行なわれた。

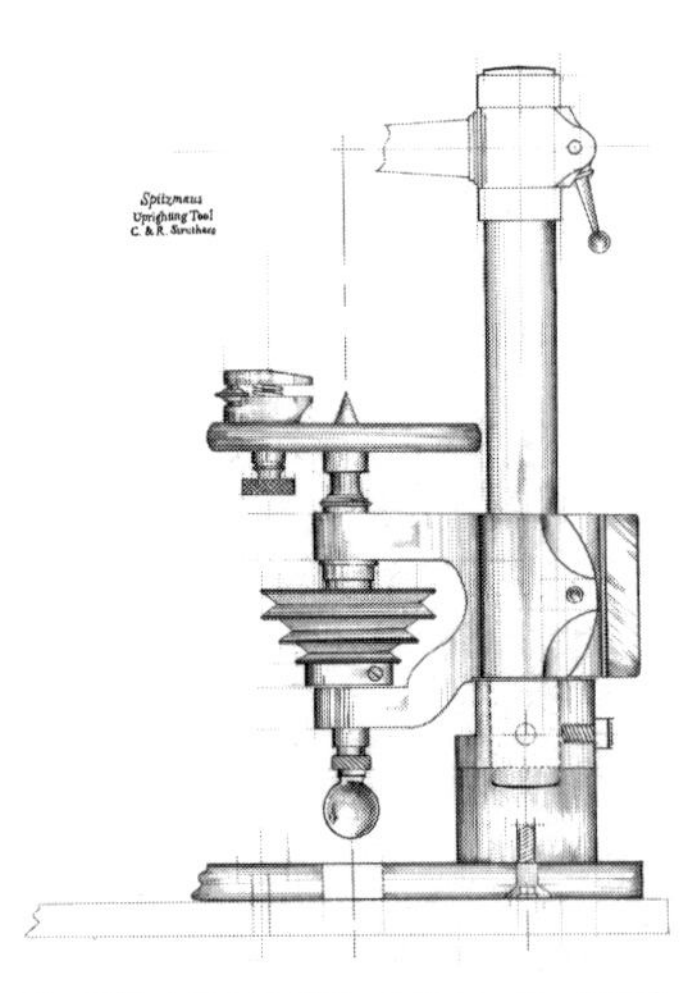

アップライティングツールのシュピッツマウス。友人の工房から箱に詰めて届けられたのちに、目的に合わせて調整した。

そのころの時計を見ると、職人らしい個性が明らかに見て取れる（それは必ずしもミスではない）。そんな時計を見るといつも、誰かがその時計を店舗で初めて見つけて購入したときのことを考えてしまう。その時計は、その人にどれほど大切にされたのだろう？ ひどい境遇に追い込まれたのではないか？ 宝石商に売られて、別の誰かと新たな物語を紡ぎ始めたのか？ 引き出しに入れられ、何十年も忘れられたままだったのか？ それとも、古い様式のよさを理解できない親族に譲り渡されたのか？ 一九七〇年代や八〇年代には多くの機械式時計が廃れ、こうした運命にさらされた。そしていま、それがここに、ファミリー・サークル社のビスケット缶のなかにある。

かつてのトレンチウォッチでさえ（現代の時計に比べるとずいぶん小さい）、頻繁にこうした運命にあった。ウィルスドルフ&デイヴィスのものも例外ではない。その細いワイヤー製のラグは、銀などの軟らかい金属でつくられている場合が多く、物理的にもファッション的にも古びてしまう。それらに修復する価値があると認識されるようになったのは、あれから一世紀が過ぎたつい最近になってからである。私たちはようやく、このビスケット缶に入れられた生き残りたちが修理され、また身に着けられる光景を目にするようになりつつある。クオーツ危機のころには、時計職人たちは時計を修理しても大した儲けにはならず、仕事を立て直さなければならないという巨大なプレッシャーにさらされていた。すでに退職している時計職人に話を聞くと、時計の修理に三〇分しか時間をもらえないこともあったという。クレイグと私の場合、一つの機械装置に取り組むだけでも、少なくとも一日、ときには数週間もの時間がかかることがある。現在取り組んでいる修復作業には、これまでにおよそ二年を費やしている。あのころは、できるだけ速く、できるだけ安く修理することだけが求められた。それが、意図しない多くの被害を生み出した。ひどく嘆かわしい環境で仕事をしていたというのに、これらの時計職人の仕事が酷評されるのはおかしい。聞いた話では、当時は高度なスキルを持つ時計職人でさえ、ヴィンテージ時計を修復するよりも電池を交換していたほうが儲かったという。クオーツ危機のころはさまざまな意味で、伝統的な時計職人にとってはまさに不遇の時代だった。

私たちはいま、再び新たな段階にさしかかっている。テクノロジーがクオーツ時計さえ追い越したのだ。現代のアップルウォッチは、ブレゲには想像もできなかったほどのコンプリケーションを備えている。時計の精度が誤差五〇ミリ秒以内になったというだけではない。電話やインターネットブラウザ、電子メールアプリ、車の鍵、フィットネストラッカー（活動量計）、さらには心電図や酸素レベルの計測まで、複数のテクノロジーが一つの小さな製品に収められている。この製品のなかでさまざまなプロセスを実行している可動部分はいまだクオーツによるが、そのプロセスを左右する時刻は衛星から送られ、原子時計により調整されている。スマートフォンやスマートウォッチが居場所を判断する際には

常に、少なくとも三つの衛星から送られてくるナノ秒単位の時刻を利用する。GPSが居場所を教えてくれるときには、これらの時刻の相対性を考慮して調整を行なっているのである。そんなことになっていると知れば、アインシュタインも大喜びするに違いない。この調整がなければ、私たちは常に、少しずつずれた位置情報を教えられることになる。一七〇七年に経度の計測を誤り、致命的な結果を引き起こしたクラウズリー・ショヴェルの艦隊のように〔「四 黄金時代」参照〕。

私個人としては、スマートウォッチはあまりにも進歩し過ぎていて、どこか侵害されているような気分になる。だからスマートウォッチは持っていない。もうすでにスマートフォンとノートパソコンがどこにでもついてきてくれるのだから、それだけで十分だ。いやむしろ、電話の信号やWi-Fiの電波、Cookieの追跡から逃れたい。テクノロジーにより周囲の世界から完全に切り離されてしまうのではないかと心配になる。

電子書籍が最初に登場したころは、書籍は死んだと誰もが主張していた。書籍にも書店にも書棚にも電子書籍リーダーからアクセスできるというのに、誰がそんなものを必要とするのか、と。それなのに、意外にも手づくりの優美な書籍が復活を果たし、触覚的な読書の楽しみに目が向けられるようになったのだから、この世はわからない。同じようなことが時計の世界にも見られる。かつての時代への回帰が始まっている。ここ数年で、ヴィンテージ時計の価格が急騰した。修復が高く評価されるようになった。一九七〇年代には、数ポンド以上の修理代金を請求するのは難しかったが、いまでは修理代金に数万ポンドの値がつく大手ブランドもある。現在、レープベルクなどの時計の価値が次第に高まっており、高値で取引されるようになったため、職人たちもきちんと修復できるようになった。そんなときにはよく、摩耗した地板に合わせて太い巻き真をカスタムメイドするとともに、時計にできるかぎり動力を与えられるように、主ゼンマイの力を高める工夫をしている。ゼンマイの幅をほんの〇・〇五ミリメートル広げるなど、ささいな変化を加えるだけで、精度や信頼性は十分向上する。これらの時計にスペアの部品はないため、テン真が壊れていれば（緩衝装置が一般的でない時代の時計にはよくある）、スチールを旋盤で加工して、新たなテン真を手づくりする。テンプ全体が周期振動しているときにそれを支えている繊細なホゾは、長さが〇・五ミリメートル未満で、幅はさらに細い。修理を依頼される時計のなかには、クオーツ危機の時代の修理屋が速く安く仕上げたホゾもあるので、適切なホゾをつくり、それをとりつけて「平衡（へいこう）」をとる。平衡をとるとは、テン輪から砂の粒子よりも小さな金属の削りくずを慎重に取り除き、テン輪のあらゆる箇所の重みを均等にする作業を意味する。いわば、車のタイヤのバランスを取る作業のミニチュア版である。

　レープベルクの場合、細いヒゲゼンマイに、現代の時計より軟らかい金属が使われているので、ほぼ確実に調整が必要になる。安価で迅速なあの修理を受けていると、たいていは形が崩れて曲がってしまっている。そのため、先端が針のような極細のピンセットを使い、ヒゲゼンマイを完璧な螺旋形へと丁寧に戻していく。またレープベルクの部品は、人間の手で仕上げが行なわれている。だから、まったく同じ型式のムーヴメントを三つか四つ持っていたとしても、その部品を混ぜこぜにしたり組み合わせたりしてはいけない。それらの部品を再利用する際には、再加工したり修正したりする必要がある。一つひとつのムーヴメントが熟練工による手づくりであり、そこにとりつけられていた部品でなければ機能しないからだ。ときどき見かけるが、時計職人たちはそれぞれのムーヴメントの主要部品に、引っかくように刻んだ数字や目立たない点で印をつけていた。それらの部品を仕上げ、一つひとつ組み立てていく間、その印ごとに一緒にまとめておくためである。

現在つくられている機械式時計では、精密なCNC技術により、部品の交換が可能になっている。とはいえ、このCNCを責めるつもりはない。それは驚くべきテクノロジーであり、それがなければ、現代のきわめて複雑かつ正確な時計の多くは実現できなかったことだろう。それでも、私たちの工房にそれを受け入れるつもりはない。クレイグも、「自分の代わりにすべてを仕上げてもらうよりも、合わない部品と何時間も格闘しているほうがいい」と語っていた。古い時計を修復・救済するというのは、そういうことだ。時間はかかるかもしれないが、そのプロセスや結果には魂がある。

いずれ時計は、深宇宙〔地球の大気圏外の宇宙空間〕にも進出するだろう。NASAのジェット推進研究所は二〇年以上ものあいだ、GPSが届く範囲を超えた宇宙探査ミッ

ションに持っていけるほど小さな原子時計の開発を進めている。* 現段階では、宇宙船が航行座標を取得するためには、現地点から原子時計のあるところに信号を送り、そこで指示を待たなければならない。距離を考慮すると、このプロセスに数時間もの時間がかかることもある。さらに、原子時計は驚くべき精度を維持するために、一日に何度か更新しなければならない。現在、深宇宙原子時計は「四枚用トースター並みの大きさ」と言われているが、それをさらに小型化する取り組みが行なわれている。[10] また、水銀イオントラップという技術を使えば、誤差を一日に二ナノ秒（〇・〇〇〇〇〇〇〇〇二秒）未満に抑えられる。これだけの精度があれば、深宇宙にいる宇宙飛行士も自力で航行判断ができる。未知の領域に飛び出す人間を案内できるほど小さく正確な時計の開発というと、またしてもハリソンの偉業をたどり直しているような気になる。いわば続編のSFである。

だが、地球時は地球に関係するだけだ。地球から離れれば離れるほど、地球時は次第に関係なくなっていく。確かに私たちの時計は、原子秒で制御されているかもしれない。コロラド州のJILA（宇宙物理学研究所連合）にある世界一正確な時計（それが世界一かどうかは議論の分かれるところだが†）は、一五〇億年に一秒しかずれないほど正確だ。この時間の長さは、ほぼ既知の宇宙の年齢に相当する。‡ それでも私たちは、いまだ体内時計のリズムに従って生きている。フランス革命後に採用された十進化時間が証明しているように、習慣を変えるのは難しい。しかし、火星の一日の長さは、地球の一日とだいたい同じなので、いますぐ変える必要はないのかもしれない。二〇〇三年には、日時計〔火星時計（マーズダイアル〕とも呼ばれる」を載せたNASAの火星探査機スピリットが火星に送り込まれた〔着陸は二〇〇四年〕。「二つの世界、一つの太陽」と刻まれたその日時計は、新たな惑星の影の動きや日周を記録しているのだろう。またしても歴史をたどり直しているかのようだ。

一方、ここ地球では、インターネットがまたしても人間と時間との関係を変えた。いまでは、ローカルではなくグローバルなレベルでの正確な計時が必要になり、一〇〇万分の一秒以内の精度が求められるようになった。世界的な飛行機旅行、電話ネットワーク、銀行取引、放送などはすべて、信じられないほど正確な時間に依存している。かつては「ちょっと待って」の「ちょっと」にある程度の時間の幅があったが、その「ちょっと」がこれからは、わずか一ナノ秒になってしまうのかもしれない。これは光でさえ三〇センチメートルしか移動できない時間である。

＊GPSは、地球の上空およそ三〇〇〇キロメートルまでは宇宙船のナビゲーションができる。

＊＊原子時計は、光速で移動する電磁波が、宇宙船と既知の場所（衛星やアンテナなど）とのあいだを移動する時間を計測することで、宇宙船の位置を計算する。

†パリ天文台にある光格子(ひかりこうし)時計やイギリス国立物理学研究所（ロンドン）にあるストロンチウム時計も、世界一の最有力候補である。

‡標準的な原子時計でも、一億年ごとに一秒遅れるだけだ。それほど正確なので、相対性が問題になる。原子時計は、わずか一センチメートル持ち上げただけで、重力に対する相対論的影響を検知できる。

現代の世界は怖ろしく速い。私はゆっくりが好きだ。

現代の時計では、一秒間の振動数がステータスシンボルになっている。時計は、振動が速ければ速いほど正確になる。場所の変化の影響を受けにくくなるからだ。一六世紀のバージ式時計は、せいぜい一時間に一万回ほど周期振動して時を刻むだけだったと思われる。それに比べると、現代の時計は一時間に一万八〇〇〇回から二万八八〇〇回である。現代の機械式時計に採用されている最速の脱進機は、一時間に一二万九六〇〇回もの振動を繰り返す。これほどの速度になると、「チク」「タク」という一つひとつの音がもはや判別できなくなり、絶え間ないうなりになる。もちろん、ゆっくり「カチ」「カチ」と鳴ろうがハイテクのうなりをあげようが、一秒単位であろうが一ナノ秒単位であろうが、測定される時間の進む速さは変わらない。それでも私には、「カチ」「カチ」というのんびりとした音を伴っていたほうが、時間にどこか広がりがあるように思える。ガンギ車の歯が片方のツメを通り過ぎ、もう片方のツメに引っ掛かるたびに、バージ脱進機は行きつ戻りつを繰り返しながら、あの音を奏でる。ピアノの上で時を刻むメトロノームにも似た、あの安心させるような音を。

宇宙空間では一秒の差が、火星に着陸できるか、数万キロメートル離れた場所に着いて

しまうかの違いにつながるという。しかし、私たちが生きているのはこの地球だ。私はいつもこう考えるようにしている。現代の最高級の時計と一八世紀の時計との精度の差は、ほんの一瞬でしかない。一日のあいだにほんの数分、あるいは数秒違うだけ。それで十分やっていける。これまでも、ナノ秒で自分の人生を計ってきたわけではないのだから。

一一　瀬戸際

葉は多くとも根は一つ
嘘だらけの若き日々のあいだずっと
日向で葉や花を揺らしてきたが
いまは真理へとしぼみゆくか

——W・B・イェイツ「時を経て叡知(えいち)が訪れる」(一九一六年)
〔邦訳は高松雄一編、岩波文庫、二〇〇九年〕

時間を計る装置をつくるにせよ、時間の広大な歴史を研究するにせよ、時間を生業(なりわい)にしていると、時間に圧倒されることがある。本書の執筆にも、これまでに学んだあまりに多くのことをまとめるという膨大な作業が伴った。毎日時計を扱ってはいるが、長期的な視野に立って初めて、時間が気の遠くなるようなものでもあることに気づく。時間は、無限の宇宙に存在する遠くの星の動きにより計測されるほど広大なものだ。だがそれは、いま

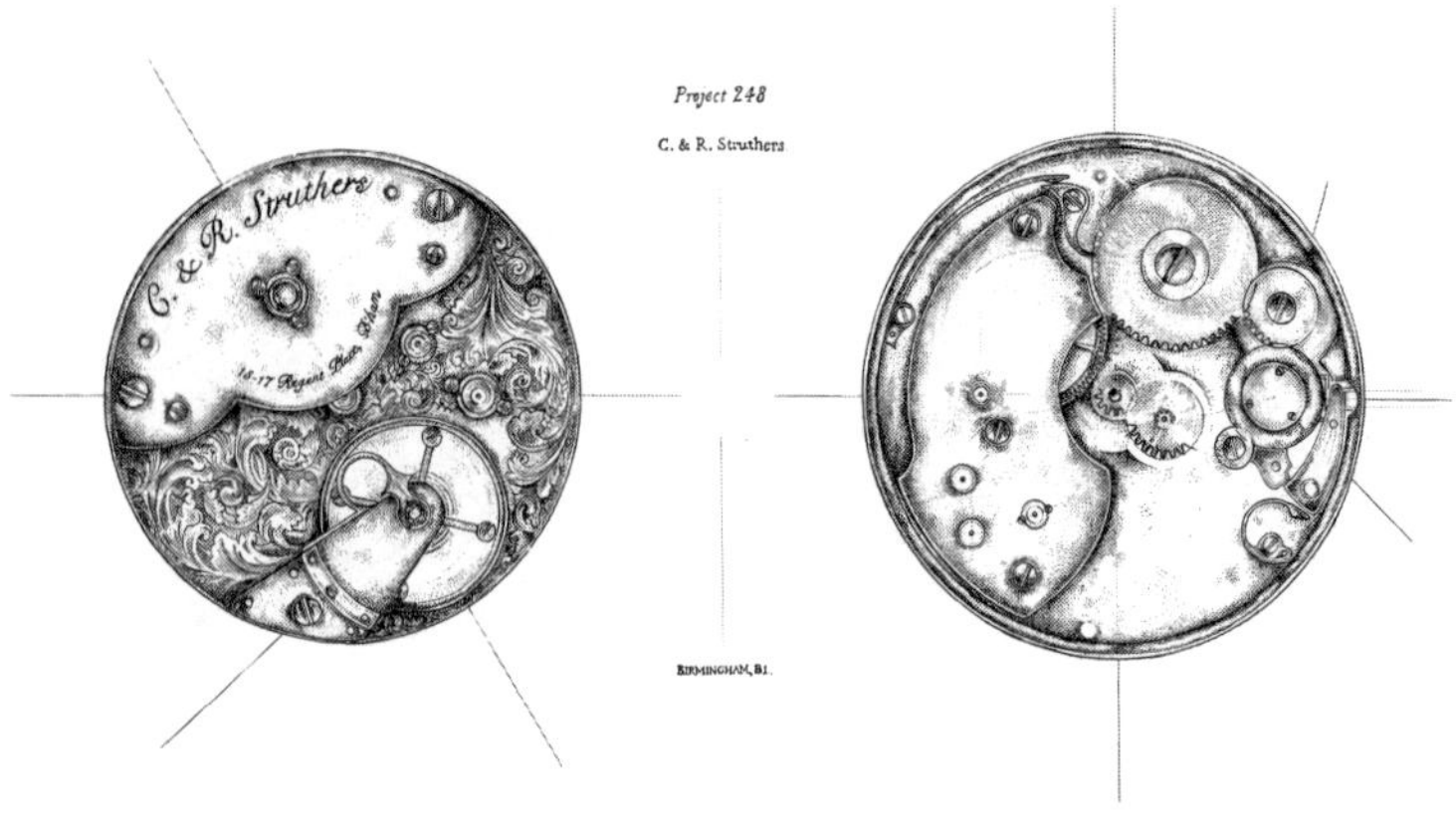

プロジェクト248の最初の構想。クレイグが描いた。

本書を読んでいる人々の身体の細胞に影響を与えるほど小さな、とてつもなく親密なものでもある。私たちがいかに時間を過ごすかを決めるのは個人だが、文化もそれを決めている。時計も人間も、環境が生み出したものなのである。

私は何よりも時計職人として、時計づくりを通じて時間のなかに自分の居場所を見出している。金属を使って作品を残すのは、ささやかな遺産を残す私なりの方法なのではないかと思っている。それは私の人生を超えて生き続け、機械の幽霊となって、私が死んだあともこの地球をさまようことだろう。もちろん、そうだったとしても、自分の作品が将来どうなるのかを知るすべはない。数百年後には、博物館の棚の強化ガラスの奥に鎮座しているかもしれないし、どこかの家族の家宝になっているかもしれない。古いビスケット缶のなかにしまい込まれ、誰かに救済されるのを待っているかもしれない。未来はわからない。だが、過去はすでに明らかになっている。私の生涯のテーマである時計の歴史について考えると、自分自身やその仕事を位置づける助けになる。

クレイグと私はある日、ほかの職人の製品を修理してきたこの数年のあいだに、時計のほとんどの部品をつくってきたことに気づき、あらゆる部品を自作して自分たち二人の時計をつくってみることにした。この取り組みは、その時計をつくりあげる方法に敬意を表して、「プロジェクト248」と命名された。二人の人間が、その四本の手で、伝統的な職人が愛用してきた八ミリ旋盤を使ってつくる、という意味だ。倉庫にある古い工具や転用された機械を見るかぎり、そのデザインを考案する際には、一九世紀後半に目を向けるのがいちばんいいのではないかと思えた。イギリスの時計産業が瀕死の状態にあった時点に戻り、かつての時計職人たちが仕事を辞めたところから再開するのである。

私たちがつくる腕時計のデザインは、トーマス・ヒルというコヴェントリー（ウェスト・ミッドランズ州）の職人の工場で、一八八〇年代に製作された機械製の懐中時計をヒントにした。それでも、機構や素材については、私たちが敬愛している数世紀前の時計職人や会社にも幅広く敬意を表することにした。この時計はいわば、アッ＝ジャザリーがつくった象時計のミニチュア版であり、その作品が国際的な要素を取り入れていたことに対するオマージュなのである（私たちがこうして仕事ができるのもそのおかげなのだから）。たとえば、トーマス・ヒルの懐中時計には緩衝装置がなかったので、アブラアム＝ルイ・ブレゲが発明した「パラシュート」の様式で、独自の緩衝装置をつくった。また地板は、洋銀と呼ばれる金属を加工した。これは、銅と亜鉛とニッケルの合金で、その名前が示すとおり銀のような色だが、ほのかに灰緑色とも言うべき色調を帯びている。時を重ねるにつれて、美しい艶や温かみを増していくため、一五〇年以上にわたり南ドイツの時計職人のあいだで人気だった。さらに、時計の心臓部であるテンプは、いま生きている人々の記憶のなかでは最高の時計職人とされるジョージ・ダニエルズの様式でつくった。かつて私に、いつか自分の時計をつくるつもりなのか、いつそれをつくるのかと尋ねた人物である。二〇一一年にこの世を去るまでマン島で暮らし、そこで仕事をしていたダニエルズは個性的な人物で、クレイグと私に多大なインスピレーションを与えた。ダニエルズは何でも一人でこなし、伝統的な工具や機械、工程を利用して、必要な部品をすべて一からつくっていたからだ。

クレイグと取り組んだプロジェクト248は、およそ四〇年に及ぶ私たち二人の経験の集大成だった。彼に会って時計職人の研修を始めて以来、クレイグはいつも私の背中を押してくれた。専科学校時代には、女子学生という珍しい存在が絶えず(いい意味ではない)関心の的になる工房で、いつも味方になって元気づけてくれた。いまでは互いに励まし合い、モチベーションを高め合っている。それは、仕事においても人間関係においても常に重要なことだが、二人でその両方を分かち合っているのなら、なおさらだ。一人が自信のない部分は、もう一人が持っている揺るぎない自信でそれを補う。そして、二人の可能性を試し、二人の限界を押し広げていけるよう互いを駆り立て合う。そんな日々を過ごしている。

二人のスキルや力を単一の製品にまとめあげる作業は、楽しいながらもたびたび困難に直面した。未成熟の構想を完成品に仕上げるまでには七年近い月日がかかり、そのあいだには、二人それぞれに人生を変える出来事があった。だからこそ私は、一見わかりやすそうな製品でも、形状や機能よりはるかに多くのものを象徴する場合があることを理解している。あらゆる要素には、私たちの手、私たちのスキル、私たちがかけた時間の跡がある。あらゆる部品、あらゆる工程が、私たちの記憶と結びついている。あの七年に及ぶ時期の記憶である。

私たちが使うどの工具と比べても、二つの手ほど驚くべき道具はない。時計職人なのだからとても繊細な手をしているに違いないと思う人もたくさんいるだろうが、実際のところ、どんな作業をするにも細いピンセットを使っているので、手の物理的構造の違いなどほとんど意味がない。野球のミット並みに大きな手をした人が、人間の毛髪よりもわずかに太いだけのヒゲゼンマイを、慎重に調節・修復している姿を見ると、畏敬の念を抱かずにはいられない。重要なのは、触覚の感度であり、取り組んでいる素材の強さに関する知識なのだ。

数年前、心臓血管外科医であるロジャー・ニーボーン教授の講演会を拝聴したときには、外科手術に関する教授の言葉に感銘を受けた。外科医は数年に及ぶ経験を重ねながら身体に関する触覚的な知識を会得し、子どもの組織が高齢者の組織に比べてどう反応するのか、健康な大人の組織が不健康な大人の組織に比べてどう反応するのかを予測できるようになっていく。若い患者の血管はゴムのように強く硬いが、老齢の患者になると、ティッシュペーパーのように脆いことがあるという。時計製造の世界でも、これと同じことを学ぶ。二〇〇年前の真鍮は、新しい真鍮とは可鍛性が異なる。一六世紀につくられた時計のスチールは、二〇二〇年につくられた時計のスチールとは反応が違う。皮肉にも時計の場合には、古い素材のほうが、経年や摩耗の痕跡はあるものの、新しい素材より品質がいい傾向にある。

興味深いことに、私たちの工房のここ数年の顧客を見てみると、外科医が異常に多い。実際、私たちを信頼して貴重な時計を任せてくれた最初期の顧客のなかに、手を専門とする整形外科医がいた。クレイグと私は当時、その外科医がいかに人間の手を愛しているかを知って大いに感銘を受けた。彼はこんなことを語っていた。「手を開いたとき」、その皮膚の下の構造は、ロボットのようでもあり生物のようでもある。腱や神経、動脈、骨により操作され、軟らかい組織がほとんどないバイオメカノイドも同然だ。手は単なるヒューマンバイオロジー（ヒト生物学）の対象ではない。整形外科はその関節の物理的性質を扱う。時計職人と同じように、のこぎりややすり、ドリルを使う。だから整形外科医は「何よりもまず熟練の職人」でなければならない。[*] 人間の手は「医学的な驚異」であり、きわめて複雑な時計のように精巧にできている、と。

時計を独自の存在にしているのは、「手づくり」をする人間の手だ。私が時計のケースを着け心地がよくなるよう研磨する際には、堅い研磨用のロッドやペーパーではなく、つや出しコンパウンドをたっぷり塗ったクロス（布）を使用する。すると金属が、私の手のひらの曲線に沿った形になり、しまいには触感がたまらなくよくなる。だから私は、目隠しをしたまま機械製の時計と手づくりの時計を渡されても、どちらがどちらなのかを判別できる。生物並みの感覚を持つ人工知能でも開発されないかぎり、手づくりの時計に見られる微妙な差異を再現できる機械が現れることはないだろう。

手づくりには時間がかかる。時計を扱う際には、ケースを閉じる前に、最終調整を行なう。時を正確に刻めるように、ヒゲゼンマイの長さを調節するのである。古いイギリスの時計には、そのための緩急針（しん）（レギュレーター）というものがある。ヒゲゼンマイの長さを調節する回転式レバーで、「速い（Fast）」「遅い（Slow）」といった文字が刻印されている。私たちのプロジェクト248でも、最初の試作品にはこの緩急針をつけた。[†] それに喩えるなら、手で時計をつくるというのは、時間のレバーを「遅い」ほうへ動かすようなものだ。実のところ、職人でいることの喜びの一つは、自分の時間割に従って何か（何でも）をつ

*優れた理論的知識を持つ外科医と、巧みな手術の実績がある外科医とのどちらかを選ばなければならないとしたら、この整形外科医は後者を選ぶよう強く勧めるだろう。

†結局このプロジェクトでは、フリースプラング機構を採用した。緩急針を使わず、テン輪の慣性を利用してヒゲゼンマイを調節する機構である。緩急針よりも精密な調整ができる。

くれることにある。各工程には、それに必要なだけの時間がかかる。それに身を委ねるしか選択肢はない。昨日も私は、八角形のケースが八角形のブレスレットにぴったり合うように、ケースの側面を一日中やすりで磨いていた。わずか一〇分の一ミリメートルの差でしかないのに、私はそれに八時間近くの時間をかけた。だがいま、その時計は、私がそれに注ぎ込んだ時間を含んでいる。このテンポの速い世界のなかでも、そこには惜しみない豊かさがある。時計は時間を計るだけのものではない。時計には、私たちが持つもっとも貴重なものである時間が表れている。

私はいつも心のどこかで、時間は貴重なものだと認識していた。時計でいっぱいの工房にいるのだから、それを認識しないでいられるだろうか？　それでも、それを心の底から痛感したのは、私自身の人生にある出来事が起きてからだった。二〇一七年六月のある日、朝目覚めてみると、左脚にピンや針で刺されたような強烈な痛みがあった。左半身全体が過剰なほど過敏になっている。あまりの痛さに、一〇代のころに窓から脱け出そうとして滑り落ち、肋骨(ろっこつ)を折ったときのことを思い出したほどだ。すぐに病院に行ったが、見た目には何の異常もないため、おそらくは単なるストレスだろうと診断された。数週間後には症状も収まった。ところがその年の九月、突然右目の一部の視野が欠けると同時に、焼け

つくような痛みが襲った。まるで顔面にボクサーのパンチを食らったかのようだ。ところがそのときも、何の傷も腫れもなかった。外から見たかぎりでは、どこにもおかしいところはない。そのため今回も、診察してくれた医師たちはみな、ストレスで片づけようとした。しかし、どこかに悪いところがあるはずだと確信するようになっていた私は、あきらめずにさらなる検査を求めた。すると数カ月後、いくつもの紹介を経てＭＲＩ検査を受けたのちに、多発性硬化症だと診断された。

検査を受けていたあの数カ月間が忘れられない。時間を割いて私にさまざまな可能性を説明してくれる医師が一人もいなかったため、私は脳腫瘍が原因なのではないかと不安になった。この奇妙な神経の障害を合理的に説明できるのは、脳腫瘍しかないと思ったのだ。自分を不死身だと思ったことはない。それでも、思ったよりもはるかに早く死に直面するおそれがあると突然気づかされたことで、この世界の見方が変わった。その年の冬には、突然の猛吹雪に見舞われた。私たちが暮らしている家は公園に面しており、雪が収まると、わが家の庭のそばにある小山で、子どもたちが延々とそり遊びを楽しむようになった。そこで私も、寒いのを嫌がるクレイグを説き伏せて外へ連れ出し、道路の突き当たりにあるスーパーまで行くだけだと言いながら、そこから遠まわりをして広い公園を一周した。というのも、バーミンガムでこれほど雪が積もることはめったになく、チャンスがあるあいだにこの雪を経験しておきたかったからだ。氷のように冷たい風が顔に吹きつけ、白い地面や木々に光が反射し、子どもたちが遊んでいる音やイヌがうれしそうに吠える声が柔らかい雪にくぐもる。その記憶は、数年前のあの日と同じように、いまも鮮やかに残っている。この世界を堪能できるあいだに堪能しておきたかったのだ。

それは、死を怖れたからではなく、これまでの時間の過ごし方を悔やんだからだ。私はこれまで働きに働いてきた。だがそれは何のためだったのだろう？　どんな見返りがあったのか？　数年にわたりストレスや不安、疲労を抱えるばかりで、幸せを考慮に入れていなかった。そしていま、時間切れになる可能性を突きつけられている。

結果的に私は幸運だった。この数十年のあいだに、多発性硬化症の患者の平均余命は延びている。確かに、第二次世界大戦時の不発弾のようなものを頭に抱えて生きるのは、心地のよいものではない。それは、残りの人生のあいだずっとおとなしくしているかもしれないし、どこかで爆発するかもしれないが、以前に比べれば状況ははるかによくなっている。多発性硬化症の治療の選択肢が増えた時代に生きていられて、私は信じられないほど幸運だ。私の主治医の言う「ありがたいほど何もない長い人生」をまっとうする可能性も十分にある。また、公的資金による世界一優れた医療制度を利用できる国に、たまたま生まれてきたのも運がよかった。感謝したい幸運はほかにもたくさんある。ただ、もっとひどい診断を覚悟しなくても、それに気づければよかったのに、とは思う。

フランスの作曲家エクトル・ベルリオーズ（一八〇三～六九年）は、こう述べたことで知られている。「時間は偉大な教師だ。しかし残念ながら、時間はその生徒を全員殺す」。私たちはみな時間の生徒だ。確かに私も、時間がいかに貴重なものかを教えてもらった。

多発性硬化症の診断を受けて以来、自分に与えられた秒や時、日々の過ごし方がすっかり変わった。安易な診断を下した最初の医師たちも、一面では正しかった。私の症状の多くは、ストレスのせいでもある。その症状が再発するのはいつも、不安発作が起きた直後なのだ。不安発作がないのに再発したことはない。私はこれまで、ストレスは勲章だと考えていた。ストレスは、自分の勇敢さを証明する心の傷だった。プレッシャーのかかる状況に身を置き、いじめや差別を耐え抜き、それでも闘争心を失わないでいることの証明である。そのため、常にこのうえない不安のなかで仕事をしていた。だがいまにして思えば、ストレスに耐えるのは褒められたことではない。ストレスを拒み、遠ざけるためには、それに耐えるのと同じだけの強さとしなやかさが必要になる。ストレスが自分にどれほど害を及ぼしうるかを知ったいま、私は疫病のようにストレスを避けている。仕事依存（ワーカホリック）から解放されたのだ。

　とはいえ、私はいまやこの宇宙と平和な関係を築き、すっかり穏やかな生活を送っている、とは残念ながら言いがたい。おかしな料金を請求するエネルギー会社や、読み込みがあまりに遅いパソコンなど、ばかばかしいことにいまだに神経を高ぶらせている。それでも以前に比べれば、はるかにリラックスした生活を送っている。この人生のなかで自分を支援してくれる人々にはエネルギーを使うが、それ以外の人々に自分の時間を割く価値はない。それよりも、自分の周囲の世界を受け入れ、それに感謝することに時間を割くようにしている。

もちろん実際には、誰にとっても時間は限られており、その量を私たちが制御することはできない。だが、時間をどう使うかは自分で制御できるうえに、経験を通じて時間認識を変え、時計上に記録される時間を超越することもできる。雪のなかクレイグと一緒に散歩に出かけたあの日のことは、時計の時間に逆らい、まるで昨日のことのように心に刻み込まれている。最新の神経科学研究が支持する理論によれば、人間が経験する時間は、その経験の質と結びついているという。

哲学者は何世紀も前から、ただ長い時間を生きることと、豊かで生き生きとした波乱万丈の人生を生きることとのあいだに違いがあることを理解していた。高齢だからと言って、経験や知恵に富んでいるとは限らない。ストア派の哲学者セネカが紀元四九年ごろに執筆した『人生の短さについて』〔邦訳は中澤務、光文社古典新訳文庫、二〇一七年など〕のなかに、すばらしい一節がある。そのなかでセネカは、生きた時間と手に入れた経験との違いを、嵐の比喩を使ってうまく表現している。

髪が白く、しわが多いからといって、その人が長生きだと思ってはいけない。その人は長く生きてきたのではなく、長く存在していただけだ。ある人が長い航海をしてきたとしても、その人は港を離れたとたんに荒れ狂う嵐に巻き込まれ、あちらへこちらへと運ばれ、猛威を振るう逆風を受けてぐるぐるまわっていただけかもしれない。その人は長い航海をしたのではなく、ただ長いあいだ転げまわっていただけなのだ。[1]

充実した人生を送っていると、時間が飛ぶように過ぎていく感覚を抱くかもしれない。だが鮮やかな思い出をつくっておけば、数年後に人生を振り返ったときに、人生が長く感じられることだろう。

私たちは誰もが、一瞬一瞬の時間やそれに伴う記憶によって人生を計測している。自分たちにも自分の祖先たちにも時を告げてきた時計は、そのような記憶に定点を提供する。だからこそ、自分を「時計好き」とは思っていない人でも、曾祖父から受け継いだ貴重な懐中時計を、決して使うことはないとわかっていないながら修理してもらおうとするのだろう。

古い時計の文字盤を見ていると、自分の両親や祖父母、曾祖父母が見たのと同じ針が、時や分を伝えているのが見え、彼らが人生の過ぎ行く一瞬一瞬を計測していたときに聞いたのと同じ音が、時を刻んでいるのが聞こえる。運がよければ、そんな時計のねじを巻き、それを身に着けて人生を歩んでいくことになる。

イギリスの緩急針。時計の進みを速めたり（FAST）遅らせたり（SLOW）する。

時計の修理の仕方

――大まかな（かつ個人的な）手引き

どの時計にも個性がある。これは、現代の工場で大量生産された時計にも言える。時計は一度誰かに身に着けられると、その人の人生の痕跡をまとう。ともに冒険を成し遂げることもあれば、毎日着用されることも、特別な機会に持ち出されることもある。箱のなかに収められているだけの場合でさえ、その時間の痕跡が残る。だからこそ、時計が私たちの工房に届いたときには、最初に徹底的な検査を行ない、その時計が長年のあいだにため込んだ欠陥を一つ残らず把握するようにする。

まずは、時計職人用のルーペを使う。目の前の時計が三倍の大きさに見える、まぶたで挟むタイプの小さな拡大鏡である。それで時計の全体的な外観をくまなくチェックし、ケースについた傷や、文字盤が水に濡れて傷んだ跡、リューズの摩耗、リューズに平らな衝撃痕があるかどうかを確認する。そのような衝撃痕があった場合、時計を落としたときにリューズをぶつけたと考えられ、内部にさらなる影響が及んでいるおそれがある。文字盤にごくわずかな引っかき傷があれば、それは以前に、注意力に欠ける時計職人の手に委ねられた可能性があることを示唆しており、内部にほかにも修復時についた傷があるかもしれない。ねじ巻きがきちんとできること、ムーヴメントがまだ作動していること、リューズを引っ張ると針を自由に動かせるが、あまりに緩みすぎていないこと（多少の摩擦は必要だが、きつすぎてもいけない）も確認する。こうした作業により、たいていは裏ぶたを開くまでに、内部がどうなっているのかをかなり明確に把握できる。

時計の裏ぶたの内側は、過去の修復師の痕跡が残る一等地である。それは、金属に刻まれている場合もあれば、パーマネントインク（不変色のインク）で記されている場合もある。記されているのは、特定の名前や日付、あるいは、そこに痕跡を残した人物以外の誰にもわからない記号などだ。複数の痕跡があれば、その時計が長年のあいだに定期的にメンテナンスに出され（車でいう車検のように）、大切に扱われてきた可能性がある。だがその一方で、そのような痕跡は、未解決の問題がいくつもあることを事前に警告しているのかもしれない。それを明らかにするのが、これからの仕事になる。

ここからの説明は時計職人によって異なる。また、ムーヴメントの径（けい）によっても異なる。時計の内部に見つかる欠陥には無限に近い種類があり、私がこれまでの経歴のなかで一度しか見たことのない意外な欠陥もある。そのためここからは、私が二〇世紀半ばのごく標準的な手巻き式腕時計を扱う方法を紹介する。包括的な手引きとは言えないが、修理の工程を知る手がかりにはなるだろう。

時計がとりあえず作動している場合にはまず、歩度測定器でその動きを確認し、性能に関する基本的な数値を知る。次いで、文字盤に直接触れられるように、文字盤を保護する風防を固定しているベゼルを外す。そして、リューズを引っ張って時計の針を動かせる状態にして、一二時など、時針と分針が重なる時間に合わせる。こうすれば、針をレバーで持ち上げて取り出す際に、針に損傷を与えることもない。針を取り外すときには、慎重を期すと同時に文字盤を保護するため、薄いプラスチック板を使う。小さな秒針についても、六時の位置にしてこれと同じ作業を繰り返す。針が取り外せたら、文字盤を保護するため再びベゼルを元の場所に戻し、時計をひっくり返す。

リューズから伸びる巻き真のすぐ脇にある小さなねじをわずかに緩め、リューズと巻き真をケースから抜き出す。テントウムシの背中のようにやや丸みを帯びた、艶のある大きな頭部を持つ二つのねじが、ムーヴメントをケースに固定している。この二つのねじを外し、もう一度ベゼルを外したうえで、輪形のケースからムーヴメントを取り出す(つまり文字盤の側から)。このケースはのちのクリーニングのため脇に置いておき、次いで、平行に並ぶ二つの小さなグラブねじを緩めて、ムーヴメントから文字盤を取り外す。ムーヴメントの両サイドへ水平に入り込み、内側に隠れた文字盤の足とかみ合っているこのねじを緩めると、文字盤が上に外れるので、針と一緒に密閉された小さな箱に丁寧にしまっておく。機構に専念しているあいだ、それらの部品を安全に保管しておくためだ。

　これでムーヴメントが丸裸になったので、調節可能なホルダーにそれを挟んで固定する。ホルダーには、ねじを回すと幅が狭まっていく二面の口金（くちがね）〔固定用金具〕があり、それで対象物の端をしっかりと挟むのである。そしてまずは、ムーヴメントと文字盤のあいだに挟まれていたモーション・ワーク〔針の回転を制御する輪列〕を持ち上げて外し、ダストカバーのなかにしまっておく。ダストカバーとは、時計用の弁当箱のようなもので、背の低い仕切りでトレイのなかがいくつものエリアに区切られており、時計のなかの各装置を構成するさまざまな部品を収納できるようになっている。この容器には、大皿の料理を覆うフードカバーのような、上に小さな取っ手のついたプラスチック製の透明なふたがあり、部品がほこりをかぶったり作業台から転げ落ちてしまったりするのを防ぐ役目を果たす。

　この段階でもう一度、リューズがついたままの巻き真をムーヴメントに戻し、小さなねじを締めて元の場所に固定する。こうすると、ムーヴメントの取り扱いが容易になるとともに、巻きあげ機構〔キーレス・ワーク〕のすべての動きを確認できるようになるので、この機構を再点検することも可能になる。

　次に、各機構の点検を始める。螺旋形の細いヒゲゼンマイが完全にテン輪の上に位置していること、それが平らであること、コイルが一方に膨らんでいないことを確かめる。また、緩急針をチェックする。「遅い（slow）」「速い（fast）」の調節目盛りがついており、ヒゲゼンマイの動く距離（有効長）を長くしたり短くしたりすることで時計の速度を制御する装置である。これは本来、目盛りの真ん中に調整されている。だが、針が「遅い」のほうへいっぱいに傾けられている場合は（「R」と記されている場合もよくあるが、これはフランス語の「Retard」の略で、やはり「遅い」を意味する）、以前に繊細なヒゲゼンマイを取り換えたか、切れて留め直したかしたが、そのゼンマイの長さが短く、時計の動きが速くなりすぎてしまったためだと思われる。

さらに、ムーヴメント全体のさびやオイルの蓄積を確認する。この二つの問題は両方とも、文字盤を外す前からすでにわかる場合もある。さびは、文字盤を赤みがかった茶色に染めてしまうことがあり、一般的には水の染みを伴う。一方、過去の修復師が残した過剰なオイルは、文字盤の中央にある穴から浸み出してくることがあり、緑がかった残留物となり、ときには塗料を浮かせてしまう。また、なくなった部品がないかも確認する。緩んで外れた部品がムーヴメントのほかの部分を詰まらせてしまう場合もあれば、完全にどこかへ消えてしまう場合もある。この段階で、さらに倍率の高い、小さな部品を二〇倍に拡大できるルーペに切り替え、ルビー製の軸受けがひび割れ、そのなかで回転しているホゾが摩耗していないかどうかを点検する。時計を落としたことがあると、ときにこれらのホゾが完全に折れ、水平だった歯車が一方に傾いてしまう。巻きあげ機構のなかに入り込んだ緩い塵の塊や古いジャンパーの綿ぼこりがあれば、それもピンセットで取り除く。普通の作業の際には「no.3s」のピンセットを使っているが、その先端は、先を尖らせた鉛筆のように細い。

その後、欠陥の確認作業に入る。目で見るより触れたほうがわかりやすいほどささいな欠陥だが、それでも完全に時計を止めてしまえるほど重大な欠陥である。時計のなかの各歯車には、テン輪から輪列を経て香箱に至るまで、適切な「シェイク」がなければならない。つまり、各部品を適切に機能させるのに必要な、ある程度揺り動かせる余裕である。あまりに余裕があり過ぎると、「デプシング」(部品相互の距離)が悪くなり、不必要に摩耗したり、計時にずれを生じたり、歯車の歯がかみ合わなくなって制御不能になったりする原因になる。あまりに余裕がなさ過ぎると、装置がロックされて動きが完全に止まってしまう。一〇〇分の一ミリメートル単位、ときには一〇〇〇分の一ミリメートル単位の差が、シェイクが適切かどうかの分かれ目になる。それを確認する際には、時計職人専用の先端が細いピンセットを使って部品をつかみ、優しく揺すってみる。この作業にはかなりの訓練が必要だが、最終的には、シェイクが適切かどうかを直感的に感じ取れるようになる。

修理工程のこの部分は、段階的に進めていく。まずは、テンプのシェイクを確認する。問題がなければ、テンプ受けのねじを外し、ムーヴメントからそれを持ち上げる。すると、下にヒゲゼンマイのついたテンプが現れる。そのテンプを注意深く調べ、ホゾが摩耗していないかを確認する。また、テンプの下面をチェックし、テン真が取り換えられた痕跡、テン輪の平衡をとるためにやすりで削って重さを調節した痕跡の有無を調べる。さらに、宝石軸受けを取り外し、摩耗し始めているかどうか、取り換える必要があるかどうかを確認する。私の計算によれば、標準的な時計の輪列は、八〇年間稼働させると、一二六億一四四〇万回もの振動にさらされる。人工ルビーほど堅固な物質でさえ、スチールの軸との摩擦をこれほど繰り返せば、摩滅することがある。

それから、ガンギ車の歯とかみ合うアンクルのツメの深さを確認する。オイル差しの先端でレバーを優しく弾き、ロック動作に異常がないかを確かめる。時計職人専用のオイル差しは、スチール製の極小のへらのような形をしており、絵筆の剛毛ほどの厚みしかない。先端は小さなオリーブ形になっており、それをオイルに浸すと、表面張力によりそこにオリーブ形のオイルが乗る。それを対象物に当ててオイルを差すのである。これはオイルを使わないときでも有益かつ精密なツールになり、ときにはピンセットを使うよりも細かい作業ができる。アンクルのツメとガンギ車の歯がかみ合う深さ（「デプシング」）については、完璧な角度を計算する公式がある。だがやはり、これほど小さなものを扱っていると、図や表はあまり意味をなさない。見たり触れたりするほうが簡単だ。デプシングはシェイクよりは大きいので、一般的には目で見て確認することも、触れて確認することもできる。*

アンクルを取り外すときには、主ゼンマイの力を解放しておくよう注意する。そうしないままアンクルを外すと、主ゼンマイの力を抑えているものがなくなり、残っている力が輪列を駆け巡り、ムーヴメントが汚れている場合には、さらなる摩耗や損傷を引き起こすおそれがあるからだ。そのため、角穴車(かくあな)〔香箱真と重なり合っている歯車で、リューズの回転を伝達し、香箱に収納された主ゼンマイを巻き上げる〕とかみ合って主ゼンマイがほどけるのを防いでいるツメを引き戻したのちに、慎重にリューズを指でつまみ、ゼンマイの解放力を利用して、反対方向へゆっくりと回していく。すると主ゼンマイがほどけ、その力が徐々に失われていく。それを確認したら、アンクルの軸のシェイクを調べたのちに、それを固定しているブリッジを取り外す。そしてアンクルの宝石軸受けの表面を調べ、摩耗したり砕けたりしていないかを確認する。ブリッジやそのねじ、アンクルは、これまでそこに保管しておいたほかの部品と一緒に、ダストカバーのなかに保管しておく。

次いで輪列へ進み、動かなくなっていないか、シェイクがどれも適切かを確かめ

＊デプシングをわかりやすく表現すると、両手の指を真っ直ぐ伸ばし、真ん中の関節をそろえるようにして、右手と左手を組み合わせた状態だと考えるといい。この状態で手を揺らすと、指を動かすことはできるが、それでも両手はしっかりと固定されたままだ（正しいデプシング）。だが、指の先端の関節あたりで両手を組み合わせると、指が滑って両手がほどけてしまう（デプシングが浅すぎる）。逆に、指のつけ根のあたりで両手を組み合わせると、少しも手を揺らすことができなくなる（デプシングが深すぎる）。

る。ホゾの先端を固定しているブリッジを外せば、ホゾの摩耗を徹底的に調べることができる。最後のいちばん大きなブリッジを取り外すと香箱が現れるので、角穴車とツメを外してシェイクを確認する。それから香箱を本体から外して手に取り、内部の香箱真のシェイクを調べたのちに、香箱のふたを取り外す。そのなかから香箱真と主ゼンマイを取り出し、それらに傷がないか、状態が良好かどうかを確認する。古い時計になると、主ゼンマイがほぼ確実に経年劣化しているため、取り換える必要がある。だが、主ゼンマイの取り換えは一筋縄ではいかない。適切な動力を与えるためには、適切な幅と厚みのゼンマイが必要になるが、それは時計によって大きく異なる。かつて公式に提供された図表を調べ、同一条件の数値を利用したとしても、たいていは主ゼンマイの力が強すぎる結果に終わる。現代のゼンマイは、以前よりも効率のいいスチールでつくられているからだ。しかし、古いレープベルクのように摩滅の激しい機構を救済するには、できるかぎりの力が必要であり、そのためには、当時よりも強力な現代の主ゼンマイでなければならない。したがって、多少なりとも試行錯誤を行ない、いくつかのゼンマイを試して、資料に記載された適切なゼンマイよりも、その時計にとって適切なゼンマイを使用することが必要になる。だがこの試験は、時計をクリーニングし、再び組み立て直したあとでしかできないことなので、ひとまずは脇に置いておく。そして最後にもう一度巻き真を外すと（のちにクリーニングする）、針の位置調整〔時刻合わせの表示系〕とゼンマイの巻きあげ〔動力系〕との操作の切り替えを制御する歯車やスライド式のクラッチ〔ツヅミ車〕が一緒に外れる。これらは香箱受けの下にあるくぼみに収められているが、そこをあらわにしてしまうと、この装置のなかでその歯車やクラッチを固定しているものは、それらと組み合わされていた巻き真だけとなるからだ。

これら最後の部品は、総称してキーレス・ワークと呼ばれる。キーを使わずに時計のねじを巻くとともに〔古い懐中時計ではねじを巻くのにキーが必要だった〕、ゼンマイの巻きあげと針の位置調整との操作の切り替えを制御する部分である。それを外すときには、ほとんど何もなくなったムーヴメントをひっくり返してホルダーに挟み直し、一般的には文字盤の下に隠れている面を上に向けるようにする。巻き真や小さな歯車を固定している部品、レバー〔リターン・バーと呼ばれる〕、バネはすべて、文字どおり「キーレス・カバー」と呼ばれるものの下に隠れている。そのため、それを留めているねじを外し、バネが工房のどこかに飛んでいってしまわないよう注意しながら、このカバーを持ち上げる。リターン・バーのバネは羊飼いの杖のような形をしている場合が多く、ヒゲゼンマイよりやや厚みはあるがきわめて小さく、飛んでいってしまうとなかなか見つからない。この最後の部品をピンセットで取り外し、保管場所に移したら、これまでに取り外したルビー製の軸受けを、きれいにクリーニングする。その際には、尖った木片を使い、乾いた古いオイルを完全に取り除く。それが終わったら、ダストカバーのなかに丁寧に保管しておいた部品をすべて、専用の時計洗浄機にかける。

時計洗浄機は、食器洗浄機に少し似ている。最高の仕上がりを手に入れたいのなら、前もって大半のごみやかすを確実に落としておかなければならない。そのため、溶剤を使って部品を手洗いして余分なグリースやオイルを落としてから、それを小さなスチール製のかごに入れ、そのかごを洗浄機の金具に装着する。一般的には、真鍮製の部品とスチール製の部品とをそれぞれ別の小さなかごにまとめ（洗浄機のなかで回っているあいだにスチールが真鍮を傷つけてしまうおそれがあるため）、きわめて繊細な部品はさらに別の小さなかごに入れる。洗浄機の金具はロボットアームのようなもので、かごを上げたり下げたりして、洗浄液や洗い流し液のなかへ入れたり出したりする。そして最後にかごが送り込まれる先にはヒーターが備えつけられており、そこで各部品から残りの洗い流し液を蒸発させる。そのため、洗浄が終わったかごを触ってみると熱い。

ムーヴメントの部品の洗浄が行なわれているあいだ、再びケースを取り上げてごみを拭い去り、ときには少々磨いて輝きを取り戻す。七〇年以上前の時計の場合、ケースが多少年月を経たように見えるのは仕方がない。そのため所有者からの依頼がないかぎり、ケースを「新品らしく」するようなことはしない。ケースの汚れが何らかの物語とつながっており、そのままにしておいてほしいと思っている所有者がいるかもしれないので、その点には気をつけている。

ムーヴメントの部品がぴかぴかになったところで、組み立て作業に入る。まずは輪列と香箱から始める。専用の工具で主ゼンマイを巻き直し、それを元の場所に収め、新しいグリースを少量塗布する。香箱にわずかばかり力を加えると、輪列全体に回転が伝わるはずなので、全体が自由に動くかどうかは簡単に確認できる。どこかが動かなければ、その問題を解決するまで先には進めない。

次に、キーレス・ワークを組み立てる。小さなバネを慎重に所定の場所に組み込み、それが弾け飛んでしまう前にカバーの下にしまい込む。お椀形に丸めた手で、庭にいるバッタをつかまえるときの要領である。宝石軸受けの表面など、摩擦面にはすべてグリースやオイルを塗るが、多すぎると、文字盤など本来あるべきではない場所に浸み出してしまうので、適切な動作に欠かせないだけの量を塗るよう注意する。ここでも、キーレス・ワークがすべて機能し、針の位置調整とねじの巻きあげとの操作の切り替えがうまくいくことを確認する。試しにねじを巻いてみると、輪列が問題なく、うなりをあげて回転するはずだ。

それから、アンクルをガンギ車の歯とかみ合う場所に戻し、それで輪列の動きを固定する。その状態で、リューズを一度か二度回転させてねじを巻くと、アンクルのツメは瞬時にして所定の位置に飛び込み、輪列にため込まれた力により固定される。アンクルが元気よく左右に動くのを確認したら、最終段階に移る。

主ゼンマイを完全に巻ききった状態で、宝石軸受けに新たなオイルを塗って組み立て直したテンプをムーヴメントに戻す。この瞬間に、時計が再び時を刻み始める。それは、ずいぶん前から沈黙してきた時計を手間暇かけて修理したのちに訪れる、実に心打たれる瞬間だ。それを機に時計は生命を取り戻し、小さな脱進機が再び鼓動を打ち、ヒゲゼンマイが再び整然と呼吸を始める。

テンプに問題がないかどうかは、その振幅の度数を見ればわかる。この年代や様式の時計の場合、その度数は二八〇度から三〇〇度になるのが望ましい。それより大きくなると、テンプが完全に一回転して、アンクルの間違った側を叩き、疾走する馬の足音にも似たリズムを生み出すおそれがある。これは、新たに入れた主ゼンマイが強すぎる場合に起こりやすい。逆に、振幅の度数が小さすぎると、時計が姿勢差の影響を受けやすくなる。つまり、着用者の動きによって進んだり遅れたりしやすくなる、ということだ。そのため、振幅の度数が最適な範囲になるのを目で確認できるまで待ってから、歩度測定器のそばに時計を置く。すると歩度測定器は、時計が時を刻む音を聞き取り、時計の作動状況を正確に伝えてくれる。

この歩度測定器を使えば、平衡を確認できる。平衡とは、テン輪のあらゆる箇所の重みが均等になっている状態を指す。テン輪のどこか一カ所が重すぎると、テンプを横にしたときに（手首に時計を着用した状態で腕を下に垂らせば、テンプは横向きになる）、歩度測定器の数値がマイナスあるいはプラスを示す（テンプをどのような向きで横にするかによって変わる）。このような状態は、計時に影響を及ぼす。テン輪が平衡状態にないときは、テン輪を外し、少し開いたホルダーのルビー製の口金の上にテン真の両ホゾを載せて、テン輪を回転させる。すると、重い箇所が下になって止まる。問題の箇所が明らかになったら、金属の細かい削りくずを切削具で取り除いて（以前に誰かが金属を削っていると、そのようなくずがある）重さを減らし、もう一度回転させてみる。そしてもう一度、さらにもう一度、と繰り返す。何の問題もなく自由に回転し、振り子のように揺れることなくゆっくりと停止するようになれば、それで平衡をとる作業は終わる。最初の一回でうまくいくこともあれば、何時間も辛抱強くこの作業を続けなければならないこともある。

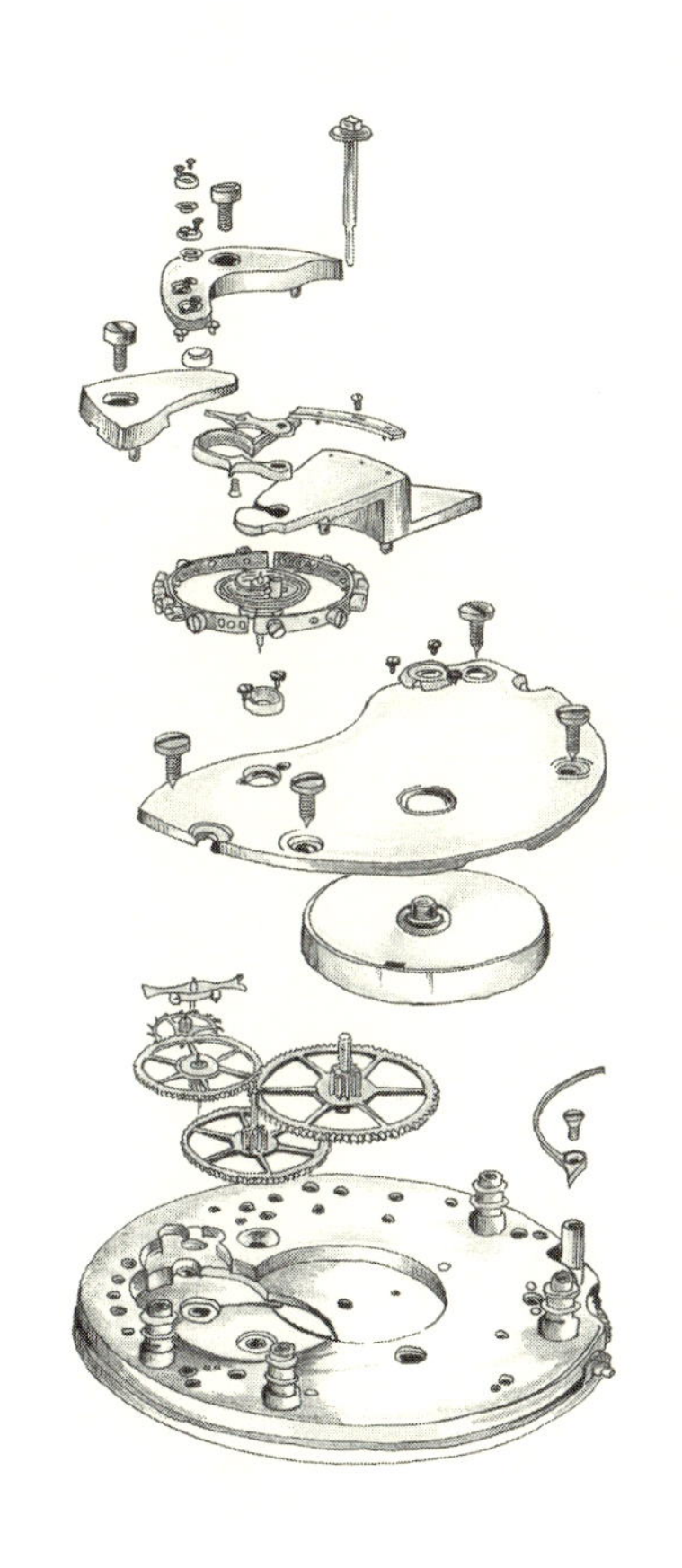

分解された懐中時計のムーヴメント。

動力がないときは、テンプの下面にあってアンクルを左右に振る役目を果たすルビー製のピン（「振り石」と呼ばれる）を、アンクルのフォークの中央に位置づけておく。この状態を「イン・ビート」と呼ぶ。ほかの確認が終了したら、ムーヴメントをケースに収める作業に入る。モーション・ワークと文字盤を元の位置に戻し、小さなグラブねじを締めて文字盤をしっかりと固定する。さらに針を元の場所に戻し、そのときの時刻ちょうどに合わせる。そして最後にもう一度巻き真を外し、輪形のケースにムーヴメントを戻したのちに、ケースの穴から再び巻き真を差し込み、確実に固定する。ムーヴメントをケースに固定する最後の二つのねじを締めたら、裏ぶたを閉じる。

そして最後に実用的な検査を行なう。と言っても、この工房で可能なレベルでの実用に近い検査である。その検査では、時計をある機械の「手首」に装着する。するとその機械は、手首をあらゆる方向へ回転させて時計を動かし、人間の手首に着けたときと同じように時計を動かしても性能を維持できるかどうかを確認する。昼間はそのように時計を動かし、夜間は一カ所に留めておく。それを七日間ノンストップで続ける。それでも時計がきちんと作動しているのを確認してから、時計を所有者に引き渡すのである。

用語集

圧電気（piezoelectricity）

圧力や押圧を意味するギリシャ語に由来し、時計製造の世界では、水晶振動子が機械的応力にさらされたときに生み出す小さな電気パルスを指す。

アンクル（入ヅメと出ヅメ）

脱進機の一部を構成し、ガンギ車の歯を一度に一つずつとらえては放す。交互にとらえては放すこの規則的な動作が、主ゼンマイの力を計時に使える速度へと制御する。

緯度

地図または地球儀上を赤道と平行に東西に走る、想像上の線を使って計算された位置。

イングリッシュレバー

イングランドで発明された脱進機の一形態。一八世紀後半から二〇世紀初めまで同地で採用された。スイスレバーとはガンギ車の歯の形状が異なり、長細く先端が尖っている。

エタブリサージュ

規格化されていない未完成のムーヴメント（これがのちにエボーシュとなる）を製造する初期の生産ライン。一八世紀の初めにスイスで発展した。

エボーシュ

注文に応じて提供される規格化されたムーヴメント。すべての部分が揃ってはいるが未完成の状態であり、購入者は必要に応じて、それにカスタマイズや仕上げ、署名を施し、独自のケースや文字盤、針をとりつける。エボーシュの製造は一九世紀半ばに確立された。

エンジンターン

バラ模様や直線を描くエンジン（機械）を使う彫刻の一様式。仕上がりは幾何学的な図形になり、スピログラフ〔手軽に幾何学模様を描くことができる定規の一種で、玩具店などで売られている〕で描いた模様や、籐（とう）かごの側面の網目模様に似ている。

温度補償

熱膨張や熱収縮により起こる変化を相殺するために開発されたさまざまな装置を指す。

緩衝装置

衝撃を受けた際にホゾが折れるのを防ぐ装置の一般名称。パラシュートもその一種で、そのアイデアが数世紀にわたり改良・再設計され、幅広い方式が考案された。

キーレス・ワーク

時計のねじを巻いたり、ねじの巻きあげと針の位置調整との操作の切り替え（現代の腕時計ではリューズを引っ張る）を制御したりする一連の部品の総称。針の位置調整をしているあいだ、キーレス・ワークはモーション・ワークと連動する。

均時差

平均太陽時と視太陽時との差。要するに、時計上に表示される時刻と、太陽や日時計が示す時刻との差である。

均力車（フュジー）

主ゼンマイから均一なトルクを獲得するために使用された装置。主ゼンマイを完全に巻くと、ほとんど巻いていないときよりも強い力を発揮する。そこで、ガット（腸線、のちにはチェーン）を使い、段階的に太くなっていく均力車に力を送ることで、その力を均一化した。主ゼンマイを完全に巻いているときには、ガットは直径がいちばん小さいところで均力車を回し、力を減衰させる。その後、主ゼンマイの力が弱まるにつれて、ガットは次第に、均力車の直径が大きいほうへ移動していく。

クオーツ

水晶のこと。水晶の圧電性を利用して、電池式の腕時計のなかの発振回路を制御する。

グリニッジ子午線

ロンドンのグリニッジを通過して南北に走る想像上の線。国際日付変更線の反対側にある。

クロノグラフ

ストップウォッチ機能を備えた時計。時計の計時を妨げることなく、ストップウォッチのスタート、ストップ、リセットができる。

クロノメーター

最高水準の精度で作動する携帯型時計や据え置き型時計を指す。この称号は、時計を審査する各国の独立運営組織により授与される。歴史的にこの審査は、イギリスのキュー、フランスのブザンソン、スイスのヌーシャテルやジュネーブなどの天文台で行なわれた。現在の主要な審査センターは、スイス公認クロノメーター検定協会（COSC）である。精度は、数日をかけて（COSCの場合は一五日、かつてのキュー天文台は四四日）さまざまな温度や位置で測定され、これらの厳格な基準を満たした時計だけが、クロノメーターと呼ぶことを認められる。

形態時計

文字どおり、ほかのものの形に似せてつくられた時計。一六世紀後半から一七世紀前半にかけてつくられた。人気の形態には、花、動物、どくろ、宗教的な図像などがある。

経度

地球儀の北極と南極を結んで、一五度間隔に並ぶ想像上の垂直線を使って計算された位置。グリニッジ子午線を基点にして数える。

原子時

原子時計が生み出す高精度な計時方式。原子核の周囲をまわる電子は、エネルギーを加えると高次の軌道へと飛び移り、低次の軌道へ飛び移るときには、特定の振動数のエネルギーを発する。それを計時に利用している。

コンプリケーション（複雑機構）

計時機能以外の機能。クロノグラフやカレンダー表示、リピーター機能など。

シェイク

ホゾが軸受けのなかで前後左右に動ける余裕。シェイクが大きすぎるとデプシングがおかしくなり、小さすぎるとホゾが動かなくなる。

軸（真／芯）

回転・旋回する必要のある部品をとりつける棒（心棒）、あるいは平行ピン。時計の輪列などに見られる。

姿勢差

重力がかかる方向の変化により起こる計時の変化。重力がかかる方向は、着用者がさまざまな位置に時計を動かすことにより変化する。

自動巻き

着用者の動きを利用して主ゼンマイを巻く機構を備えた時計。一般的には、錘が揺れたり回転したりする動きを利用する。

シャンルベ

純銀製や純金製の文字盤の一様式。数字を彫り込んだくぼみに黒のエナメルや蠟を満たす技法で、一般的には絢爛（けんらん）豪華な彫刻や透かし彫り、浮き彫りで装飾されている。現代では、彫刻したのちに半透明のガラス状エナメルで覆った文字盤を指すこともある。

周期振動

振り子や歯車などの規則的な前後運動あるいはリズム。

主ゼンマイ

機械式時計の動力源。香箱のなかに収められた、リボンのような形をした螺旋状のバネで、巻きあげることができる。巻かれたゼンマイは、ほどける際に回転力を生み出す。それが一連の歯車を通じて脱進機へと伝わり、そこでほどける速度が制御される。

脱進機（エスケープメント）

主ゼンマイからの力の解放を制御し、輪列が回転する速度を、計時に利用できる速度にまで減速させる役目を果たしている一群の部品の総称。

鍛金（たんきん）

金属を繰り返し叩いては焼きなまして（加熱して軟らかくする）延ばし、ボウルやカップ、時計のケースなどに成形すること。

デプシング

相互に作用する二つの部品のあいだの位置関係。デプシングが適切であれば、二つの部品は効率よく作動する。デプシングが浅すぎればかみ合わなくなり、デプシングが深すぎれば、摩擦が大きすぎたり動かなくなったりする。

テン真（しん）**（天真）**

テンプの中心にある軸。テン輪や大ツバ（ローラーテーブル）、ヒゲゼンマイの中心にあるヒゲ玉はすべて、この中心軸に摩擦接合されており、上ホゾと下ホゾに支えられて周期振動する。テン真の差異が、発明される一つひとつのテンプの基盤となる。

テンプ受け（バランス・コック）

テンプ受け（バランス・ブリッジ）と同じ。ただし、一つの脚と一本のねじで固定されている。

テンプ受け（バランス・ブリッジ）

バージ脱進機を備えた時計の最上部の地板にとりつけられている部品（初期のレバー脱進機やシリンダー脱進機に見られることもある）。テン真の上ホゾを支えることを目的としている。丸い地板（テーブル）に二つの脚がついた橋の形をしており、たいていは透かし彫りや彫刻で装飾されている。脚を固定する二本のねじで、最上部の地板にとりつけられている。

テン輪（天輪）

時計のムーヴメントのなかで周期振動している円形の部品。見た目は自動車のハンドルのような形をしており、主ゼンマイからの力の解放を制御する役目を果たす。テン真に摩擦接合されたのちに、リベットで固定されている。

グリーンマン〔かつてのヨーロッパ芸術に現れる葉で覆われた人頭像〕の彫刻や透かし彫りで装飾されたテンプ受け（バランス・コック）。1760年代のイギリス製の時計に見られる。

トゥールビヨン

一八〇一年にアブラアム＝ルイ・ブレゲが発明した装置。脱進機とテンプを絶えず三六〇度回転させ続けることで、姿勢差を低減させている。

塗金（ギルディング）

電気メッキ〔電流を使用したメッキ法〕の前身で、「アマルガムメッキ」とも言う。金とほかの金属、およびペースト状の化学物質を混ぜ合わせたものを、銀、または銅や真鍮などの卑金属の表面に塗り、炎にさらして液体を飛ばすと、表面に金が焼きつけられる。この加工には水銀やアンモニア、硝酸などが使われるため、その過程で出るガスはきわめて危険である。やがて電気メッキがこれに取って代わった。

二重ケース

内側のケースにムーヴメントを収め、それをさらに外側のケースに収めて保護するタイプの時計のデザイン。

バージ

最初期の懐中時計に見られる脱進機の名称。当初は据え置き型時計に使用されたが、一九世紀に入るころには廃れた。直角に配置された二つのツメを持つテン真で構成される。周期振動する水平の梁に固定されたテン真が左右に回転すると、そこにとりつけられたツメが、それとかみ合う歯車の歯を一度に一つずつ解放する。この歯車は、ガンギ車または冠歯車と呼ばれる。

パラシュート

一七九〇年に時計の機構に初めて導入された緩衝装置の名称で、アブラアム＝ルイ・ブレゲによりパリで発明された。時計をぶつけたり落としたりした際に、テン真の繊細なホゾが折れるのを防ぐ役目を果たす。

ヒゲゼンマイ

螺旋状の細いバネ。テン輪が周期振動する速度を制御する。短すぎれば時計は速く進み、長すぎれば時計は遅く進む。テン輪の中心にあるテン真にヒゲ玉で固定されている。初期の懐中時計では、ブタの剛毛でつくられていた。

ブルースチール

熱処理により（かつてはアルコールランプの炎を

時計職人が使ったガラス製のアルコールランプ。ブルースチールの製造などの用途に使用された。

使った）、青色に見える酸化被膜で覆われたスチール。スチールは加熱されると色が変わり、最初は麦わらのような色調を帯び、それから濃い紫色になり、やがて暗い青色になる。この青色はその後、徐々に明るくなり、エレクトリックブルー（鋼青色）に近くなったのちに、スチール本来の灰色に戻っていく。酸化被膜は、さびからある程度スチールを守り、その強度を高めるが、時計製造の世界では、単なる美的理由から行なわれることもある。時計職人は好きな色合いのところでスチールを熱源から離し、色の遷移を止める。

ベゼル

時計のケースのフロント部分。文字盤を覆う透明なガラス（あるいはクリスタルやサファイア）を固定している。

宝石軸受け

合成鋼玉（ルビーかサファイア）製のホゾ軸受け。きわめて高い耐摩耗性があるため、鋼玉が使われる。真鍮製の筒状軸受け（ブッシュ）に代わり、一八世紀に現れた。

ホゾ

軸の端の細くなった部分。できるかぎり摩擦を減らすため、直径を狭くしてきれいに研磨されている。軸は、この部分で支えられて回転あるいは旋回する。

マスティージ（Masstige）

「mass produced（大量生産）」と「prestige（威信）」を合わせた造語。贅沢品を営利化する際に使われる。

モーション・ワーク

時計の針の動きを制御する一連の歯車やカナ（ピニオン、児歯車とも）の総称。ツツ車（筒車）は一二時間ごとに一回転し、ツツカナ（筒カナ）は六〇分ごとに一回転する。普通に作動しているときには、その動きは輪列により制御される。針の位置調整をするときには、キーレス・ワークがこの動きを止め、手作業による針の位置調整を可能にする。

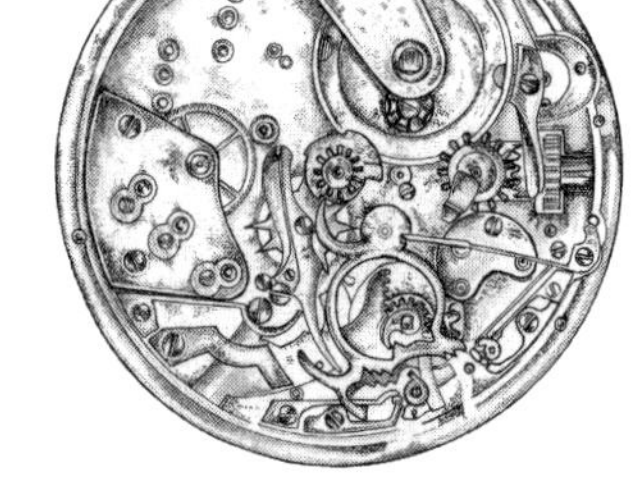

15分単位で時を知らせる懐中時計のムーヴメント。1860年ごろにルイ＝バンジャマン・オーデマがスイスで製作した。

リピーター

時と四半時（一五分単位）、あるいは時と四半時と分を、ワイヤー製のゴングや小さなベルで知らせる時計の機構。

リューズ（竜頭）

「ボタン」ともいう。ケースの側面にあり、そこを回転させることで、ねじを巻いたり、時計の時刻を調節したりする。

輪列（りんれつ）

ムーヴメントのなかで相互につながった一連の歯車やカナ（児歯車）。計時に適した回転速度まで主ゼンマイの力を減速させる。

ルーペ

拡大レンズ。時計製造の世界では目に装着する。普通の作業では三倍の拡大倍率を使うが、もっと細かいところまで検査する場合は、一般的には二〇倍程度までのさまざまなルーペを使用する。

ルーペ。

ルプセ

銀細工に使われる技法。金属片の裏側から叩いて浮き彫りをつくり、さらに前面から彫刻や彫金を行なって細部を整える。一般的には、一八世紀の二重ケース時計の、外側のケースのデザインに利用された。

謝辞

本書は、私の人生、キャリア、教育の大半をまとめたものなので、その過程で私に手を貸してくれた人々についても、本文並みの分量のリストをつくれそうなのだが、なるべく短くすることにしよう。

まずは、私を時計製造の世界に導いてくれた師、ポール・サールビーとジム・カインズに感謝したい。宝石細工の講習では、ピーター・シュルサルツィクとアイミア・コンヤードの世話になった。時計の歴史については、ローレンス・グリーン博士とケネス・クイッケンデン教授の支援がなければ学業をまっとうできなかったことだろう。

本書は、何度も提案と拒否を経験し、出版の望みを完全に失った矢先に実現した。私を見つけ、もう一度試してみるよう勧めてくれたカースティ・マクラクラン、代理人のデイヴィッド・ゴッドウィン、私に本書を依頼してくれた編集者のカーティ・トピワラをはじめ、ホッダー社のすばらしいスタッフの方々（レベッカ・マンディ、ジャッキー・ルイス、トム・アトキンス、ヘレン・フラッド、挿絵の編集を担当したジェイン・スミス）に感謝したい。そのほか、ホリー・オヴェンデンは美しい表紙をデザインしてくれた。ロマ・アグラワルは私的な立場で、私が方向性を見失わないよう指導してくれた。この物語の無数の糸を紡ぎ合わせる作業を辛抱強く手伝ってくれたヴィクトリア・ミラーにも、謝意を述べなければならない。夜遅くまで苦戦していたときに、元気の出るネコの写真を送ってきてくれてありがとう。

また、私の研究調査を手伝い、広範なテーマを扱う本文の細部を確認してくれた以下の方々に感謝したい（順番に意味はない）。ジャスティン・コウラピス、アロム・シャハ、ミシェル・バスティアン博士、ケヴィン・バース教授、マイケル・クレリゾ、マイク・カーデュー、リチャード・ホップトロフ博士、ステファニー・デイヴィス博士、デイヴィッド・グッドチャイルド、ジム・ベヴァリッジ博士、カレン・ベネット、シャンタル・ブリストウ、フランシスコ・デリコ教授、ケイティ・ラッセル＝フリール博士、ロナルド・ミフスッド氏、アンナ・ロールズ、エリザベス・ドーア、セス・ケネディ、デイヴィッド・バリー、モリー・ヒューズ、マイク・フレイン、ジェイムズ・フォックス氏。スミス・オブ・ダービー社のジョー・スミス教授とレナータ・ティシュチュク教授は、壮大な工房を案内してくれた。

超がつくほどの才能に恵まれたアンディ・ピルズベリーは、本書のすべての写真ばかりか、長年にわたり私たち二人の写真の大半を撮影してくれた。これほどのスキルを備えた友人がいて、私たちは運がいい。アンディは二〇二二年、最初の子どもであるポピー・ピルズベリーを家族に迎え入れたので、この謝辞を利用して本書にその名を永久に留めておくことにしたい。ポピー、この世界へようこそ！　また、写真編集の技術を見せてくれたジェン・オショーネシーや、これらの写真を掲載するために手を貸してくれた、時計や物品の所有者や管理者たちにも礼を述べたい。

私の調査の大半は、博物館やその学芸員たちの支援がなければ実現できなかった。この場を借りて特に謝意を伝えたいのは、以下の方々である。大英博物館のデイヴィッド・トンプソン、ポール・バック、オリヴァー・クック、ローラ・ターナー。計時博物館のアラン・ミドルトン、アレックス・ボンド、イジー・デイヴィッドソン、ロバート・フィネガン博士、デイヴ・エリス。時計職人名誉組合のアンナ・ロールズ。マクレガー博物館のデイヴィッド・モリス博士。アシュモレアン博物館のエイミー・テイラー。世界各地の時計のコレクションを収めた博物館のリストは、インスタグラムで私をフォローしてくれているすばらしい方々からの情報により、大いに充実したものとなった。みなさんの親切な情報提供に感謝している。

長年にわたり私たちの仕事や工房を支援してくれている教育機関や慈善団体はたくさんある。この場を借りて謝意を表するとともに、本書に記されている伝統的な職人技術についてもっと知りたい、時計製造の技術について学びたいと思った方のために、その機関や団体の名称を以下に記しておくことにしよう。英国時計研究所（British Horological Institute）、エリザベス女王奨学金基金（Queen Elizabeth Scholarship Trust）、ヘリテージ・クラフツ（Heritage Crafts）、伝統技術者協会（Association of Heritage Engineers）。

共同作業をさせてもらっている創造的な職人たちにも感謝したい。私たち二人の仕事を支えてくれている以下の仲間たちである。ヘンリー・ディーキン、ザ・ウィザード（別名スティーヴ・クランプ）、デイヴ・フェローズ、アンドリュー・ブラック、アニタ・テイラー、リーアム・コール、サリー・モリソン、ルイス・ヒース、フロリアン・ギュラート、マイク・カウザー、ニール・ヴァシー、アヌースカ・ヒューム、ギャビ・グッチ、メイ・ムーアヘッド、キャラム・ロビンソン、マリサ・ジャナシ。さらに、クレイグや私にはない鋭敏なビジネス感覚を持つ、ありがたいほど辛抱強い友人でもあり指導者でもあるジャン・ローソンには心から感謝している。あなたがいなければ、本書に書いてある工房をいまだに持てないでいたかもしれない。

また、シャロン・レティシエとニラージュ・ミストリー博士は、時計製造の仕事を続ける勇気や力を私に与え続けてくれた。

そして、わが同志であり、刺激の源であり、本書のイラストレーターでもあるクレイグ・ストラザーズに謝意を述べたい。本書を執筆しているあいだはおろか、過去二〇年にわたり絶えず私を助けてくれた。また、仲間からはぐれて宿なしだった四つ足の家族たち（小さいのやら毛むくじゃらのやら）は、いつも私をはらはらさせながらも、必要なときには必ずそばにいて抱き締めさせてくれた。番犬のアーチー、ネコのアラバマとイスラ、ネズミのモリッシーである。そしてもちろん、両親や家族にも感謝の気持ちを伝えたい。私がいまの私でいるのは、あなたがたのおかげだ。私に手を焼いたとしても、あなたがたは自分を責めるほかない。

本書は、執筆中にこの世を去った偉大な生命の思い出に捧げられている。アダム・フィリップスは、経済的に独立して時計のケース細工の仕事ができた、イギリスでは最後の職人だった。二〇一七年には非公式の徒弟としてクレイグを受け入れ、その技術を教えてくれた。その寛大さ、知識、思いやりを忘れることはないだろう。アダムはいつも新たな(古い)工具を欲しがり、そのたびに「いくら旋盤をかけてもかけすぎることはない」から、と言っていた。クレイグはそんなアダムの言い訳が忘れられないという。そのアダムも同じネコ好きだったから、献辞のなかで、私の忠実なる旧友インディと名前を並べても不満には思わないだろう。インディは、私が本書を執筆しているあいだ、ほとんどいつも膝の上に座っていた。そして、原稿を提出した翌日にこの世を去った。とてもきれいな、本当にきれいなネコだった。

人類と時間

時計職人が綴る小さくも壮大な歴史

2024年12月24日　第1刷発行

著　者　レベッカ・ストラザーズ

訳　者　山田美明

発行者　富澤凡子

発行所　柏書房株式会社

東京都文京区本郷2-15-13（〒113-0033）

電話（03)3830-1891［営業］

(03)3830-1894［編集］

挿　絵　クレイグ・ストラザーズ

写　真　アンディ・ピルズベリー

装　丁　コバヤシタケシ

組　版　株式会社キャップス

印　刷　萩原印刷株式会社

製　本　株式会社ブックアート

ISBN 978-4-7601-5580-4

著者

レベッカ・ストラザーズ

バーミンガム出身の時計職人、歴史家。2012年、バーミンガムのジュエリー・クォーターに、同じく時計職人である夫のクレイグとともに工房「ストラザーズ・ウォッチメーカーズ」を共同設立。伝統的な機器と職人技を駆使して、アンティーク品の修復やオーダーメイドの時計製作を行なっている。イギリスでは数少なくなった、一から時計をつくれる時計職人の1人である。2017年にはイギリス史上初めて、時計学の博士号を取得した時計師となった。夫のクレイグ、愛犬のアーチー、愛猫のアラバマとイスラ、ネズミのモリッシーとともに、スタッフォードシャーに在住。

訳者

山田美明（やまだ・よしあき）

英語・フランス語翻訳家。訳書に、ダグラス・マレー『大衆の狂気——ジェンダー・人種・アイデンティティ』（徳間書店）、エマニュエル・サエズ＋ガブリエル・ズックマン『つくられた格差——不公平税制が生んだ所得の不平等』（光文社）、ジョセフ・E・スティグリッツ『スティグリッツ PROGRESSIVE CAPITALISM』（東洋経済新報社）、レベッカ・クリフォード『ホロコースト最年少生存者たち——100人の物語からたどるその後の生活』、ソーミャ・ロイ『デオナール　アジア最大最古のごみ山——くず拾いたちの愛と哀しみの物語』（以上、柏書房）、他多数。

翻訳協力　株式会社リベル

原注

参照した論文の全リストについては、xii 頁の「参考文献」に掲載している。

後ろ向きの前書き

[1] Hom, A. (2020) に引用されたBBCの情報による。上位10位までの名詞のなかには、時間に関連する2つの単語「年（year)」と「日（day)」も含まれる。

1　太陽を追う

[1] Wadley, L. (2020).
[2] Walker, R. (2013), p. 89.
[3] Helfrich-Förster, C.; Monecke, S.; Spiousas, I.; Hovestadt, T.; Mitesser, O.; Wehr, T.A. (2021).
[4] Häfker, N.S.; Meyer, B.; Last, K.S.; Pond, D.W.; Hüppe, L.; Teschke, M. (2017), p. 2194.
[5] Popova, M. (2013).
[6] プラデル岩陰で発見されたハイエナの骨も、平行する規則的な刻み目を持つ骨の一例であり（その跡は、食肉処理とはまったく関係がないように見える)、レボンボの骨と同じ時代にまでさかのぼる。ただし、プラデル岩陰の骨に刻み目を入れたのは、私たち人類の近縁にあたるネアンデルタール人である。この刻み目は、単なる装飾かもしれないが、ある程度の計算能力があったことを証明している可能性もある。以下を参照。Wragg Sykes, R. (2020), p. 254.
[7] イシャンゴの骨は現在、ベルギー王立自然史博物館（ブリュッセル）で恒久展示されている。
[8] Thompson, W.I. (2008), p. 95.
[9] Snir, A.; Nadel, D.; Groman-Yaroslavski, I.; Melamed, Y.; Sternberg, M.; Bar-Yosef, O.; et al. (2015).
[10] Zaslavsky, C. (1999), p. 62.
[11] Wragg Sykes, R. (2020), pp. 278–9.
[12] Rameka, L. (2016), p. 387.
[13] Zaslavsky, C. (1999), p. 23.

[14] Lockyer, J.N. (2006), p. 110. 天文学に熱心だったエジプト人が太陽中心説（地球などの惑星が太陽のまわりを回っているとする理論）にたどり着いていた可能性もあるが、紀元2世紀にアレクサンドリアのプトレマイオスが提唱した地球を中心とするモデルが数世紀にわたり君臨した。

[15] Ibid., p. 343.

[16] Walker, R. (2013), p. 16.

[17] Ibid., pp. 18–19.

[18] この記述は、アルフレッド大王の王室伝記作家だったアッサー主教の記録のなかにある。紀元893年に執筆された。

[19] Balmer, R.T. (1978), p. 616.

[20] May, W.E. (1973), p. 110. Chapter 2: Ingenious Devices

2 精巧な装置

[1] Masood, E. (2009), p. 163.

[2] Ibid., p. 74.

[3] Zaimeche, S. (2005), p. 10.

[4] Masood, E. (2009), p. 74.

[5] Foulkes, N. (2019), p. 64.

[6] Morus, I.W. (2017), p. 108. 以下に引用されている。Foulkes, N. (2019), p. 65.

[7] Foulkes, N. (2019), p. 65. 残念ながら、蘇頌の水時計は歴史の闇に埋もれてしまった。1127年にタタールが中国を侵略した際にこれを奪い取ったが、トレドにあったアッ＝ザルカーリーの時計の場合と同じように、タタールの学者にはそれを元どおりに組み立てて再稼働させることができなかったのだ。現在、それにもっとも近いものとして、完璧に機能する実物大の複製が、長野県の下諏訪（しもすわ）地区にある時計工房儀象堂（ぎしょうどう）の外にある。この地区は、日本における主要な時計産業の中心地の1つで、有名な時計会社セイコーエプソン本社から車ですぐのところにある。

[8] Yazid, M.; Akmal, A.; Salleh, M.; Fahmi, M.; Ruskam, A. (2014).

[9] Masood, E. (2009), p. 163.

[10] Stern, T. (2015), p. 18, これは、リチャード・スミスが編纂した17世紀の原稿を引用したもので、以下にも引用されている。Bedini, Doggett & Quinones (1986), p. 65.

[11] Glennie, P. & Thrift, N. (2009), p. 24.

[12] Ibid.

[13] Oestmann, G. (2020), p. 42.

[14] 月の早見表の実物は、オックスフォード大学のボドリアン図書館にある。受入番号は MS. Savile 39, fol. 7r (https://www.cabinet.ox.ac.uk/lunar-tool#/media=8135 [2021 年 4 月 19 日に閲覧])。

[15] Baker, A. (2012), p. 16.

[16] Álvarez, V.P. (2015), p. 64.

[17] Ibid., p. 65.

[18] Lester, K. & Oerke, B. V. (2004), p. 376. ただし、「48 時間もつ」という主張は怪しい。この時代の時計は 1 日より長くもつことはない。

3 光陰矢のごとし

[1] ホラティウスの一節にこうある。「Pallida mors æquo pulsat pede pauperum tabernas Regumque turres」(「青白い死は、偏見のない足で、貧民の田舎屋と国王の宮殿の扉を叩く」)

[2] Thompson, A. (1842), pp. 53–54.

[3] ジャガーは、女王メアリーのものだったと思われるどくろ時計が、1822 年にソールズベリーに存在したという証拠を発見している。それをもとに、19 世紀にさらに 2 つの複製品がつくられた可能性もある。スコットランドにおけるヴィクトリア女王の時計師が 1863 年に書いた手紙には、「かつてスコットランド女王メアリーのものだったどくろ時計」は、「不幸せな女王が処刑される前にそれをあげた」メアリー・シートンから、その妹キャサリン・シートンを通じて、ジョン・ディック・ローダー卿の家族の手に渡った、とある。しかし、1895 年の聖パウロ教会学協会の取引台帳には、以下のような時計を売却したという記録がある。「その信心深い時計は、1 時間ごとにとても美しい音を奏でるベルを備え、彫刻に覆われたどくろの形のケースに収められている。(中略) それは、トーマス・W・ディック=ローダー卿が所有していた時計にきわめて似ている。(中略) 彼の話によればそれは、女王メアリーがお気に入りの女官に贈った 12 個の時計の 1 つだという」

[4] 女王メアリーがホリールード宮殿にいた 1562 年に作成された財産目録には、感心するほど幅広い品が列挙されている。そのなかには、彼女の好きな白のほか、漆黒、深紅、およびオレンジ色 (銀の細かい装飾がある) の、重厚な刺繍を施した 60 着ものガウンもあれば、衣類に仕立てられるのを待っている、金や銀、ビロード、繻子、絹の布もある。そのほか、14 着の外套、紫のビロードやオコジョ皮の袖なし外套、34 着の婦人用コルセットを所有していた。

[5] 女王メアリーは軟禁中に、「En ma Fin gît mon Commencement」(「わが終わりにわが始まりあり」)という引用句を刺繍したと言われている。

[6] Fraser, A. (2018), p. 669.

[7] ホルバインが描いた肖像画には、裕福な後援者の懐中時計や置き時計を明確に描写しているものがたくさんある。たとえば、フランス大使シャルル・ド・ソリエ(1480～1552年)や、スイスの商人イェルク・ギーシェ(1497～1562年)、法律家サー・トマス・モア(1478～1535年)とその家族の肖像画などである。

[8] Cummings, G. (2010), p. 14.

[9] 香料は、洗練された鼻を持つ16世紀のヨーロッパ人が、適切な下水道設備がない都市で、嗅覚にかかわる生活上の問題に対処するうえで重要だっただけでなく、感染症のような病気を防ぐ効果があると信じられてもいた。

[10] 現段階ではまだ、誰が、いつ、なぜこの埋蔵品を埋めたのかはわかっていない。この宝飾品の管理人となったヘイゼル・フォーサイスは、これらの疑問を追究し、大部の書籍にまとめあげた。彼女の説によれば、1642年に始まったイングランド内戦において戦地に向かった金細工職人が、そのまま帰ってこなかったのではないかという。あるいは、その人物が戦争を逃れ、外国に避難所を求めたのかもしれない。埋蔵品が、その地に住んでいたジェームズ1世時代の金細工職人のものだった可能性はあるが、その人物が誰であれ、埋めた宝飾品を取り戻せるまで長くは生きられなかったことは間違いない。

[11] 500年近く前に起きた大規模な虐殺であり、公式にそれを記録する試みもほとんどなかったため、死者や難民の推計値が、情報源によって大きく異なるのもうなずける。本書ではこれらの数字について、以下を参照した。Murdoch, T.V. (1985), p. 32.

[12] Ribero, A. (2003), p. 65.

[13] Ibid., p. 73.

[14] 時計はすでにすこぶる有益な道具と化していたため、厳格なピューリタンもこれを放棄することはできなかった。大英博物館のコレクションには、やや疑わしい点はあるが、クロムウェルにまつわる来歴を持つ時計がある。また2019年には、かつてこのピューリタンの指導者が使っていたとされる別の時計が、カンブリア州カーライルのオークションに出品された。

[15] 特にユグノーは、勤勉な労働習慣で知られていた。1708年にエドワード・ウォートリーが庶民院で述べているように、彼らにとって労働は「神が定めた使命の日常的実践」だった。時計職人のダヴィッド・ブーゲは熱心なプロテスタントだったから(スレッドニードル通りのフランス教会の役員を4度務めた

ことがある）、神から与えられた贈り物を自分のいちばんの才能に使用しないのは罪だという見解を抱いていたのかもしれない。カルヴァン派の信者にとって時間は、自然のなかに現れた神の計画の一部であり、それに従うことが宗教的に重要な意味を持っていた。

[16] Rossum, G.D.v. (2020), p. 85.

[17] Richardson, S. (1734). 以下に引用されている。Rossum, G.D.v. (2020), p. 85.

[18] Baxter, R. (1673).

[19] Fraser, A. (1979). 以下に引用されている。Rossum, G.D.v. (2020), p. 74.

[20] Murdoch, T.V. (1985), p. 51.

[21] Ibid.

[22] Thompson, W.I. (2008), p. 40.

4　黄金時代

[1] 1665 年 8 月 22 日火曜日のサミュエル・ピープスの日記による（https://www.pepysdiary.com/diary/1665/08/22/）。

[2] House of Commons (1818), p. 4. 製造に人間の多大な労力を必要とした製品は、いずれも書籍のようなものであり、巧妙な仕上げにおいても、職人の明らかな痕跡（署名や製造者印など）においても、ある程度独自の個性を見せる。専門家の目で見れば、これらの印が文章のように読み取れる。

[3] Cummings, N. & Gráda, C.Ó. (2019), pp. 11–12.

[4] Dickinson, H.W. (1937), p. 96; Tann, J. (2015). 以下に引用されている。Cummings, N. & Gráda, C.Ó. (2019), p. 19.

[5] Thompson, E.P. (1967), p. 65.

[6] Stubberu, S.C.; Kramer, K.A.; Stubberud, A.R. (2017), p. 1478.

[7] Abulafia, D. (2019), pp. 17, 812–13.

[8] Sobel, D. & Andrewes, W.J.H. (1995), p. 52.

[9] Robert FitzRoy. 以下に引用されている。Barrie, D. (2014), p. 227.

[10] Henry Raper. 以下に引用されている。Barrie, D. (2014), p. 89.

[11] Baker, A. (2012), p. 15.

[12] Ibid., pp. 23–24.

[13] National Maritime Museum, Flinders' Papers FLI/11. 以下に引用されている。Barrie, D. (2014), p. 204.

[14] Wilkinson, C. (2009), p. 37.

[15] Rodger, N.A. (2005), pp. 382–3. 以下に引用されている。Barrie, D. (2014), p.

115.
[16] Good, R. (1965), p. 44.

5 時間を偽造する

[1] マッジは1767年にレバー脱進機を導入していたが、当時の平均的な懐中時計に対するレバー脱進機の存在感を現代に例えれば、シンプルなタイメックスに対するゼニス社のデファイ（現市場におけるもっとも正確な機械式時計を自称している）のようなものだった。まだバージ脱進機が標準だったのだ。
[2] Chapuis & Jaquet (1970), pp. 80–82.
[3] Heaton, H. (1920), pp. 306–11. 以下に引用されている。Cummings, N. & Gráda, C.Ó. (2019), p. 6.
[4] Ganev, R. (2009), pp. 110–11.
[5] Cummings, N. & Gráda, C.Ó. (2019), p. 6.
[6] Clarke, A. (1995). 以下に引用されている。Ganev, R. (2009), p. 5.
[7] Erickson, A.L., p. 2.
[8] このリストは頻繁に更新されており、最新の数字は以下で閲覧できる。https://www.ahsoc.org/resources/women-and-horology/.
[9] Landes, D. (1983), p. 442.
[10] Neal, J.A. (1999), p. 109.
[11] ピットはこの時期に、所得税など無数の税を導入した。フランス革命戦争や避けようのないナポレオン戦争に伴う財政負担を補うためである。
[12] Rossum, G.D.v. (2020), p. 78.
[13] Ibid., p. 73.
[14] Ibid., p. 86.
[15] Styles (2007). 以下に引用されている。Verhoeven, G. (2020), p. 111.
[16] Verhoeven, G. (2020), p. 105. 据え置き型時計を所有する人が増えたことも、時間認識の高まりに貢献した。1675年には、据え置き型時計を所有しているロンドンの世帯はわずか11%に過ぎなかったが、30年後になると、この数字が57%に増えた。1770年代には、中央刑事裁判所が扱った事件の10%以上が、据え置き型時計の窃盗に関連するものだった。据え置き型時計の平均価格は低下し、18世紀のあいだに75%も下落していた。それでも、18世紀後半から19世紀前半にかけての据え置き型時計の窃盗報告の半分以上は、裕福な所有者からのものだった。富裕層は人口のなかでは少数派だったにもかかわらずである。

[17] House of Commons (1817), p. 67.

6 革命の時間

[1] Salomons, D.L. (2021), p. 5.

[2] このたとえを思いついたのは、すばらしい才能に恵まれた時計修復師にして、バラ模様を描くエンジンの使い手であるセス・ケネディである。

[3] ブレゲの私生活を調べるのは難しい。彼は当時の有名人で、名声を得てからというもの、時計製造の業績以外については、厳然たる事実がないまま記事にされることが多かった。彼の生涯についての書籍を見ても、家族のことについてはまったく触れられておらず、数々の作品を完成した日時さえ一定しない。そのため私は、妥協点を見つけることに全力を注いだ。

[4] 情報源により、父親を亡くしたときのブレゲの年齢は、10 歳、11 歳、12 歳と違いがある。

[5] Breguet, C. (1962), p. 5.

[6] Ibid., p. 6.

[7] 「恐怖時代」とも言う。

[8] 皮肉にもギロチンは、処刑に反対する医師ジョゼフ＝イニャス・ギヨタンにより、人道的な処刑方法として発明された。それ以前にイタリアやスコットランドで使われていた斧を滑り落とす装置をもとに、迅速かつ清潔な処刑を行なえるよう改良を加えている。

[9] これらの証言やそれに類するものの多くは、以下に記載されている。Anon (1772).

[10] Antiquorum (1991).

[11] Daniels, G. (2021), p. 6.

[12] この時計は 2020 年 7 月 14 日にサザビーズの競売にかけられ、157 万 5000 ポンドの値がついた。この部分の記述は、サザビーズの目録を参考にした。この目録は以下で閲覧できる。https://www.sothebys.com/en/buy/auction/2020/the-collection-of-a-connoisseur/breguet-retailed-by-recordon-london-a-highly.

[13] Mills, C. (2020), p. 301.

[14] Shaw, M. (2011).

[15] 閏年の調整のため、4 年ごとに追加の「革命祭」がある。

[16] Daniels, G. (2021), p. 7.

[17] Ibid., p. 9.

[18] Salomons, D.L. (2021), pp. 11–12.

［19］Breguet, C. (1962), p. 10.

7　時計に合わせて働く

［1］イギリスの社会歴史学者にして政治運動家でもあるE.P. Thompsonが1967年に発表した画期的な論文「Time, Work-Discipline and Industrial Capitalism（時間・労働規律・工業資本主義）」は、時間が自然の力から組織統制の力へと大きく変化した事実を指摘している点で優れている。この節に興味があるのなら、この論文やそれに着想を得た論文を探してみることを強くお勧めする。

［2］Thompson, E.P. (1967), p. 61. 労働日や時給の起源は、16世紀にまでさかのぼる。以下を参照。Glennie, P. & Thift, N. (2009), p. 220.

［3］Edmund Burke. 以下に引用されている。Ganev, R. (2009), p. 125.

［4］Myles, J. (1850), p. 12. Chapters in the Life of a Dundee Factory Boy, an autobiography, James Myles, 1850

［5］Peek, S. (2016).「目覚まし屋」は当時、ロンドンの生活に欠かせない存在になっており、チャールズ・ディケンズの『大いなる遺産』にも、ウォプスル氏が目覚まし屋に起こされる場面がある。この仕事は短命に終わるどころか、比較的最近まで存続していた。イギリス最後の目覚まし屋が豆鉄砲で人を起こす仕事をやめたのは、1970年代になってからだった。

［6］Alfred, S. K. (1857). 以下に引用されている。Thompson, E.P. (1967), p. 86.

［7］Rev. J. Clayton's *Friendly Advice to the Poor* (1755). 以下に引用されている。Thompson, E.P. (1967), p. 83.

［8］テンプル（1739～96年）はノーサンバーランド州ベリック＝アポン＝トゥイードの出身で、エジンバラ大学で教育を受けた。宗教や権力、道徳に関する見解を表明した論文を多数出版している。

［9］Anon. (1772).

［10］Newman, S. (2010), p. 124.

［11］Mills, C. (2020), p. 300.

［12］Ibid., p. 308.

［13］Thompson, E.P. (1967), pp. 91–92.

［14］Hom, A. (2020), p. 210.

［15］Thompson, E.P. (1967), pp. 56–97.

［16］Collier, M. 'The Woman's Labour: an Epistle to Mr. Stephen Duck; in Answer to his late Poem, called The Thresher's Labour' (1739), pp. 10–11.

［17］Ganev, R. (2009), p. 120.

[18] Stadlen, N. (2004), p. 86. 母親になったばかりのある女性にスタドレンが話を聞いたところ、彼女はこう述べたという。「時計の時間はもう何の意味もない」
[19] Sophie Freeman, 'Parents find time passes more quickly, researchers reveal', *The Times*, 22 February 2021; Popova, M. (2013).
[20] House of Commons (1817), p. 15.
[21] Ibid., p. 5.
[22] Hoult, J., 'Prescot Watchmaking in the xviii Century', *Transactions of the Historic Society of Lancashire and Cheshire*, LXXVII (1926), p. 42. 以下に引用されている。Cummings, N. & Gráda, C.Ó. (2019), p. 27.
[23] Church, R.A. (1975), p. 625. 以下に引用されている。Cummings, N. & Gráda, C.Ó. (2019), p. 24.

8 冒険に連れ添う時計

[1] Ramirez, A. (2020), p. 42.
[2] Ibid., figs 18–19.
[3] 'Corn Exchange Dual-Time Clock', Atlas Obscura, https://www.atlasobscura.com/places/corn-exchange-dualtime-clock.
[4] Bartky, I. (1989), p. 26.
[5] Slocum. 以下に引用されている。Barrie, D. (2014), p. 245.
[6] 蛍光塗料の危険性は、「ラジウム・ガールズ」の悲劇を通じて、一般の注目を集めるようになった。彼女たちは1910年代および20年代に、細い筆で文字盤に数字を手描きしていた。その物語については、次章で詳しく扱う。
[7] Scott, R.F. (1911), p. 235.
[8] Ibid., p. 210.
[9] 'South African concentration camps', New Zealand History, https://nzhistory.govt.nz/media/photo/south-african-concentration-camps（2022年11月23日にアクセス）.
[10] 'The History of the Nato Watch Strap', A. F. 0210, https://af0210strap.com/the-history-of-the-nato-watch-strap-nato-straps-in-the-great-war-wwi-era/（2023年1月12日にアクセス）〔現在はリンク切れ。以下を参照されたい。https://af0210strap.com/blogs/news/the-history-of-the-nato-watch-strap-nato-straps-in-the-great-war-wwi-era〕.
[11] Ibid.
[12] Ibid.

［13］Geffen, A. (2010).
［14］ギャバジンは、頑丈で耐久性の高い、緊密に織られた布で、一般的には羊毛か綿でつくられる。制服やコート、アウトドアウェアの生産によく使われる。

9　加速する時間

［1］ Gohl, A. (1977), p. 587. 以下に引用されている。Glasmeier, A.K. (2000), p. 142.
［2］ Cartoonist M.C. Fisher. 以下に引用されている。Cummings, G. (2010), p. 232.
［3］ Dowling, J.M. & Hess, J.P. (2013), p. 11.
［4］ Moore, K. (2016), p. 171.
［5］ Ibid., p. 25.
［6］ Ibid., p. 9.
［7］ Ibid., p. 11.
［8］ Ibid., p. 45.
［9］ Ibid., p. 8.
［10］Ibid., pp. 7–8.
［11］Ibid., p. 10.
［12］Ibid., pp. 9–10.
［13］Ibid., p. 16.
［14］Ibid., pp. 18–19.
［15］Ibid., p. 111.
［16］Ibid., p. 224.

10　人間と機械

［1］ Davidson, H. (2021).
［2］ 'Reinventing Time: The Original Accutron', Hodinkee, https://www.hodinkee.com/articles/reinventing-time-original-bulova-accutron（2022 年 11 月 23 日にアクセス）.
［3］ Glasmeier, A.K. (2000), p. 243.
［4］ Finlay Renwick, 'The Digital Watch Turns 50: A Definitive History', Esquire, 18 November 2020, https://www.esquire.com/uk/watches/a34711480/digital-watch-history/.
［5］ Yoshihara, N. (1985).

[6] Unknown Author (2019).
[7] *South China Post* (1993), p. 3; Hong Kong Trade and Development Council (1998). 以下に引用されている。Glasmeier, A.K. (2000), p. 231.
[8] Glasmeier, A.K. (2000), p. 233.
[9] Unknown Author (2019).
[10] 'Deep Space Atomic Clock', NASA, https://www.nasa.gov/mission_pages/tdm/clock/index.html (2022 年 11 月 23 日にアクセス).

11 瀬戸際

[1] Seneca, L.A. (c. 49 AD), p. 11.

参考文献

Abulafia, D. (2019). *The Boundless Sea: A Human History of the Oceans.* Allen Lane, London.

Albert, H. (2020). 'Zoned out on timezones.' *Maize,* 30 January. 以下で閲覧できる。https://www.maize.io/magazine/timezones-extreme-jet-laggers（2021 年 5 月 12 日にアクセス).

Álvarez, V.P. (2015). 'The Role of the Mechanical Clock in Medieval Science'. *Endeavour,* 39 (1), pp. 63–8.

Anon (1772). *A View of Real Grievances, with Remedies Proposed for Redressing Them.* London.

Anon (1898). *The Reign of Terror, a Collection of Authentic Narratives of the Horrors Committed By the Revolutionary Government of France Under Marat and Robespierre.* J.B. Lippincott Company, Philadephia.

Antiquorum (1991). *The Art of Breguet.* Habsburg Fine Art Auctioneers. Sale catalogue 14 April. Schudeldruck, Geneva.

Baker, A. (2012). ' "Precision", "Perfection", and the Reality of British Scientific Instruments on the Move during the 18th Century'. *Material Culture Review,* 74–5 (Spring), pp. 14–28.

Baker, S.M. and Kennedy, P.F. (1994). 'Death by Nostalgia: A Diagnosis of Context-Specific Cases'. *NA – Advances in Consumer Research,* vol. 21, eds. Chris T. Allen and Deborah Roedder John, Provo, UT: Association for Consumer Research, pp. 169–74.

Balmer, R.T. (1978). 'The Operation of Sand Clocks and Their Medieval Development'. *Technology and Culture,* 19 (4), pp. 615–32.

Barrell, J. (1980). *The Dark Side of the Landscape: The Rural Poor in English Painting.* Cambridge University Press, Cambridge.

Barrie, D. (2014). *Sextant: A Voyage Guided by the Stars and the Men Who Mapped the World's Oceans.* William Collins, London.

Barrie, D. (2019). *Incredible Journeys: Exploring the Wonders of Animal Navigation.* Hodder & Stoughton, London〔邦訳は『動物たちのナビゲーションの謎を解く　なぜ迷わずに道を見つけられるのか』デイビッド・バリー著、熊谷玲美訳、インターシフト、2022 年〕.

Bartky, I. (1989). 'The Adoption of Standard Time'. *Technology and Culture,* 30 (1),

pp. 25–56.

Baxter, R. (1673). *A Christian directory, or, A summ of practical theologie and cases of conscience directing Christians how to use their knowledge and faith, how to improve all helps and means, and to perform all duties, how to overcome temptations, and to escape or mortifie every sin: in four parts ... / by Richard Baxter.* Printed by Robert White for Nevill Simmons, London.

Beck, J. (2013). 'When Nostalgia Was a Disease'. *The Atlantic,* 14 August. 以下で閲覧できる。https://www.theatlantic.com/health/archive/2013/08/when-nostalgia-was-a-disease/278648（2021 年 5 月 14 日にアクセス）.

Betts, J. (2020). *Harrison.* National Maritime Museum, London.

Birth, K. (2014). 'Breguet's Decimal Clock'. The Frick Collection, *Members' Magazine,* Winter.

Breguet (2021). *'Grande Complication' pocket watch number 1160.* 以下で閲覧できる。https://www.breguet.com/en/house-breguet/manufacture/marie-antoinette-pocket-watch（2021 年 5 月 18 日にアクセス）.

Breguet (2021). *1810, The First Wristwatch.* 以下で閲覧できる。https://www.breguet.com/en/history/inventions/first-wristwatch（2021 年 5 月 18 日にアクセス）.

Breguet, C. (1962). *Horologer.* Translated by W.A.H. Brown. E.L. Lee, Middlesex.

Centre, J.I. (2021). 'Bacteria Can Tell the Time with Internal Biological Clocks'. *Science Daily,* 8 January. 以下で閲覧できる。https://scitechdaily.com/bacteria-can-tell-the-time-with-internal-biological-clocks（2021 年 4 月 22 日にアクセス）.

Chapuis, A. and Jaquet, E. (1956). *The History of the Self-Winding Watch 1770–1931.* B.T. Batsford Ltd, London.

Chapuis, A. and Jaquet, E. (1970). *Technique and History of the Swiss Watch.* Translated ed. Hamlyn Publishing Group Limited, Middlesex.

Chevalier, J. and Gheerbrant, A. (1996). *Dictionary of Symbols.* Translated 2nd ed. Penguin, London.

Church, R.A. (1975). 'Nineteenth-Century Clock Technology in Britain, the United States, and Switzerland'. *Economic History Review,* New Series, 28[4].

Clarke, A. (1995). *The Struggle of the Breeches: Gender and the Making of the British Working Class.* University of California Press, Berkley.

Clarke, A. (2020). 'Edinburgh's iconic Balmoral Hotel clock will not change time at New Year'. *Edinburgh Live,* 29 December. 以下で閲覧できる。https://www.edinburghlive.co.uk/news/edinburgh-news/edinburghs-iconic-balmoral-hotel-clock-19532113?utm_source=facebook.com&utm_medium=social&utm_campaign=shareba

r&fbclid=IwAR0HxWdnV5H4VrQT51OofOkUMWs_kXaHMo_h4LvHCu2Fr1PFsLTgfl6Q0no（2021年5月5日にアクセス）.

Clayton (1755). *Friendly Advice to the Poor ; written and published at the request of the late and present Officers of the Town of Manchester.*

Corder, J. (2019). 'A look at the new $36,000 1969 Seiko Astron'. *Esquire,* 6 November. 以下で閲覧できる。https://www.esquireme.com/content/40676-a-look-at-the-new-36000-1969-seiko-astron-draft（2021年5月14日にアクセス）.

Cummings, G. (2010). *How the Watch Was Worn: A Fashion for 500 Years.* The Antique Collectors' Club, Suffolk.

Cummings, N. and Gráda, C.Ó. (2019). 'Artisanal Skills, Watchmaking, and the Industrial Revolution: Prescot and Beyond'. Competitive Advantage in the Global Economy (CAGE) Online Working Paper Series 440. 以下で閲覧できる。https://ideas.repec.org/p/cge/wacage/440.html（2021年4月8日にアクセス）.

Daniels, G. (2021). *The Art of Breguet.* Philip Wilson Publishers, London.

Darling, D. (2004). *The Universal Book of Mathematics: From Algebra to Zeno's Paradoxes.* John Wiley & Sons, New Jersey.

Davidson, H. (2021). 'Tiananmen Square watch withdrawn from sale by auction house'. *Guardian,* 1 April. 以下で閲覧できる。https://www.theguardian.com/world/2021/apr/01/tiananmen-square-watch-given-chinese-troops-withdrawn-from-sale-fellows-auction-house（2021年5月14日にアクセス）.

Davie, L. (2020). 'Border Cave finds confirm cultural practices'. *The Heritage Portal.* 以下で閲覧できる。http://www.theheritageportal.co.za/article/border-cave-finds-confirm-cultural-practices（2020年7月6日にアクセス）.

Davis, A.C. (2016). 'Swiss Watches, Tariffs and Smuggling with Dogs'. *Antiquarian Horology,* 37 (3), pp. 377–83.

D'Errico, F.; Backwell, L.; Villaa, P.; Deganog, I.; Lucejkog, J.J.; Bamford, M.K.; Highamh, T.F.G.; Colombinig, M.P.; Beaumonti, P.B. (2012). 'Early Evidence of San Material Culture Represented by Organic Artifacts from Border Cave, South Africa'. *Proceedings of the National Academy of Sciences of the United States of America,* 14 August, 109 (33), pp. 13, 214–13, 219.

D'Errico, F.; Doyon, L.; Colagé, I.; Queffelec, A.; Le Vraux, E.; Giacobini, G.; Vandermeersch, B.; Maureille, B. (2017). 'From Number Sense to Number Symbols. An Archaeological Perspective'. *Philosophical Transactions of the Royal Society.* B 373: 20160518.

De Solla Price, D. (1974). 'Gears from the Greeks: The Antikythera Mechanism – A

Calendar Computer from ca. 80 B.C.' *Transactions of the American Philosophical Society,* 64 Pt. 6. Philadelphia.

Dickinson, H.W. (1937). *Matthew Boulton.* Cambridge University Press, Cambridge.

Diop, C.A. (1974). *The African Origin of Civilization: Myth or Reality.* Chicago Review Press, Chicago.

Dohrn-van Rossum, G. (1996). *History of the Hour: Clocks and Modern Temporal Orders.* Translated ed. The University of Chicago Press, Chicago.

Dowling, J.M. and Hess, J.P. (2013). *The Best of Time: Rolex Wristwatches: An Unauthorised History.* 3rd ed. Schiffer Publishing Ltd, Pennsylvania.

Dyke, H. (2020). *Our Experience of Time in the Time of Coronavirus Lockdown,* Cambridge Blog. 以下で閲覧できる。http://www.cambridgeblog.org/2020/05/our-experience-of-time-in-the-time-of-coronavirus-lockdown（2021 年 2 月 11 日にアクセス）.

Erickson, A.L. (Unpublished). *Clockmakers, Milliners and Mistresses: Women Trading in the City of London Companies 1700–1750.* 以下で閲覧できる。https://www.campop.geog.cam.ac.uk/research/occupations/outputs/preliminary/paper16.pdf

Evers, L. (2013). *It's About Time: From Calendars and Clocks to Moon Cycles and Light Years – A History.* Michael O'Mara Books Ltd, London.

Falk, D. (2008). *In Search of Time: The Science of a Curious Dimension.* St. Martin's Press, New York.

Forster, J. and Sigmond, A. (2020). *Accutron: From the Space Age to the Digital Age.* Assouline Collaboration.

Forsyth, H. (2013). *London's Lost Jewels: The Cheapside Hoard.* Philip Wilson Publishers Ltd, London

Forty, A. (1986). *Objects of Desire: Design and Society since 1750.* Cameron Books, Dumfriesshire〔邦訳は『欲望のオブジェ――デザインと社会 1750 年以後［新装版］』エイドリアン・フォーティー著、高島平吾訳、鹿島出版会、2010 年〕.

Foulkes, N. (2019). 'The Independent Artisans Changing the Face of Watchmaking'. *Financial Times,* How to Spend It, 12 October.

Foulkes, N. (2019). *Time Tamed: The Remarkable Story of Humanity's Quest to Measure Time.* Simon & Schuster, London.

Fraser, A. (2018). *Mary, Queen of Scots.* Fiftieth-anniversary ed. Weidenfeld & Nicolson, London〔邦訳は『スコットランド女王メアリ』アントニア・フレイザー著、松本たま訳、中公文庫、1995 年〕.

Freeman, S. (2021). 'Parents find time passes more quickly, researchers reveal.' *The*

Times, 22 February. 以下で閲覧できる。https://www.thetimes.com/uk/science/article/parents-find-time-passes-more-quickly-researchers-reveal-sqvv0d65v（2022年6月22日にアクセス）.

Fullwood, S. and Allnutt, G. (2017–present). The AHS *Women and Horology* Project. 以下で閲覧できる。https://www.ahsoc.org/resources/women-and-horology/（2021年5月18日にアクセス）.

Ganev, R. (2009). *Songs of Protest, Songs of Love: Popular Ballads in Eighteenth Century Britain.* Manchester University Press, Manchester.

Geffen, A. (director) (2010). *The Wildest Dream* (film). United States, Altitude Films with Atlantic Productions.

Glasmeier, A.K. (2000). *Manufacturing Time: Global Competition in the Watch Industry, 1795–2000.* The Guilford Press, London.

Glennie, P. and Thrift, N. (2009). *Shaping the Day: A History of Timekeeping in England and Wales 1300–1800.* Oxford University Press, Oxford.

Good, R. (1965). 'The Mudge Marine Timekeeper'. *Pioneers of Precision Timekeeping: A Symposium.* Antiquatian Horological Society, London.

Gould, J.L. (2008). 'Animal Navigation: The Longitude Problem'. *Current Biology,* 18 (5), pp. 214–216.

Guye, S. and Michel, H. (1971). *Time & Space: Measuring Instruments from the 15th to the 19th Century.* Pall Mall Press, London.

Gwynne, R. (1998). *The Huguenots of London.* The Alpha Press, Brighton.

Hadanny, A.; Daniel-Kotovsky, M.; Suzin, G.; Boussi-Gross, R.; Catalogna, M.; Dagan, K.; Hachmo, Y.; Abu Hamed, R.; Sasson, E.; Fishlev, G.; Lang, E.; Polak, N.; Doenyas, K. et al. (2020). 'Cognitive Enhancement of Healthy Older Adults Using Hyperbaric Oxygen: A Randomized Controlled Trial'. *Aging* (Albany, NY), 12 (13), pp. 13740–13761.

Häfker, N.S.; Meyer, B.; Last, K.S.; Pond, D.W.; Hüppe, L.; Teschke, M. (2017). 'Circadian Clock Involvement in Zooplankton Diel Vertical Migration'. *Current Biology,* 27 (14), (24 July), pp. 2194–2201.

Heaton, H. (1920). *The Yorkshire Woollen and Worsted Industries, from the Earliest Times up to the Industrial Revolution.* Clarendon Press, Oxford.

Helfrich-Förster, C.; Monecke, S.; Spiousas, I.; Hovestadt, T.; Mitesser, O.; Wehr, T.A. (2021). 'Women Temporarily Synchronize Their Menstrual Cycles with the Luminance and Gravimetric Cycles of the Moon'. *Science Advances,* 7, eabe1358.

Hom, A. (2020). *International Relations and the Problem of Time.* Oxford University

Press, Oxford.

House of Commons (1817). *Report from the Committee on the Petitions of Watchmakers of Coventry.* London, 11 July.

House of Commons (1818). *Report from the Select Committee Appointed to Consider the Laws Relating to Watchmakers.* London, 18 March.

James, G.M. (2017). *Stolen Legacy: The Egyptian Origins of Western Philosophy.* Reprint ed., Allegro Editions.

Jones, A.R. and Stallybrass, P. (2000). *Renaissance Clothing and the Materials of Memory.* Cambridge University Press, Cambridge.

Jones, M. (1990). *Fake? The Art of Deception.* British Museum Publications, London.

Jones, P.M. (2008). *Industrial Enlightenment: Science, Technology and Culture in Birmingham and the West Midlands 1760–1820.* Manchester University Press, Manchester.

Keats, A.V. (1993). 'Chess in Jewish History and Hebrew Literature'. University College, University of London, PhD thesis.

Klein, M. (2016). 'How to Set Your Apple Watch a Few Minutes Fast'. *How-To Geek.* 以下で閲覧できる。https://www.howtogeek.com/237944/how-to-set-your-apple-watch-so-it-displays-the-time-ahead（2021年2月8日にアクセス）.

Landes, D. (1983). *Revolution in Time: Clocks and the Making of the Modern World.* Harvard University Press, Massachusetts.

Lardner, D. (1855). *The Museum of Science and Art, Vol. 6,* Walton & Maberly, London.

Lester, K. and Oerke, B.V. (2004). *Accessories of Dress: An Illustrated Encyclopaedia.* Dover Publications, New York〔邦訳は『アクセサリーの歴史事典』K•M•レスター、B・V・オーク著、古賀敬子訳、八坂書房、2019年〕.

Lockyer, J.N. (2006). *The Dawn of Astronomy: A Study of Temple Worship and Mythology of the Ancient Egyptians.* Dover Edition. Dover Publications, New York.

Lum, T. (2017). 'Building Time Through Temporal Illusions of Perception and Action: Sensory & Motor Lag Adaption and Temporal Order Reversals'. Vassar College, thesis, p. 6. 以下で閲覧できる。https://s3.us-east-2.amazonaws.com/tomlum/Building+Time+Through+Temporal+Illusions+of+Perception+and+Action.pdf（2021年4月19日にアクセス）.

Marshack, A. (1971). *The Roots of Civilization.* McGraw-Hill, New York.

Masood, E. (2009). *Science & Islam: A History.* Icon Books Ltd, London.

Mathius, P. (1957). 'The Social Structure in the Eighteenth Century: A Calculation by

Joseph Massie'. *Economic History Review* (Second Series), X (1) pp. 30–45.

Matthes, D. (2015). 'A Watch by Peter Henlein in London?' *Antiquarian Horology*, 36 [2] (June 2012), pp. 183–94.

Matthes, D. and Sánchez-Barrios, R. (2017). 'Mechanical Clocks and the Advent of Scientific Astronomy'. *Antiquarian Horology*, 38 (3), pp. 328–42.

May, W.E. (1973). *A History of Marine Navigation.* G.T. Foulis, London.

Mills, C. (2020). 'The Chronopolitics of Racial Time'. *Time & Society*, 29 (2), pp. 297–317.

Moore, K. (2016). *The Radium Girls.* Simon & Schuster, London.

Morus, I.W. (ed.) (2017). *The Oxford Illustrated History of Science.* Oxford University Press, Oxford.

Mudge, T. (1799). *A Description with Plates of the Time-keeper Invented by the Late Mr. Thomas Mudge.* London〔邦訳は『マッジのタイムキーパー』トーマス・マッジ、トーマス・マッジ（ジュニア）、ロバート・ペニントン、アブラハム・リース著、松下健治訳、フュゼ、2016年〕.

Murdoch, T.V. (1985). *The Quiet Conquest: The Huguenots, 1685 to 1985.* Museum of London, London.

Murdoch, T.V. (2022). *Europe Divided: Huguenot Refugee Art and Culture.* V&A, London.

Myles, J. (1850). *Chapters in the Life of a Dundee Factory Boy, an Autobiography.* Adam & Charles Black, Edinburgh.

Neal, J.A. (1999). *Joseph and Thomas Windmills: Clock and Watch Makers; 1671–1737.* St Edmundsbury Press, Suffolk.

Newberry, P.E. (1928). 'The Pig and the Cult-Animal of Set'. *The Journal of Egyptian Archaeology*, 14 (3/4), 211–225.

Newman, S. (2010). *The Christchurch Fusee Chain Gang.* Amberley Publishing, Stroud.

Oestmann, G. (2020). 'Designing a Model of the Cosmos'. In *Material Histories of Time: Objects and Practices, 14th–19th Centuries.* Bernasconi, G. and Thürigen, S. (eds.). Walter de Gruyter, Berlin, pp. 41–54.

Payne, E. (2021). 'Morbid Curiosity? Painting the Tribunale della Vicaria in Seicento Naples' (lecture, Courtauld Research Forum, 3 February 2021.)

Peek, S. (2016). 'Knocker Uppers: Waking up the Workers in Industrial Britain'. BBC, 27 March. 以下で閲覧できる。https://www.bbc.co.uk/news/uk-england-35840393 (2021年1月10日にアクセス).

Popova, M. (2013). 'Why Time Slows Down When We're Afraid, Speeds Up as We Age, and Gets Warped on Vacation'. *The Marginalian.* 15 July. 以下で閲覧できる。https://www.themarginalian.org/2013/07/15/time-warped-claudia-hammond（2022年9月16日にアクセス）.

Quickenden, K. and Kover, A.J. (2007). 'Did Boulton Sell Silver Plate to the Middle Class? A Quantitative Study of Luxury Marketing in Late Eighteenth-Century Britain.' *Journal of Macromarketing,* 27 (1), pp. 51–64.

Rameka, L. (2016). 'Kia whakatō muri te haere whakamua: I walk Backwards into the Future with My Eyes Fixed on My Past.' *Contemporary Issues in Early Childhood,* 17 (4), pp. 387–98.

Ramirez, A. (2020). *The Alchemy of Us: How Humans and Matter Transformed One Another.* The MIT Press, Cambridge, Massachusetts〔邦訳は『発明は改造する、人類を。』アイニッサ・ラミレズ著、安部恵子訳、柏書房、2021年〕.

Rees, A. (ed.) (1820). *The Cyclopaedia, or Universal Dictionary, Vol. 2.* Longman, Hurst, Rees, Orme, and Brown, London.

Ribero, A. (2003). *Dress and Morality.* B.T. Batsford, London.

Roe, J.W. (1916). *English and American Tool Builders: Henry Maudslay.* McGraw-Hill, New York.

Rolex (2011). *Perpetual Spirit: Special Issue – Exploration.* Rolex SA, Geneva.

Rooney, D. (2008). *Ruth Belville: The Greenwich Time Lady.* National Maritime Museum, London.

Rossum, G.D.v. (2020). 'Clocks, Clock Time and Time Consciousness in the Visual Arts.' *Material Histories of Time: Objects and Practices, 14th–19th Centuries.* Bernasconi, G. and Thürigen, S. (eds.). Walter Gruyter, Berlin, pp. 71–88.

Saliba, G. (2011). *Islamic Science and the Making of the European Renaissance.* MIT Press, Massachusetts.

Salomons, D.L. (2021). *Breguet 1747–1823.* Reprint by Alpha Editions.

Sandoz, C. (1904). *Les Horloges et les Maîtres Horologeurs a Besançon; du XVe Siecle a la Révolution Française.* J. Millot et Cie, Besançon.

Scarsbrick, D. (1994). *Jewellery in Britain 1066–1837: A Documentary, Social, Literary and Artistic Survey.* Michael Russell (Publishing) Ltd, Norwich.

Scott, R.F. (1911–12). *Scott's Last Expedition.* (1941 ed.) John Murray, London〔邦訳は『スコット南極探検日記』R・F・スコット著、中田修訳、羽衣出版、2023年〕.

Seneca, L.A. (c. 49 ad). *On the Shortness of Life.* Penguin, London〔原典の邦訳は『人生の短さについて　他2篇』セネカ著、中澤務訳、光文社古典新訳文庫、2017年

など〕.

Shaw, M. (2011). *Time and the French Revolution.* The Boydell Press, Suffolk.

Snir, A.; Nadel, D.; Groman-Yaroslavski, I.; Melamed, Y.; Sternberg, M.; Bar-Yosef, O. et al. (2015). 'The Origin of Cultivation and Proto-Weeds, Long Before Neolithic Farming'. *PLoS ONE,* 10 (7). 以下で閲覧できる。https://www.sciencedaily.com/releases/2015/07/150722144709.htm（2020年8月10日にアクセス）.

Sobel, D. and Andrewes, W.J.H. (1995). *The Illustrated Longitude: The True Story of a Lone Genius Who Solved the Greatest Scientific Problem of His Time.* Fourth Estate, London.

Sobel, D. (2005). *Longitude: The True Story of a Lone Genius Who Solved the Greatest Scientific Problem of His Time.* Walker & Company, New York〔邦訳は『経度への挑戦』デーヴァ・ソベル著、藤井留美訳、角川文庫、2010年〕.

Stadlen, N. (2004). *What Mothers Do (Especially When It Looks Like Nothing).* Piatkus Books, London〔邦訳は『赤ちゃんのママが本当の気持ちをしゃべったら？』ナオミ・スタドレン著、曽田和子訳、ポプラ社、2012年〕.

Steiner, S. (2012). 'Top Five Regrets of the Dying'. *Guardian,* 1 February. 以下で閲覧できる。https://www.theguardian.com/lifeandstyle/2012/feb/01/top-five-regrets-of-the-dying（2020年7月23日にアクセス）.

Stern, T. (2015). 'Time for Shakespeare: Hourglasses, Sundials, Clocks, and Early Modern Theatre'. *Journal of the British Academy,* vol. 3, 1–33 (19 March).

Stubberu, S.C.; Kramer, K A.; Stubberud, A.R. (2017). 'Image Navigation Using a Tracking-Based Approach'. *Advances in Science, Technology and Engineering Systems Journal,* 2 (3), pp. 1478–86.

Sullivan, W. (1972). 'The Einstein Papers. A Man of Many Parts'. *New York Times,* 29 March. 以下で閲覧できる。https://www.nytimes.com/1972/03/29/archives/the-einstein-papers-a-man-of-many-parts-the-einstein-papers-man-of.html（2021年5月14日にアクセス）.

Tann, J. (2015). 'Borrowing Brilliance: Technology Transfer across Sectors in the Early Industrial Revolution'. *International Journal for the History of Engineering and Technology,* 85 (1), pp. 94–114.

Taylor, J. and Prince, S. (2020). 'Temporalities, Ritual, and Drinking in Mass Observation's Worktown'. *The Historical Journal.* Cambridge University Press, pp. 1–22.

Thompson, A. (1842). *Time and Timekeepers.* T. & W. Boone, London.

Thompson, E.P. (1967). 'Time, Work-Discipline, and Industrial Capitalism'. *Past &*

Present, 38, (December), pp. 56–97.
Thompson, D. (2007). *Watches in the Ashmolean Museum.* Ashmolean Handbooks. Ashmolean Museum, Oxford.
Thompson, D. (2014). *Watches.* British Museum Press, London.
Thompson, W.I. (2008). *The Time Falling Bodies Take to Light: Mythology, Sexuality and the Origins of Culture.* Digital printed ed. St. Martin's Press, New York.
Unknown Author (2019). 'BBC documentary examines the deep scars left from Dundee Timex closure, 26 years on'. *Evening Telegraph,* 15 October. 以下で閲覧できる。https://www.eveningtelegraph.co.uk/fp/bbc-documentary-examines-the-deep-scars-left-from-dundee-timex-closure-26-years-on（2021年5月14日にアクセス）.
Various (1967). *Pioneers of Precision Timekeeping.* A symposium published by the Antiquarian Horological Society as Monograph No. 3.
Verhoeven, G. (2020). 'Time Technologies'. *Material Histories of Time: Objects and Practices, 14th–19th Centuries.* Bernasconi, G. and Thürigen, S. (eds). Walter de Gruyter, Berlin, pp. 103–115.
Wadley, L. (2020). *Early Humans in South Africa Used Grass to Create Bedding, 200,000 years ago.* YouTube Video. 以下で閲覧できる。https://www.youtube.com/watch?v=AzUui4eZI2I（2020年11月8日にアクセス）.
Walker, R. (2013). *Blacks and Science Volume One: Ancient Egyptian Contributions to Science and Technology and the Mysterious Sciences of the Great Pyramid.* Reklaw Education Ltd, London.
Weiss, A. (2010). 'Why Mexicans celebrate the Day of the Dead.' *Guardian,* 2 November. 以下で閲覧できる。https://www.theguardian.com/commentisfree/belief/2010/nov/02/mexican-celebrate-day-of-dead（2020年9月2日にアクセス）.
Weiss, L. (1982). *Watch-making in England, 1760–1820.* Robert Hale Ltd, London.
Wesolowski, Z.M. (1996). *A Concise Guide to Military Timepieces 1880–1990.* Reprint. The Crowood Press, Wiltshire〔邦訳は『軍用時計のすべて——1880-1990』ジグマント・ウェソロウスキー著、北島護訳、並木書房、1997年〕.
Whitehouse, D. (2003). ' "Oldest star chart" found'. BBC, 21 January. 以下で閲覧できる。http://news.bbc.co.uk/1/hi/sci/tech/2679675.stm(2020年6月12日にアクセス).
Wilkinson, C. (2009). *British Logbooks in UK Archives 17th–19th Centuries. A Survey of the Range, Selection and Suitability of British Logbooks and Related Documents for Climatic Research* [online].
Wragg Sykes, R. (2020). *Kindred: Neanderthal Life, Love, Death and Art.* Bloomsbury Sigma, London〔邦訳は『ネアンデルタール』レベッカ・ウラッグ・サイクス著、

野中香方子訳、筑摩書房、2022年〕.

Yazid, M.; Akmal, A.; Salleh, M.; Fahmi, M.; Ruskam, A. (2014). 'The Mechanical Engineer: Abu'l –'Izz Badi'u'z – Zaman Ismail ibnu'r – Razzaz al Jazari' (seminar on Religion and Science: Muslim Contributions Semester 1 2014/2015, 9 December, Skudai, Johor, Malaysia.)

Yoshihara, N. (1985). ' "Cheap Chic" Timekeepers: Swatch Watches Offer Many Scents, Patterns'. *Los Angeles Times,* 21 June. 以下で閲覧できる。https://www.latimes.com/archives/la-xpm-1985-06-21-fi-11660-story.html（2021年5月14日にアクセス）.

Zaimeche, S. (2005). *Toledo.* Foundation for Science Technology and Civilisation. June 2005. Pub. ID 4092.

Zaslavsky, C. (1992). 'Women as the First Mathematicians'. *International Study Group on Ethnomathematics Newsletter,* 7 (1), January.

Zaslavsky, C. (1999). *Africa Counts: Number and Pattern in African Cultures.* 3rd ed. Lawrence Hill Books, Chicago.

その他の情報源

モノの歴史を研究するのであれば、その研究対象を実際に見て調べなければならない。本書にしても、時計コレクションを収蔵している世界各地の博物館や美術館の協力がなければ、日の目を見ることはなかった。

本書に記載された時計や似たような実例を実際に見てみたいという方は、携帯型時計や据え置き型時計のコレクションを一般公開している以下の博物館リストを参考にしてほしい。なかには、美術やデザインに関する幅広い展示物のなかに時計のコレクションが点在しており、すべてを見るには多少歩きまわらなければならないところもある。また、小規模で、特定の時間にしか開館していないところもあれば、事前に予約すれば、案内をしてくれたり非公開品を見せてくれたりするところもある。できれば事前に連絡を入れ、現在どのような品が展示されているのか、展示されていない品でも学芸員に言えば見せてもらえるのかどうかを確かめてから出かけるといい。

ヨーロッパ

イギリス

ベリー・セント・エドマンズ：Moyse's Hall Museum

コヴェントリー：Coventry Watch Museum

ロンドン：Clockmakers' Company Collection（時計職人名誉組合コレクション），Science Museum

ロンドン：British Museum（大英博物館）

ロンドン：Royal Observatory（王立天文台）

ロンドン：Wallace Collection

ロンドン：Victoria & Albert Museum

ニューアーク：Museum of Timekeeping in Newark（計時博物館）

オックスフォード：Ashmolean Museum（アシュモレアン博物館）

オックスフォード：History of Science Museum

オーストリア

カールシュタイン：Uhrenmuseum

ウィーン：Uhrenmuseum of the Wien Museum

ベルギー
メヘレン：Horlogeriemuseum

デンマーク
オーフス、デン・ガムレ・ビュ：The Danish Museum of Clocks and Watches

フィンランド
エスポー：Finnish Museum of Horology

フランス
ブザンソン：Musée du Temps
クリューズ：Musée de l'Horlogerie et du Décolletage
パリ：Conservatoire National des Arts et Métiers
パリ：Musée des Arts et Métiers
パリ：Breguet Museum
サン＝ニコラ・ダリエルモン：Musée de l'Horlogerie

ドイツ
アルプシュタット：Philipp-Matthäus-Hahn-Museum
フルトヴァンゲン：Deutsche Uhrenmuseum
グラスヒュッテ：Deutsches Uhrenmuseum
ハルツ、バート・グルント：Uhrenmuseum
ニュルンベルク：Uhrensammlung Karl Gebhardt
プフォルツハイマー：Technisches Museum der Pforzheimer, Schmuck und Uhrenindustrie
シュランベルク：Junghans Terrassenbau Museum

イタリア
バルディーノ・ヌオーヴォ：Museo dell'Orologio di Tovo S. Giacomo
ミラノ：Museo Nazionale della Scienza e della Tecnologia Leonardo da Vinci

オランダ
フラネケル：Eise Eisinga Planetarium
ヤウレ：Museum Joure
ザーンダム：Museum Zaanse Tidj

ルーマニア
プラホヴァ県プロイェシュティ：Nicolae Simache Clock Museum

ロシア
モスクワ：Museum Collection
シベリア、アンガルスク：Angarsk Clock Museum
サンクトペテルブルク：The State Hermitage Museum

スペイン
マドリード：Museo del Reloj Antiguo

スイス
バーゼル：Haus zum Kirschgarten – Historisches Museum
フルリエ：L.U.CUEM – Traces of Time
ジュネーヴ：Musée d'Art et d'Histoire
ジュネーヴ：Patek Philippe Museum
ラ・ショー＝ド＝フォン：Musée International d'Horlogerie (MIH)
ル・ロクル：Château des Monts
ジュー渓谷：Espace Horloger
チューリッヒ：Beyer Clock and Watch Museum

アフリカ

南アフリカ
キンバリー：McGregor Museum（マクレガー博物館）

アジア

中国
北京：故宮博物院（紫禁城）
マカオ：澳門鐘錶博物館
煙台：北極星鐘錶文化博物館

日本
広島：広島平和記念資料館

長野：儀象堂
東京：国立科学博物館
東京：セイコーミュージアム銀座
東京：大名時計博物館

タイ

バンコク：Antique Clock Museum

南洋州

オーストラリア

メルボルン：Museums Victoria

ニュージーランド

ファンガレイ：Claphams Clock Museum

中東

イスラエル

エルサレム：The Salomons Collection, Meyer Museum of Islamic Art（LA メイヤー記念イスラム美術館）

トルコ

イスタンブール：Topkapı Palace

北アメリカ

カナダ

アルバータ州ピース・リヴァー：The Alberta Museum of Chinese Horology
オンタリオ州ディープ・リヴァー：The Canadian Clock Museum

メキシコ

メキシコシティ：Museo del Tiempo
プエブラ：Museo de Relojeria

アメリカ
カリフォルニア州サンフランシスコ：The Interval – The Long Now Foundation
コネチカット州ブリストル：American Watch & Clock Museum
ワシントンD.C.：National Air and Space Museum
イリノイ州エヴァンストン：Halim Time & Glass Museum
メリーランド州ボルチモア：B&O Railroad Museum
マサチューセッツ州ノース・グラフトン：The Willard House and Clock Museum
マサチューセッツ州ウォルサム：Charles River Museum
ニューヨーク州ニューヨーク：Metropolitan Museum of Art
ニューヨーク州ニューヨーク：The Frick Collection（フリック・コレクション）
オハイオ州ハリソン：Orville R. Hagans History of Time Museum (AWCI)
ペンシルヴェニア州コロンビア：National Watch & Clock Museum (NAWCC)
ペンシルヴェニア州フィラデルフィア：Philadelphia Museum of Art
テキサス州ロックハート：Southwest Museum of Clocks and Watches

南アメリカ

ブラジル
サンパウロ：Museu do Relógio (Professor Dimas de Melo Pimenta)

上記以外にも、時計のコレクションを収蔵している博物館はたくさんある。

写真クレジット

I（上）: McGregor Museum, Kimberley, South Africa の厚意による。骨の写真 © F. D'Errico and L. Backwell/McGregor Museum/Andy Pilsbury. Digital editor: Jen O'Shaughnessy.

I（左下・右下）: Clockmakers' Museum (at the Science Museum, London, UK) の厚意による。

II（上・下）: Ashmolean Museum, Oxford, UK の厚意による。

V（上・下）: Clockmakers' Museum (at the Science Museum, London, UK) の厚意による。

VI : Museum of Timekeeping, Newark, UK の厚意による。

VII（上・下）: James Dowling の許諾による。

VIII : Kevin Carter (@kccarter1952) の許諾による。